高等职业教育电子与信息大类"十四五"系列教材

模拟电子技术基础

U0172465

主　编　高晓丹　陈尹萍　魏　纯
副主编　黄同男　魏婉华

华中科技大学出版社
http://www.hustp.com
中国·武汉

内 容 简 介

本书是结合应用型本科院校课程教学改革编写的,内容包括直流稳压电源的设计与实践、助听器的设计与实践、心电信号放大器的设计与实践、扩音器的设计与实践和波形发生电路的设计与实践五个项目,每一个项目下面设计有若干任务,结合 Multisim 仿真完成任务的实施,加强知识点的理解和应用,提升实践技能,满足学生的实践应用能力需求。

本书可作为应用型本科院校电子类、信息类、机电类和控制类等专业"模拟电子技术"课程的教学用书,也可作为相关人员进修"模拟电子技术"的学习用书。

为了方便教学,本书还配有电子课件等教学资源包,任课教师可以发邮件至 hustpeiit@163.com 索取。

图书在版编目(CIP)数据

模拟电子技术基础/高晓丹,陈尹萍,魏纯主编.—武汉:华中科技大学出版社,2022.1
ISBN 978-7-5680-7796-5

Ⅰ.①模… Ⅱ.①高… ②陈… ③魏… Ⅲ.①模拟电路-电子技术 Ⅳ.①TN710

中国版本图书馆 CIP 数据核字(2022)第 030222 号

模拟电子技术基础
Moni Dianzi Jishu Jichu

高晓丹　陈尹萍　魏　纯　主编

策划编辑:康　序

责任编辑:狄宝珠

封面设计:孢　子

责任监印:朱　玢

出版发行:华中科技大学出版社(中国·武汉)　　电话:(027)81321913
　　　　　武汉市东湖新技术开发区华工科技园　　邮编:430223

录　　排:华中科技大学惠友文印中心

印　　刷:武汉市籍缘印刷厂

开　　本:787mm×1092mm　1/16

印　　张:19

字　　数:474 千字

版　　次:2022 年 1 月第 1 版第 1 次印刷

定　　价:48.00 元

PREFACE

应用型本科院校承载着培养应用型人才，为区域经济发展作贡献的任务。在新工科建设的背景下，应用型高校更加专注学生工程实践、创新能力的培养。"模拟电子技术"作为电子、通信、自动化等专业的专业基础课程，具有较强的工程性和实践性。传统经典教材内容繁杂，理论完整，推导多，不适合应用型本科院校学生专业实践能力的培养。

为了突出应用型本科人才的培养，使学生掌握电子技术基础理论和电子仪器的正确使用方法，初步具有设计和分析模拟电路的能力，具备电子技术相关职业岗位的基本技能，本书选择直流稳压电源、助听器、心电信号放大器、扩音器和波形发生电路等五个实际项目为切入点，精心设置教学任务，将课程体系整体优化，创建项目引导、任务驱动的课程体系结构，将课程知识点统筹融合。

本书的主要特色如下：

1. 突出电路系统的设计，使课程内容更具有适用性

精选生产、生活实际应用项目，创设情境，设计任务，在突出应用的层面上，以学生为中心，以项目为引导，以任务为驱动，突出电路系统的设计，使课程内容更具有适用性。教学目标在任务驱动下完成，使学生变被动为主动，成为教学的主体。

2. 理论知识与实践技能相结合，EDA 贯穿课程始终

精简理论，将理论知识与实践技能相结合，减少分立，加强集成，并将 Multisim 仿真软件的使用贯穿课程教学的全过程。坚持以应用为目的，以必需、够用为原则，重视定性分析，弱化定量分析。将课程教学内容中大量的定量分析和计算内容安排在仿真教学中，避免烦琐的理论指导，淡化公式推导，将理论性和应用性融于一体。

3. 突出可自学性、可读性

教材中使用大量的实例、图表，方便学生自主学习。每个项目列出应掌握的技能要求和总结，并结合生活实际精选练习题和仿真题，以利于学生更好地理解和掌握基本概念和基本分析方法，并从中掌握一些共性的规律，得到应用启示，便于学生学习、提高。

本书共有 5 个项目，项目 1 由黄同男编写，项目 2 由陈尹萍编写，项目 3 由魏纯编写，项目 4 由高晓丹编写，项目 5 由魏婉华编写，全书由高晓丹和魏纯统稿。

　　为了方便教学,本书还配有电子课件等教学资源包,任课教师可以发邮件至 hustpeiit@163.com 索取。

　　本书在编写过程中参考了许多文献资料,在此对有关资料的原作者深表感谢。由于编者水平有限,书中难免存在疏漏或不妥之处,恳请读者批评指正。

编者

目录

CONTENTS

项目 1　直流稳压电源的设计与实践

002　任务 1.1　二极管的认识与选择

014　任务 1.2　整流电路的设计

022　任务 1.3　滤波电路的设计

029　任务 1.4　稳压电路的设计

036　任务 1.5　简易可调直流稳压电源的
　　　　　　　设计

项目 2　助听器的设计与实践

048　任务 2.1　晶体管的认识与选择

059　任务 2.2　共射放大电路的认识

064　任务 2.3　静态工作点的认识

074　任务 2.4　动态性能指标的认识

085　任务 2.5　静态工作点稳定电路的认识

093　任务 2.6　共集和共基放大电路的认识

103　任务 2.7　场效应管及其放大电路的
　　　　　　　认识

124　任务 2.8　多级放大电路的设计与实践

项目 3　心电信号放大器的设计与实践

149　任务 3.1　集成运算放大器的认识

156　任务 3.2　差分放大电路的分析与实践

172　任务 3.3　负反馈放大电路的分析
　　　　　　　与实践

190　任务 3.4　有源滤波器的分析与实践

204　任务 3.5　心电信号采集电路的设计
　　　　　　　与实践

项目 4　扩音器的设计与实践

221　任务 4.1　前置放大器的设计

227　任务 4.2　集成运放的频率特性测试

233　任务 4.3　音调控制器的设计

240　任务 4.4　功率放大器的设计

251　任务 4.5　扩音器完整设计及测试

项目 5　波形发生电路的设计与实践

265　任务 5.1　正弦波振荡电路的分析
　　　　　　　与实践

274　任务 5.2　电压比较器的分析与实践

278　任务 5.3　非正弦波发生电路

287　任务 5.4　简易波形发生器的设计

参考文献

项目1

直流稳压电源的设计与实践

项目内容与目标

当今社会人们享受着电子设备带来的便利,但是任何电子设备都有一个共同的电路——电源电路。大到超级计算机、小到袖珍计算器,所有的电子设备都必须在电源电路的支持下才能正常工作。

电子设备中所用的直流稳压电源,通常是由电网提供的交流电经过整流、滤波和稳压后得到。对于直流稳压电源的要求,除了能够输出不同电路所需的电压和电流外,还应做到:直流输出电压平滑,脉动成分小;输出电压的幅值稳定;交流电变换成直流电时的转换效率高等。

根据上述要求,直流稳压电源一般包括四个部分,即电源变压器、整流电路、滤波电路和稳压电路,如图 1.0.1 所示。

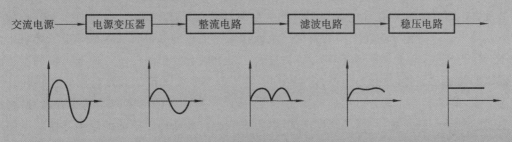

图 1.0.1　直流稳压电源的组成

本项目的目标是认识由 PN 结构成的半导体二极管,并运用半导体二极管设计一种简单的直流稳压电源电路。主要内容包括二极管的认识与选择、整流电路的设计、滤波电路的设计、稳压电路的设计,以及简易可调直流稳压电源的设计。

任务 1.1　二极管的认识与选择

　任务目标

　　电子系统和设备由各种电子器件组成,如半导体二极管、三极管、场效应管、半导体光电器件和各种半导体集成电路等。我们讨论的直流稳压电源中的整流电路、稳压电路主要都是由半导体二极管构成的。为了更好地运用半导体二极管,必须对半导体的导电过程有所了解。PN 结是各种半导体器件的基本组成部分,掌握 PN 结的原理、特性是学习各种半导体器件的重要基础。

　　任务引导

◆　1.1.1　半导体的基本概念

一、半导体概述

　　半导体(semiconductor),指常温下导电性能介于导体(conductor)与绝缘体(insulator)之间的材料。半导体在收音机、电视机以及测温上有着广泛的应用。

　　物质存在的形式多种多样,固体、液体、气体、等离子体等。通常把导电性差的材料,如煤、人工晶体、琥珀、陶瓷等称为绝缘体。而把导电性比较好的金属如金、银、铜、铁、锡、铝等称为导体。可以简单地把介于导体和绝缘体之间的材料称为半导体。目前,用来制造半导体器件的材料仍然主要是硅(Si)、锗(Ge)和砷化镓(GaAs)。

二、本征半导体

　　不含杂质且无晶格缺陷的半导体称为本征半导体。在极低温度下(-273 ℃),半导体的价带是满带(见能带理论),不导电。受到热激发后,价带中的部分电子会越过禁带进入能量较高的空带,空带中存在电子后成为导带,价带中缺少一个电子后形成一个带正电的空位,称为空穴。空穴导电并不是电子实际运动,而是一种等效。电子导电时等电量的空穴会沿其反方向运动。它们在外电场作用下产生定向运动而形成宏观电流,分别称为电子导电和空穴导电。这种由于电子—空穴对的产生而形成的混合型导电称为本征导电。导带中的电子会落入空穴,电子—空穴对消失,称为复合。复合时释放出的能量变成电磁辐射(发光)或晶格的热振动能量(发热)。在一定温度下,电子—空穴对的产生和复合同时存在并达到动态平衡,此时半导体具有一定的载流子密度,从而具有一定的电阻率。温度升高时,将产生更多的电子—空穴对,载流子密度增加,电阻率减小。无晶格缺陷的纯净半导体的电阻率较大,实际应用不多。

　　硅和锗都是四价元素,在其最外层原子轨道上具有四个电子,称为价电子。由于原子呈中性,故在图中原子核用带圆圈的$+4$符号表示。半导体具有晶体结构,它们的原子形成有序排列,邻近原子之间由共价键联结,其晶体结构示意图如图 1.1.1 所示。在室温下,本征半导体共价键中的价电子获得足够的能量,挣脱共价键的束缚进入导带,成为自由电子,在晶体中产生电子—空穴对的现象称为本征激发。本征半导体中的自由电子和空穴数总是相等的,如图 1.1.2 所示。

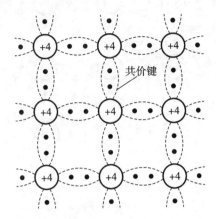

图 1.1.1　本征半导体的共价键

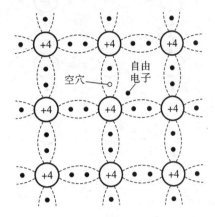

图 1.1.2　本征半导体中的自由电子和空穴

三、杂质半导体

半导体中的杂质对电导率的影响非常大,本征半导体经过掺杂就形成杂质半导体,一般可分为 N 型半导体和 P 型半导体。

1. N 型半导体

本征半导体硅(或锗)中掺入微量的 5 价元素,例如磷,则磷原子就取代了硅晶体中少量的硅原子,占据晶格上的某些位置。

N 型半导体如图 1.1.3 所示,磷原子最外层有 5 个价电子,其中 4 个价电子分别与邻近 4 个硅原子形成共价键结构,多余的 1 个价电子在共价键之外,只受到磷原子对它微弱的束缚,因此在室温下,即可获得挣脱束缚所需的能量而成为自由电子,游离于晶格之间。失去电子的磷原子则成为不能移动的正离子。磷原子由于可以释放 1 个电子而被称为施主原子,又称施主杂质。

在本征半导体中每掺入 1 个磷原子就可产生 1 个自由电子,而本征激发产生的空穴的数目不变。这样,在掺入磷的半导体中,自由电子的数目就远远超过了空穴数目,成为多数载流子(简称多子),空穴则为少数载流子(简称少子)。显然,参与导电的主要是电子,故这种半导体称为电子型半导体,简称 N 型半导体。

2. P 型半导体

在本征半导体硅(或锗)中,若掺入微量的 3 价元素,如硼,这时硼原子就取代了晶体中的少量硅原子,占据晶格上的某些位置。如图 1.1.4 所示,硼原子的 3 个价电子分别与其邻近的 3 个硅原子中的 3 个价电子组成完整的共价键,而与其相邻的另一个硅原子的共价键中则缺少 1 个电子,出现了 1 个空穴。这个空穴被附近硅原子中的价电子来填充后,使 3 价的硼原子获得了 1 个电子而变成负离子。同时,邻近共价键上出现 1 个空穴。由于硼原子起着接受电子的作用,故称为受主原子,又称受主杂质。

在本征半导体中每掺入 1 个硼原子就可以提供 1 个空穴,当掺入一定数量的硼原子时,就可以使半导体中空穴的数目远大于本征激发电子的数目,成为多数载流子,而电子则成为少数载流子。显然,参与导电的主要是空穴,故这种半导体称为空穴型半导体,简称 P 型半

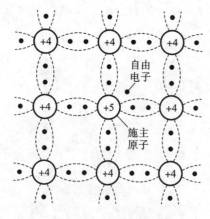

图 1.1.3　N 型半导体

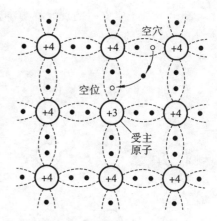

图 1.1.4　P 型半导体

导体。

　　多子的浓度约等于掺入杂质元素的浓度,掺入的杂质元素越多,多子的浓度就越高,则该杂质半导体的导电性能就越强。并且多子的浓度受温度的影响很小。

　　少子的浓度与温度有关,温度升高时,少子的浓度增加,但总体来说其浓度很低。杂质半导体的少子尽管很少,但是对温度敏感,这就是半导体器件的温度敏感特性的由来。尽管 P 型半导体和 N 型半导体中都有多子和少子,但对外仍保持电中性。

◆　1.1.2　PN 结

一、PN 结的形成

　　将一种杂质半导体(N 型或 P 型)通过局部转型,使之分成 N 型和 P 型两个部分,在交界面处形成 PN 结。由于 P 型半导体和 N 型半导体的电子和空穴的浓度相差很大,因此它们会产生扩散运动,自由电子从 N 区向 P 区扩散;空穴从 P 区向 N 区扩散,如图 1.1.5 所示。因为它们都是带电粒子,它们向另一侧扩散的同时在 N 区留下了带正电的空穴,在 P 区留下了带负电的杂质离子,半导体中的离子不能任意移动,因此不参与导电。这些不能移动的带电粒子在 P 和 N 区交界面附近,形成了一个很薄的空间电荷区,就是所谓的 PN 结。在出现了空间电荷区以后,由于正负电荷之间的相互作用,在空间电荷区就形成了一个电场(自建场)。形成过程如图 1.1.6 所示。

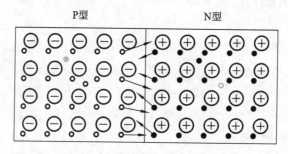

图 1.1.5　多数载流子的扩散运动

　　在自建场的作用下,少子将作漂移运动,它的运动方向与扩散运动的方向相反,阻止扩散运动。自建场的强弱与扩散的程度有关,扩散得越多,自建场越强,同时对扩散运动的阻

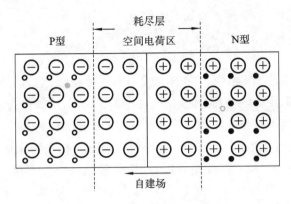

图 1.1.6 空间自建场的形成

力也越大,当扩散运动与漂移运动相等时,PN 结便处于动态平衡状态。此时,PN 结的交界区就形成一个缺少载流子的高阻区,我们将之称为阻挡层或耗尽层。

二、PN 结的单向导电性

1. PN 结外加正向电压

PN 结外加正向电压的接法是 P 区接电源的正极,N 区接电源的负极。在正向电压的作用下,PN 结的平衡状态被打破,这时外加电压形成电场的方向与自建场的方向相反,从而使阻挡层变窄,扩散作用大于漂移作用,多数载流子向对方区域扩散形成正向电流,方向是从 P 区指向 N 区,如图 1.1.7 所示。

这时的 PN 结处于正向导通状态,所呈现的电阻为正向电阻,正向电压越大,电流也越大。

2. PN 结外加反向电压

接法与正向相反,即 P 区接电源的负极,N 区接电源的正极。此时的外加电压形成电场的方向与自建场的方向相同,从而使阻挡层变宽,漂移作用大于扩散作用,少数载流子在电场的作用下,形成漂移电流,方向与正向电压的方向相反,所以又称为反向电流。因反向电流是少数载流子形成的,故反向电流很小,即使反向电压再增加,少数载流子也不会增加,反向电流也不会增加,因此被称为反向饱和电流,如图 1.1.8 所示。

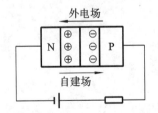

图 1.1.7 PN 结外加正向电压

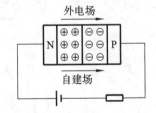

图 1.1.8 PN 结外加反向电压

此时,PN 结处于截止状态,呈现的电阻为反向电阻,而且阻值很高。

结论:PN 结在正向电压作用下,处于导通状态,在反向电压作用下,处于截止状态,因此 PN 结具有单向导电性。

3. PN 结的击穿

PN 结处于反向偏置时,在一定的电压范围内,流过 PN 结的电流很小,但电压超过某一数值时,反向电流急剧增加,这种现象我们就称为反向击穿。

击穿形式分为两种:雪崩击穿和齐纳击穿。

1)雪崩击穿

材料掺杂浓度较低的 PN 结中,当 PN 结反向电压增加时,空间电荷区中的电场随之增强。这样通过空间电荷区的电子和空穴,就会在电场作用下,使其获得的能量增大。在晶体中运行的电子和空穴将不断与晶体原子发生碰撞,通过这样的碰撞可使束缚在共价键中的价电子碰撞出来,产生自由电子-空穴对。新产生的载流子在电场作用下撞出其他价电子,又产生新的自由电子-空穴对。如此连锁反应,使得阻挡层中的载流子的数量雪崩式地增加,流过 PN 结的电流就急剧增大击穿 PN 结,这种碰撞电离导致击穿称为雪崩击穿,也称为电子雪崩现象。

2)齐纳击穿

在高掺杂的情况下,因耗尽层宽度很小,不大的反向电压就可在耗尽层形成很强的电场,从而直接破坏共价键,使价电子脱离共价键束缚,产生电子-空穴对,致使电流急剧增大,这种击穿称为齐纳击穿,也称为隧道击穿。齐纳击穿是暂时性的,可以恢复。

对于硅材料的 PN 结来说,击穿电压大于 7 V 时为雪崩击穿,小于 4 V 时为齐纳击穿。在 4 V 与 7 V 之间,两种击穿都有。由于击穿破坏了 PN 结的单向导电性,因此一般使用时要避免。需要指出的是,发生击穿并不意味着 PN 结烧坏。

◆ 1.1.3 半导体二极管

一、半导体二极管的外形和符号

半导体二极管是由 PN 结加上引线和管壳构成的,简称二极管。P 区引出的电极为阳极(正极),N 区引出的电极为阴极(负极)。图 1.1.9(a)所示为几种常用二极管的外形,二极管的逻辑符号如图 1.1.9(b)所示。

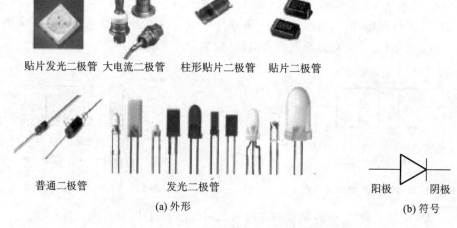

贴片发光二极管　大电流二极管　柱形贴片二极管　贴片二极管

普通二极管　　　　　发光二极管　　　　　　阳极　　阴极

(a) 外形　　　　　　　　　　　　　　　　　(b) 符号

图 1.1.9　二极管的外形及符号

二、半导体二极管的结构和分类

半导体二极管的类型很多。

(1)根据材料可分为硅二极管、锗二极管。

（2）根据结构可分为点接触型二极管、面接触型二极管、平面型二极管。

点接触型二极管：通过的电流小，结电容小，适用于检波等高频电路。

面接触型二极管：结面积大，电流大，结电容大，适用于低频整流电路。

平面型二极管：结面积较大时可以通过较大电流，适用于大功率整流，结面积较小时，可作为数字电路中的开关管。

（3）根据用途可分为普通二极管、整流二极管、开关二极管、稳压二极管等。

三、半导体二极管的伏安特性

半导体二极管的性能可用伏安特性来描述。半导体二极管的伏安特性是指二极管流过的电流与二极管两端电压之间的关系曲线。图 1.1.10 所示为半导体二极管的伏安特性曲线。

1. 正向特性

当半导体二极管正向电压低于某一数值时，正向电流很小，只有当正向电压高于某一值时，二极管才有明显的正向电流，这个电压被称为导通电压，又称为门限电压或死区电压，一般用 U_{th} 表示。在室温下，硅管的 U_{th} 约为 0.5 V，锗管的 U_{th} 约为 0.1 V，当正向电压大于 U_{th} 时，二极管才导通，否则截止。

2. 反向特性

半导体二极管的反向电压一定时，反向电流很小，且基本不随反向电压的变化而变化，此时的反向电流也称反向饱和电流 I_S。

3. 反向击穿特性

当反向电压增加到一定数值时，反向电流突然快速增加，此现象称为反向击穿。在反向区，硅二极管和锗二极管的特性有所不同。

硅二极管的反向击穿特性比较硬、比较陡，反向饱和电流也很小；锗二极管的反向击穿特性比较软，过渡比较圆滑，反向饱和电流较大。

4. 温度对伏安特性的影响

半导体二极管的伏安特性对温度很敏感，在室温附近，温度每升高 1 ℃，正向电压将减小 2～2.5 mV，温度每升高 10 ℃，反向电流约增加一倍，如图 1.1.11 所示。

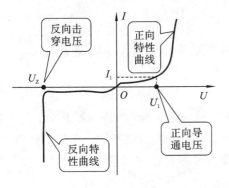

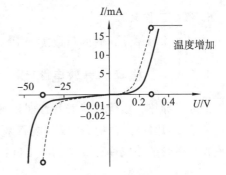

图 1.1.10　半导体二极管的伏安特性曲线　　图 1.1.11　温度对二极管伏安特性的影响

四、半导体二极管的极间电容

二极管的两极之间有电容，此电容由两部分组成：势垒电容 C_B 和扩散电容 C_D。

1. 势垒电容

势垒区是积累空间电荷的区域,当电压变化时,就会引起积累在势垒区的空间电荷的变化,这样所表现出的电容就是势垒电容。

2. 扩散电容

为了形成正向电流(扩散电流),注入 P 区的少子(电子)在 P 区有浓度差,越靠近 PN 结浓度越大,即在 P 区有电子的积累。同理,在 N 区有空穴的积累。正向电流大,积累的电荷多。这样所产生的电容就是扩散电容。

势垒电容在正向和反向偏置时均不能忽略。而反向偏置时,由于载流子数目很少,扩散电容可忽略,势垒电容起主要作用。

五、半导体二极管的主要参数

电子器件的参数是其特性的定量描述,也是实际工作中选用器件的主要依据。各种器件的参数可由手册查得。半导体二极管的主要参数如下。

1. 最大整流电流 I_{OM}

半导体二极管长期使用时,允许流过二极管的最大正向平均电流。

2. 反向击穿电压 U_{BR}

半导体二极管反向击穿时的电压值。击穿时反向电流剧增,二极管的单向导电性被破坏,甚至过热而烧坏。手册上给出的最高反向工作电压 U_R 一般是 U_{BR} 的一半。

3. 反向电流 I_R

半导体二极管加反向峰值工作电压时的反向电流。反向电流大,说明管子的单向导电性差,因此反向电流越小越好。反向电流受温度的影响,温度越高反向电流越大。硅管的反向电流较小,锗管的反向电流要比硅管大几十甚至几百倍。

4. 微变电阻 r_d

半导体二极管工作点附近电压的微变化与相应的微变化电流值之比。

5. 直流电阻 R_D

半导体二极管的直流电阻 R_D 是加在管子两端的直流电压与直流电流之比。正反向阻值相差越大,二极管的性能越好。

6. 最高工作频率 f_M

最高工作频率 f_M,它的值取决于 PN 结结电容的大小,电容越大,频率越高。

◆ 1.1.4 二极管的等效电路

根据半导体二极管的伏安特性曲线可知,二极管是一个非线性元件,为了便于分析,在一定条件下,用线性元件所构成的电路来近似模拟二极管的非线性特性。模拟二极管的电路称为二极管的等效模型。常用的二极管等效模型可分为理想模型和恒压降模型两种。

一、理想模型

如图 1.1.12 所示,虚线部分为实际的伏安特性曲线,实线部分为等效模型的伏安特性曲线。二极管正向导通时压降为零,反向偏置时截止,电流为零,这种二极管称为理想二极管。二极管等效于一个开关,两端所加的电压大于零时,二极管导通,相当于开关闭合;两端所加电压小于零时,二极管截止,相当于开关断开。

在近似分析中,除非特别说明考虑二极管的导通压降,否则一般都采用理想模型。

二、恒压降模型

恒压降模型如图 1.1.13 所示,二极管导通时,认为其导通压降为恒定的,且不随电流而变,其典型值硅管为 0.7 V,锗管为 0.3 V,相当于一个电压源。该模型只有当二极管的电流较大时才可以较好地进行模拟。

半导体二极管是最常用的电子元件之一,它最大的特性就是单向导电。因此,在应用电路中,关键是判断二极管的导通或截止。

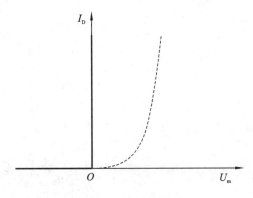

图 1.1.12 理想模型

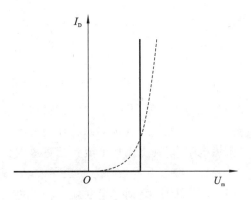

图 1.1.13 恒压降模型

 根据图 1.1.14 所示电路,求 U_o 的值。设二极管正向压降为 0.7 V。

(1) $U_A = U_B = 0$ 时;

(2) $U_A = 3$ V,$U_B = 0$ 时;

(3) $U_A = U_B = 3$ V 时。

 (1) $U_A = U_B = 0$ 时,D_1、D_2 均导通,则

$$U_o = 0.7 \text{ V}$$

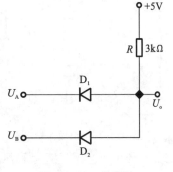

图 1.1.14 电路图

(2) $U_A = 3$ V,$U_B = 0$ 时,D_1 截止,D_1 导通,则

$$U_o = 0.7 \text{ V}$$

(3) $U_A = U_B = 3$ V 时,D_1、D_2 均导通,则

$$U_o = 3 \text{ V} + 0.7 \text{ V} = 3.7 \text{ V}$$

1.1.5 特殊二极管

一、稳压二极管

稳压二极管,又叫齐纳二极管,电路符号如图 1.1.15(a)所示。它是一种特殊的面接触型二极管,其特性和普通二极管类似,如图 1.1.15(b)所示。稳压二极管稳压时工作在反向击穿状态,但它的反向击穿是可逆的,不会发生"热击穿"。反向击穿后的特性曲线比较陡直,即反向电压基本不随反向电流变化而变化,这就是稳压二极管的稳压特性。

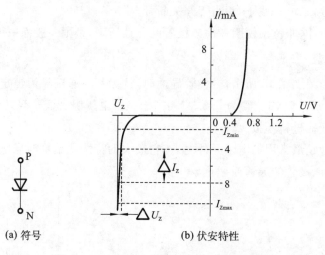

(a) 符号　　　　　　　　　　(b) 伏安特性

图 1.1.15　稳压二极管的伏安特性和符号

　　稳压二极管使用时,电源的正极接管子的 N 区,电源的负极接 P 区。其主要参数为稳压值 U_Z 和最大稳定电流 I_{ZM},稳压值 U_Z 一般取反向击穿电压。稳压二极管使用时一般需串联限流电阻,以确保工作电流不超过最大稳定电流 I_{ZM}。

　　稳压二极管主要被作为稳压器或电压基准元件使用。稳压二极管可以串联起来以便在较高的电压上使用,通过串联就可获得更高的稳定电压。

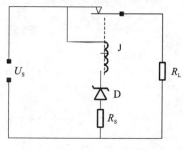

图 1.1.16　浪涌保护电路

例 1.1.2　浪涌保护电路如图 1.1.16 所示,简述稳压二极管 D 的作用。

解　稳压二极管在准确的电压下击穿,这就使得它可作为限制或保护元件来使用。图 1.1.16 中的稳压二极管 D 是作为过压保护器件。当电源电压 U_S 没有高到足以使稳压二极管 D 导通的程度,D 截止,没有电流通过继电器 J,继电器保持接通状态。只要电源电压 U_S 超过稳压二极管的稳压值,D 就导通,这时有电流通过继电器 J,触点断开,负载 R_L 就与电源分开,达到保护负载 R_L 的目的。

二、其他二极管

1. 发光二极管

　　发光二极管简称 LED,是一种将电能转换为光能的半导体器件,主要是由Ⅲ-Ⅴ族化合物半导体如砷化镓(GaAs)、磷化镓(GaP)制成。工作电压低,工作电流小,发光均匀,寿命长。发光二极管的符号如图 1.1.17 所示。

2. 光电二极管

　　光电二极管和普通二极管一样,也是由一个 PN 结组成的半导体器件,也具有单向导电性。但是,在电路中不是用它作整流元件,而是通过它把光信号转换成电信号。光电二极管的符号如图 1.1.18 所示。

　　光电二极管在设计和制作时尽量使 PN 结的面积相对较大,以便光电二极管接收入射光。光电二极管是在反向电压作用下工作的,没有光照时,反向电流极其微弱,叫暗电流;有

图 1.1.17　发光二极管的符号

图 1.1.18　光电二极管的符号

光照时,反向电流迅速增大到几十微安,称为光电流。光的强度越大,反向电流也越大。光的变化引起光电二极管的电流变化,这就可以把光信号转换成电信号,成为光电传感器件。

3. 变容二极管

变容二极管(varactor diodes)又称"可变电抗二极管",是利用 PN 结反偏时势垒电容大小随外加电压改变而变化的特性制成的。反偏电压增大时结电容减小,反之结电容增大,变容二极管的电容量一般较小,其最大值为几百皮法,最大电容与最小电容之比约为 5:1。它主要在高频电路中用作自动调谐、调频、调相等,例如在电视接收机的调谐回路中作可变电容。

 任务实施

一、二极管的正向输出特性

在 Multisim 仿真软件中,运用 IV 特性分析仪,绘制出晶体二极管的正向输出特性曲线,深入理解二极管正向输出特性曲线的概念和意义。

1. 绘制电路图

打开 Multisim 仿真软件,按照图 1.1.19 绘制出仿真电路。选择型号为 1BH62 的二极管进行测试。IV 特性分析仪 XIV1 为仪器仪表区第十一个仪器。

2. 电路仿真

双击虚拟 IV 特性分析仪 XIV1,弹出 IV 分析仪界面,如图 1.1.20 所示。选择元器件类型为 Diode。

点击仿真参数按钮,弹出仿真参数对话框,如图 1.1.21 所示。设置管压降 V_pn 的范围为 0~1 V、增量为 10 mV。

单击运行按钮,得到正向输出特性曲线,如图 1.1.22 所示。单击鼠标右键,选择"在光迹上显示选择标记",然后移动测试标尺,则在仪器界面下部会显示对应的电压及电流的值。

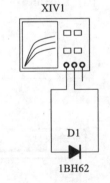

图 1.1.19　二极管正向输出特性曲线测量电路

3. 仿真结果分析

由仿真结果可知,当二极管端电压 $U_D > 0$ 即处于正向特性区域,正向区又分为两段:当正向电压小于门槛电压,即 $0 < U_D < U_{th}$,外电场不足以克服 PN 结的内电场,正向电流几乎为零;当正向电压超过门槛电压,即 $U_D > U_{th}$,内电场大为削弱,开始出现正向电流,并按指数规律开始快速增长。

二、二极管限幅电路特性

当输入信号电压在一定范围内变化时,输出电压也随着输入电压相应变化;当输入电压

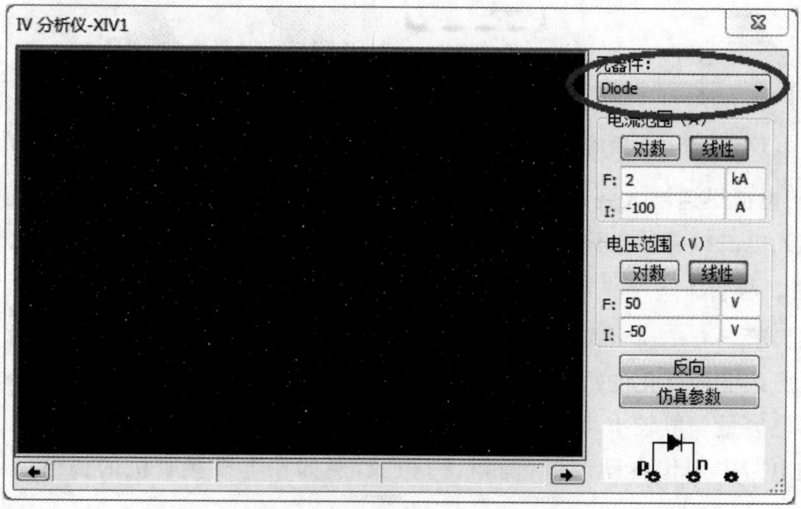

图 1.1.20　IV 分析仪界面

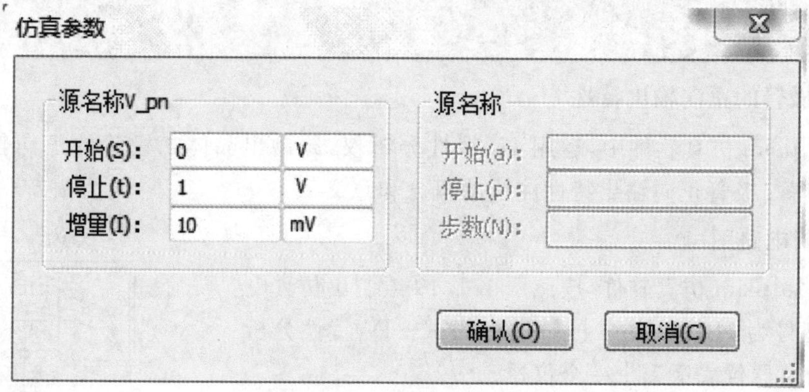

图 1.1.21　IV 分析仪仿真参数设置

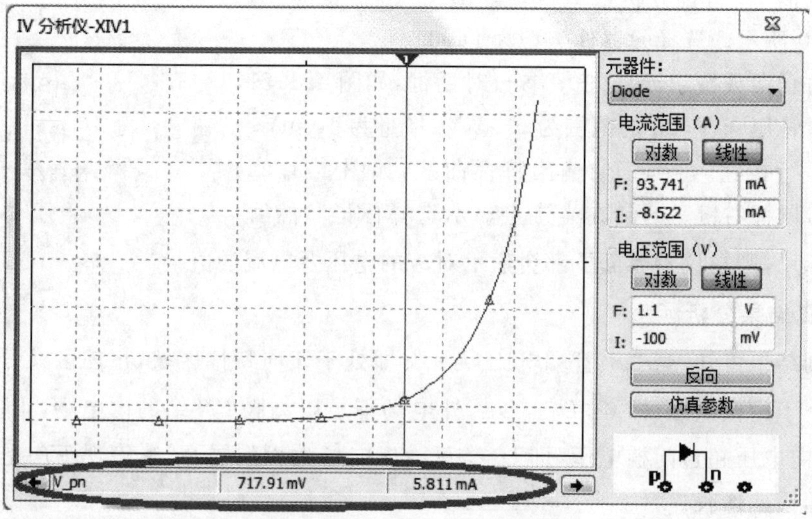

图 1.1.22　测得输出特性曲线

高于某一个数值时,输出电压保持不变,这就是限幅电路。把开始不变的电压称为限幅电平,限幅电路分为上限幅和下限幅。

在 Multisim 仿真软件中,运用示波器观察输入、输出波形,深入理解二极管正向导电性的概念和意义。

1. 绘制电路图

打开 Multisim 仿真软件,按照图 1.1.23 所示绘制出仿真电路,电路中各元器件的名称及存储位置见表 1.1.1,示波器 XSC1 为仪器仪表区第四个仪器。双击各元器件,按照图 1.1.23所示修改元器件标签和参数。

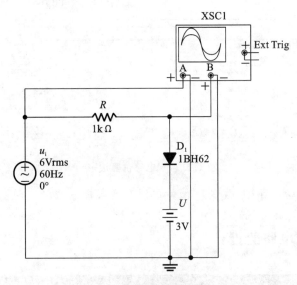

图 1.1.23　限幅电路测量电路

表 1.1.1　元器件的名称及存储位置

元器件名称	所 在 库	所属系列
二极管 1BH62	Diodes	DIODE
电阻	Basic	RESISTOR
地线 GROUND	Sources	POWER_SOURCES
交流电压源 AC_POWER	Sources	POWER_SOURCES
直流电压源 DC_POWER	Sources	POWER_SOURCES

2. 电路仿真

单击"运行"按钮,开启仿真。双击示波器,将时基标度设为 10 ms/Div,显示方式设为 Y/T;通道 A 刻度设为 10 V/Div,Y 轴位移设为 1 格,耦合方式设为交流;通道 B 刻度设为 10 V/Div,Y 轴位移设为−1 格,耦合方式设为交流。单击"停止"按钮,关闭仿真。示波器中显示输入信号和输出信号波形,如图 1.1.24 所示。

3. 仿真结果分析

二极管构成的限幅电路验证了二极管的单向导电性(二极管 D_1 为理想模型)。由仿真结果可知,当 $u_i > U$ 时,二极管导通,输出电压 $u_o = U$;当 $u_i < U$ 时,二极管截止,输出电压等

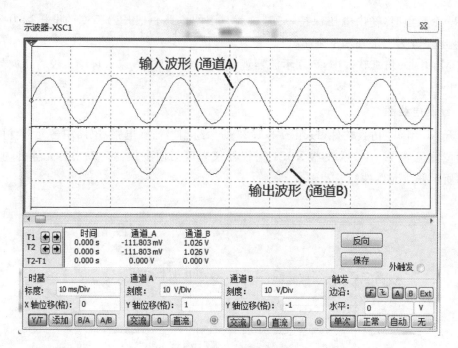

图 1.1.24 电路仿真波形

于输入电压 u_i。在限幅电路中,改变 U 值就可以改变限幅电平。

任务 1.2 整流电路的设计

 任务目标

整流电路是把交流电转换为直流电的电路。在小功率直流电源中,经常采用单相半波、单相全波和单相桥式整流电路。掌握三种整流电路的电路组成、优缺点及参数的计算。

任务引导

整流电路是电力电子电路中最早出现的一种,它将交流电变为直流电,应用十分广泛,电路形式各种各样:按组成的器件可分为不可控、半控和全控三种;按电路结构可分为桥式电路和零式电路;按交流输入相数分为单相电路和多相电路;按变压器二次侧电流的方向是单相或双相,又分为单拍电路和双拍电路。实用电路是上述的组合结构。

整流电路的作用是将交流降压电路输出的电压较低的交流电转换成单向脉动性直流电,这就是交流电的整流过程,整流电路主要由整流二极管组成。经过整流电路之后的电压已经不是交流电压,而是一种含有直流电压和交流电压的混合电压,习惯上称为单向脉动性直流电压。

◆ **1.2.1 单相半波整流电路**

一、工作原理

单相半波整流电路是一种最简单的整流电路,如图 1.2.1(a)所示。它由电源变压器、整流二极管和负载电阻组成。为了便于分析电路的工作原理,假设二极管为理想二极管,并且忽略变压器的内阻。变压器把市电电压(多为 220 V)变换为所需要的交变电压 u_2,整流二极管 D 再把交流电变换为脉动性直流电。变压器次级电压 u_2 是一个方向和大小都随时间变化的正弦波电压,波形如图 1.2.1(b)所示。

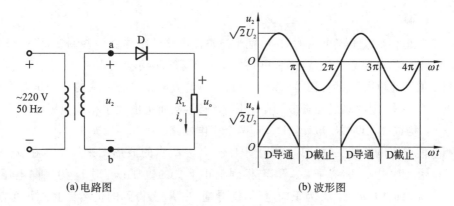

(a)电路图　　　　　　　　　　　　(b) 波形图

图 1.2.1　单相半波整流电路及波形

在 $0 \sim \pi$ 时间内,u_2 为正半周即变压器 a 端为正,b 端为负。此时二极管承受正向电压而导通,u_2 加在负载电阻 R_L 上,在 $\pi \sim 2\pi$ 时间内,u_2 为负半周,变压器次级 b 端为正,a 端为负。这时 D 承受反向电压并截止,R_L 上无电压。在 $2\pi \sim 3\pi$ 时间内,重复 $0 \sim \pi$ 时间的过程,而在 $3\pi \sim 4\pi$ 时间内,又重复 $\pi \sim 2\pi$ 时间的过程。如此反复,交流电的负半周被"削"掉,只有正半周通过 R_L,在 R_L 上获得半个周期的电压,如图 1.2.1(b)所示,达到整流的目的。但是,负载电压 u_o 以及负载电流 i_o 的大小还随时间而变化,通常称负载电压 U_o 为脉动性直流电压,常用一个周期内电压的平均值来表示它的大小。以下 U_o 与 $U_{o(AV)}$ 同义,省略表示平均的下标,I_D、I_o 类似。

二、参数计算

整流二极管 D 在一个周期内,只有半个周期导通,在负载 R_L 上得到的是半个正弦波。所以,负载上输出平均电压为

$$U_o = \frac{1}{2\pi} \int_0^\pi \sqrt{2} U_2 \sin\omega t \, \mathrm{d}(\omega t) = \frac{\sqrt{2}}{\pi} U_2 = 0.45 U_2 \tag{1.2.1}$$

流过负载和二极管的平均电流为

$$I_D = I_o = \frac{\sqrt{2} U_2}{\pi R_L} = \frac{0.45 U_2}{R_L} \tag{1.2.2}$$

二极管所承受的最大反向电压

$$U_{RM} = \sqrt{2} U_2 \tag{1.2.3}$$

脉动系数 S 为输出电压交流分量的基波最大值与输出电压的直流分量的比值。基波峰值为 $\dfrac{U_2}{\sqrt{2}}$,故脉动系数 S 的表达式为

$$S = \frac{\frac{\sqrt{2}U_2}{2}}{\frac{\sqrt{2}U_2}{\pi}} = \frac{\pi}{2} = 1.57 \tag{1.2.4}$$

不难看出,半波整流是以"牺牲"一半交流为代价而换取整流效果的,电流利用率很低,整流电压交流分量大(即脉动大)。因此常用在高电压、小电流的场合,而在一般无线电装置中很少采用。

◆ 1.2.2 单相全波整流电路

一、工作原理

为了克服单相半波整流电路的缺点,把半波整流电路的结构做一些调整,可以得到一种能充分利用电能的单相全波整流电路,电路如图 1.2.2(a)所示。

单相全波整流电路可以看作是由两个单相半波整流电路组合而成的。变压器次级线圈中间引出一个抽头,把次级线圈分成两个对称的绕组,从而引出大小相等但极性相反的两个电压 u_{21}、u_{22},构成 u_{21}、D_1、R_L 与 u_{22}、D_2、R_L 两个通电回路。

单相全波整流电路的工作原理,可用图 1.2.2(b)所示的波形图来说明。在 $0 \sim \pi$ 时间内,u_{21} 对 D_1 为正向电压,D_1 导通,在 R_L 上得到上正下负的电压;u_{22} 对 D_2 为反向电压,D_2 截止。在 $\pi \sim 2\pi$ 时间内,u_{22} 对 D_2 为正向电压,D_2 导通,在 R_L 上得到的仍然是上正下负的电压;u_{21} 对 D_1 为反向电压,D_1 截止。

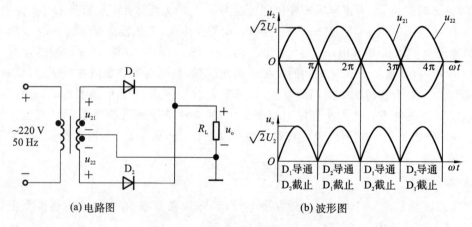

(a)电路图   (b)波形图

图 1.2.2 单相全波整流电路及波形

二、参数计算

输出平均电压为

$$U_o = \frac{1}{\pi} \int_0^\pi \sqrt{2}U_2 \sin\omega t \, \mathrm{d}(\omega t) = \frac{2\sqrt{2}}{\pi}U_2 = 0.9U_2 \tag{1.2.5}$$

流过负载和二极管的平均电流为

$$I_D = I_o = \frac{2\sqrt{2}U_2}{\pi R_L} = \frac{0.9U_2}{R_L} \tag{1.2.6}$$

二极管所承受的最大反向电压

$$U_{RM} = 2\sqrt{2}U_2 \tag{1.2.7}$$

脉动系数 S 的表达式为

$$S = \frac{\frac{4\sqrt{2}U_2}{3\pi}}{\frac{2\sqrt{2}U_2}{\pi}} = \frac{2}{3} = 0.67 \tag{1.2.8}$$

单相全波整流电路整流前后的波形与单相半波整流电路是有所不同的,全波整流利用了交流的两个半波,提高了整流电路的效率,无论正半周或负半周,通过负载电阻 R_L 的电流方向总是相同的,并使已整电流易于平滑。因此在整流器中广泛地应用着全波整流。但在应用全波整流器时其电源变压器必须有中心抽头,这给生产制作上带来了较多的麻烦。

◆ 1.2.3 单相桥式整流电路

单相桥式整流电路是使用最多的一种整流电路。这种电路,只要增加两只二极管连接成"桥"式结构,既具有全波整流电路的优点,又同时在一定程度上克服了它的缺点。单相桥式整流电路结构如图 1.2.3(a)所示。

一、工作原理

单相桥式整流电路的工作原理如下:u_2 为正半周时,对 D_1、D_2 加正向电压,D_1、D_2 导通;对 D_3、D_4 加反向电压,D_3、D_4 截止。电路中构成 u_2、D_1、R_L、D_2 通电回路,在 R_L 上形成上正下负的半波整流电压;u_2 为负半周时,对 D_3、D_4 加正向电压,D_3、D_4 导通;对 D_1、D_2 加反向电压,D_1、D_2 截止。电路中构成 u_2、D_3、R_L、D_4 通电回路,同样在 R_L 上形成上正下负的另外半波的整流电压。

如此重复下去,结果在 R_L 上便得到全波整流电压。其波形图和全波整流波形图是一样的。从图 1.2.3(b)中还不难看出,桥式电路中每只二极管承受的反向电压等于变压器次级电压的最大值,比全波整流电路小一半。

单相桥式整流电路有时也画成图 1.2.4(a)和图 1.2.4(b)所示的两种形式,其中图 1.2.4(a)为另一种常用画法,图 1.2.4(b)为简化表示法。

二、参数计算

输出平均电压为

$$U_o = \frac{1}{\pi}\int_0^\pi \sqrt{2}U_2 \sin\omega t \, d(\omega t) = \frac{2\sqrt{2}}{\pi}U_2 = 0.9U_2 \tag{1.2.9}$$

流过负载和二极管的平均电流为

$$I_D = \frac{I_o}{2} = \frac{2\sqrt{2}U_2}{2\pi R_L} = \frac{0.45U_2}{R_L} \tag{1.2.10}$$

二极管所承受的最大反向电压为

$$U_{RM} = \sqrt{2}U_2 \tag{1.2.11}$$

脉动系数 S 的表达式为

$$S = \frac{\frac{4\sqrt{2}U_2}{3\pi}}{\frac{2\sqrt{2}U_2}{\pi}} = \frac{2}{3} = 0.67 \tag{1.2.12}$$

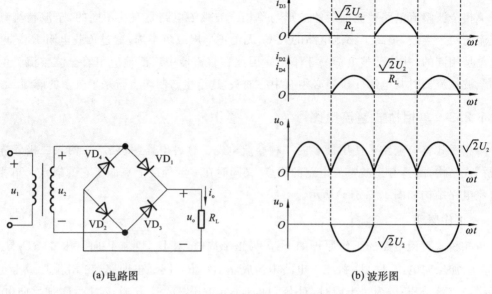

(a)电路图　　　　　　　　　(b)波形图

图 1.2.3　单相桥式整流电路及波形

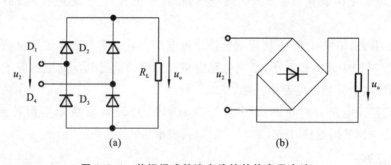

(a)　　　　　　　　　(b)

图 1.2.4　单相桥式整流电路的其他表示方法

　　单相桥式整流电路的变压器中只有交流电流过,而半波和全波整流电路中均有直流分量流过,所以单相桥式整流电路的变压电路效率较高,并且在同样的功率容量下,单相桥式整流电路的体积更小一些。单相桥式整流电路的总体性能优于单相半波和全波整流电路。

 已知负载电阻 $R_L = 80\ \Omega$,输出电压 $U_o = 110\ \text{V}$。采用单相桥式整流电路,交流电源电压为 220 V。试计算负载电流 I_o 和二极管电流 I_D、变压器副边电压有效值 U_2 及最大反向电压 U_{RM}。

解 根据题意可得

负载电流
$$I_o = \frac{U_o}{R_L} = \frac{110}{80}\ \text{A} = 1.4\ \text{A}$$

二极管平均电流
$$I_D = \frac{I_o}{2} = \frac{1.4}{2}\ \text{A} = 0.7\ \text{A}$$

变压器副边电压的有效值 $U_2 = \dfrac{U_o}{0.9} = \dfrac{110}{0.9}\ \text{V} = 122\ \text{V}$

最大反向电压 $U_{RM} = \sqrt{2}U_2 = \sqrt{2} \times 122\ \text{V} = 172.5\ \text{V}$

 任务实施

一、单相半波整流电路

在 Multisim 仿真软件中，运用示波器观察单相半波整流电路输入、输出波形，深入理解单相半波整流的概念和特点。

1. 绘制电路图

打开 Multisim 仿真软件，按照图 1.2.5 所示绘制出仿真电路，电路中各元器件的名称及存储位置见表 1.2.1，虚拟示波器 XSC1 为仪器仪表区第四个仪器，虚拟数字万用电表 XMM1、XMM2 为仪器仪表区第一个仪器。双击各元器件，按照图 1.2.5 所示修改元器件标签和参数。

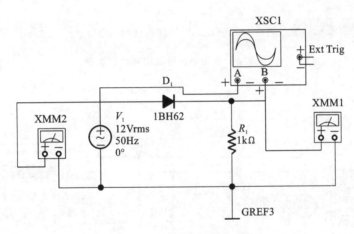

图 1.2.5 单相半波整流电路

表 1.2.1 元器件的名称及存储位置

元器件名称	所 在 库	所属系列
二极管 1BH62	Diodes	DIODE
电阻	Basic	RESISTOR
地线 GROUND	Sources	POWER_SOURCES
交流电压源 AC_POWER	Sources	POWER_SOURCES

2. 电路仿真

双击万用表 XMM1，将其设置为交流电压表；双击万用表 XMM2，将其设置为直流电压表。单击"运行"按钮，开启仿真。双击示波器，将时基标度设为 10 ms/Div，显示方式设为 Y/T；通道 A 刻度设为 20 V/Div，Y 轴位移设为 1 格，耦合方式设为交流；通道 B 刻度设为 20 V/Div，Y 轴位移设为 -1 格，耦合方式设为直流。单击"停止"按钮，关闭仿真。示波器中显示输入信号和输出信号波形，移动测试标尺，则在仪器界面下部会显示对应的电压值，如

图 1.2.6 所示。双击万用表,可分别测得输出电压的直流分量和有效值,如图 1.2.7 所示。

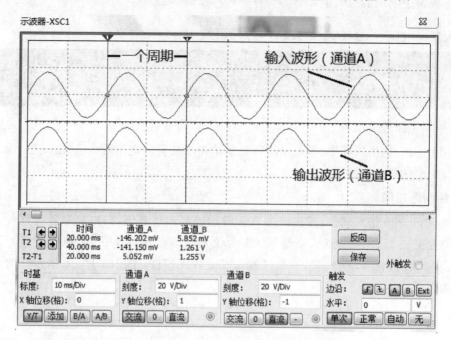

图 1.2.6 单相半波整流电路仿真波形

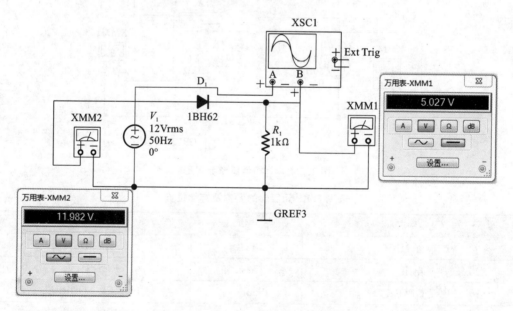

图 1.2.7 单相半波整流电路电压测试

3. 仿真结果分析

由仿真结果可知,整流电路的输出电压不是纯粹的直流,从示波器观察整流电路的输出,与直流相差很大,波形中含有较大的脉动成分。负载 R_L 上输出平均电压由式(1.2.1)计算可得

$$U_。 \approx 0.45 \times 12 \text{ V} = 5.2 \text{ V}$$

利用二极管构成的单相半波整流电路只利用了交流电压的半个周期。用虚拟万用电表

测得,当 $V_1 = 12$ V(有效值)时,输出平均电压为 $U_o = 5.027$ V,计算值与仿真结果相符合。

二、单相桥式整流电路

在 Multisim 仿真软件中,运用示波器观察单相桥式整流电路输入、输出波形,深入理解单相桥式整流的概念和特点。

1. 绘制电路图

打开 Multisim 仿真软件,按照图 1.2.8 所示绘制出仿真电路,电路中各元器件的名称及存储位置见表 1.2.2,虚拟示波器 XSC1 为仪器仪表区第四个仪器,虚拟数字万用电表 XMM1、XMM2 为仪器仪表区第一个仪器。双击各元器件,按照图 1.2.8 所示修改元器件标签和参数。

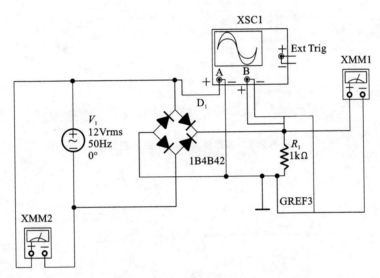

图 1.2.8 单相桥式整流电路

表 1.2.2 元器件的名称及存储位置

元器件名称	所 在 库	所属系列
桥电路 1B4B42	Diodes	FWB
电阻	Basic	RESISTOR
地线 GROUND	Sources	POWER_SOURCES
交流电压源 AC_POWER	Sources	POWER_SOURCES

2. 电路仿真

双击万用表 XMM1,将其设置为交流电压表;双击万用表 XMM2,将其设置为直流电压表。单击"运行"按钮,开启仿真。双击示波器,将时基标度设为 10 ms/Div,显示方式设为 Y/T;通道 A 刻度设为 20 V/Div,Y 轴位移设为 1 格,耦合方式设为交流;通道 B 刻度设为 20 V/Div,Y 轴位移设为 −1 格,耦合方式设为直流。单击"停止"按钮,关闭仿真。示波器中显示输入信号和输出信号波形,移动测试标尺,则在仪器界面下部会显示对应的电压值,如图 1.2.9 所示。双击万用表,可分别测得输出电压的直流分量和有效值,如图 1.2.10 所示。

3. 仿真结果分析

由仿真结果可知,利用二极管构成的单相桥式整流电路利用了交流的两个半波,提高了

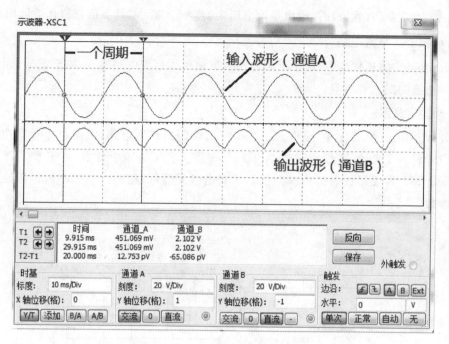

图 1.2.9　单相桥式整流电路仿真波形

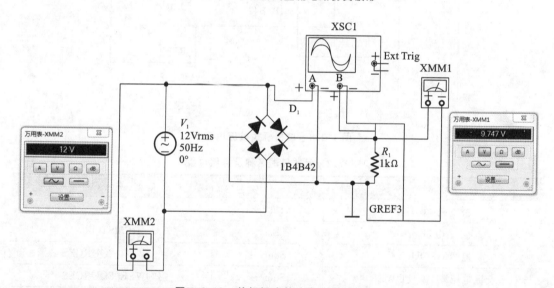

图 1.2.10　单相桥式整流电路电压测试

整流电路的效率。用虚拟万用电表测得,当 $V_1 = 12$ V(有效值)时,输出平均电压为 $U_o = 9.747$ V,约为半波整流的 2 倍。

 任务 1.3　滤波电路的设计

任务目标

滤波电路是通过滤除整流电路输出电压中的脉动成分以获得直流电压的。在直流稳压电源中,经常采用具有储能作用的电抗性元件(如电容、电感)组成的滤波电路。本节要求掌握常用滤波电路的电路组成,优、缺点及参数的计算。

 任务引导

滤波的概念是根据傅里叶分析和变换提出的一个工程概念。电信号是由不同频率的正弦波线性叠加而成的,组成信号的不同频率正弦波叫作信号的频率成分或叫作谐波成分。只允许一定频率范围内的信号成分正常通过,而阻止另一部分频率成分通过的电路,叫作滤波电路。

整流电路的输出电压不是纯粹的直流,从示波器观察整流电路的输出,与直流相差很大,波形中含有较大的脉动成分,称为纹波。为获得比较理想的直流电压,需要利用具有储能作用的电抗性元件(如电容、电感)组成的滤波电路来滤除整流电路输出电压中的脉动成分以获得直流电压。滤波电路接在主电路与负载之间。

半波整流输出电压的脉动系数 $S=1.57$,全波整流和桥式整流的输出电压的脉动系数 $S \approx 0.67$。对于全波和桥式整流电路采用电容滤波电路后,其脉动系数为

$$S = \frac{1}{\dfrac{4R_{\mathrm{L}}C}{T} - 1} \tag{1.3.1}$$

式中:T 为整流输出的直流脉动电压的周期。

◆ 1.3.1 电容滤波电路

电容器是一个储存电能的元件。在电路中,当有电压加到电容器两端的时候,便对电容器充电,把电能储存在电容器中;当外加电压失去(或降低)之后,电容器将把储存的电能再放出来。充电的时候,电容器两端的电压逐渐升高,直到接近充电电压;放电的时候,电容器两端的电压逐渐降低,直到完全消失。电容器的容量越大,负载电阻值越大,充电和放电所需要的时间越长。电容器两端电压不能突变的特性,正好可以用来承担滤波的任务。

一、工作原理

最简单的单相桥式整流电容滤波电路如图 1.3.1(a)所示,电容器与负载电阻并联,接在单相桥式整流电路后面,交流电压经整流电路之后输出的是单向脉动性直流电。

下面以图 1.3.1 所示情况说明电容滤波的工作过程。在二极管导通期间,u_2 向负载电阻 R_{L} 提供电流的同时,向电容器 C 充电,一直充到最大值。u_2 达到最大值以后逐渐下降;而电容器两端电压不能突然变化,仍然保持较高电压。u_2 下降,下降到低于电容电压,于是 u_C 便通过负载电阻 R_{L} 放电。由于 C 和 R_{L} 较大,放电速度很慢,在 u_2 下降期间,电容器 C 上的电压降得不多。当 u_2 下一个周期到来并升高到大于 u_C 时,又再次对电容器充电。如此重复,电容器 C 两端(即负载电阻 R_{L} 两端)便保持了一个较平稳的电压,在波形图上呈现出比较平滑的波形。从单向脉动性直流电中取出了所需要的直流电压。图 1.3.1(b)所示为桥式整流时电容滤波前后的输出波形。

显然,电容量越大,对交流成分的容抗越小,使残留在负载 R_{L} 上的交流成分越少,滤波效果就越好。输出波形越趋于平滑,输出电压也越高。但是,电容量达到一定值以后,再加

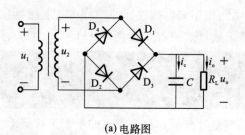

(a) 电路图

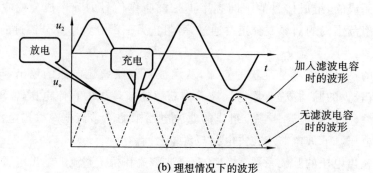

(b) 理想情况下的波形

图 1.3.1　单相桥式整流电容滤波电路及其波形图

大电容量对提高滤波效果已无明显作用。通常应根据负载电阻和输出电压的大小选择最佳电容量。表 1.3.1 列出了滤波电容器容量和输出电流的关系,可供参考。

表 1.3.1　滤波电容器容量和输出电流的关系

输出电流	2 A 左右	1 A 左右	0.5~1 A	0.1~0.5 A	100~50 mA	50 mA 以下
滤波电容	4000 μF	2000 μF	1000 μF	500 μF	200~500 μF	200 μF

二、参数计算

滤波电路的输出电压波形很难用解析式来描述,故一般运用近似估算的方法进行计算。在 $R_\mathrm{L}C = (3 \sim 5)\dfrac{T}{2}$ 的条件下,输出的直流电压值可以近似表示为

$$U_\mathrm{o} \approx 1.2U_2 \tag{1.3.2}$$

负载上的直流电流为

$$I_\mathrm{o} = \frac{U_\mathrm{o}}{R_\mathrm{L}} = \frac{1.2U_2}{R_\mathrm{L}} \tag{1.3.3}$$

滤波电容的大小为

$$C = (3 \sim 5)\frac{T}{2R_\mathrm{L}} \tag{1.3.4}$$

电容器的耐压值一般取 $\sqrt{2}U_2$ 的 1.5~2 倍,整流二极管选管时一般采用硅管,它比锗管更经得起电流的冲击。采用电容滤波的整流电路,输出电压随输出电流变化较大,这对于变化负载来说是很不利的,电容滤波电路通常应用在负载电阻较大且变化不大的场合。

例 1.3.1　如图 1.3.1(a)所示的电路中,要求电路输出电压 $U_\mathrm{o} = 24$ V,负载电流 $I_\mathrm{o} = 100$ mA,其中 $U_\mathrm{o} \approx 1.2U_2$。试求:

(1) 滤波电容的大小;

（2）当考虑电网电压的波动范围为 $\pm 5\%$ 时,滤波电容的耐压值。

 解   （1）根据式 $U_{\mathrm{o}} \approx 1.2 U_2$ 可知,电容 C 的取值满足

$$R_{\mathrm{L}} C = (3 \sim 5) \frac{T}{2}$$

$$R_{\mathrm{L}} = \frac{U_{\mathrm{o}}}{I_{\mathrm{o}}} = \frac{24}{100 \times 10^{-3}} \Omega = 240 \ \Omega$$

电网频率为 50 Hz,则电容的大小为

$$C = (3 \sim 5) \frac{1/50}{2 \times 240} \mathrm{F} \approx (125 \sim 208) \ \mu\mathrm{F}$$

（2）变压器的副边电压有效值为

$$U_2 \approx \frac{U_{\mathrm{o}}}{1.2} = \frac{24}{1.2} \mathrm{V} = 20 \ \mathrm{V}$$

耐压值为

$$U > 1.05 \times \sqrt{2} U_2 = 1.05 \times \sqrt{2} \times 20 \ \mathrm{V} \approx 29.7 \ \mathrm{V}$$

因此,可选择容量为 200 μF、耐压值为 30 V 的电容作为滤波电容。

1.3.2   电感滤波电路

电感器是能够把电能转化为磁能而存储起来的元件,也是电子电路中常用的元件之一。主要作用是对交流信号进行隔离、滤波或与电容器、电阻器等组成谐振电路。

一、工作原理

单相桥式整流电感滤波电路如图 1.3.2 所示。当流过电感的电流发生变化时,线圈中产生感应电动势阻碍电流的变化,使负载电流和电压的脉动减小。

利用电感对交流感抗大而对直流感抗小的特点,对于交流成分而言,L 对它的感抗很大,这

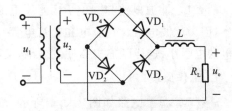

图 1.3.2   单相桥式整流电感滤波电路

样在 L 上的交流电压降大,加到负载上的交流成分少。对直流电而言,由于 L 不呈现感抗,相当于通路,整流电路输出的直流电压直接加到负载 R_{L} 上。因此,在负载上得到比较平滑的直流电压。

二、应用场合

电感滤波电路输出电压较低,单相输出电压波动小,随负载变化也很小。适用于负载电阻较小,负载电流较大的场合,用于高频时更为合适。输出直流电压为

$$U_{\mathrm{o}} \approx 0.9 U_2 \tag{1.3.5}$$

1.3.3   复式滤波电路

把电容接在负载并联支路,把电感或电阻接在串联支路,可以组成复式滤波器,达到更佳的滤波效果。这种电路的形状很像字母 π,所以又叫 π 型滤波器。

一、π 型 RC 滤波电路

由电阻与电容组成的 π 型 RC 滤波电路如图 1.3.3 所示。这种复式滤波器结构简单,

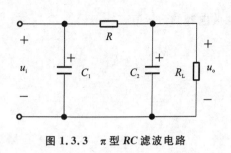

图 1.3.3　π 型 RC 滤波电路

能兼起降压、限流作用,滤波效能也较高,是最常用的一种滤波器。

1. 工作原理

这一电路的滤波原理是:从整流电路输出的电压首先经过 C_1 的滤波,将大部分的交流成分滤除,然后再加到由 R 和 C_2 构成的滤波电路中。C_2 容抗与 R 构成一个分压电路,因 C_2 的容抗很小,所以对交流成分的分压衰减量很大,达到滤波目的。对于直流电而言,由于 C_2 具有隔直作用,所以 R 和 C_2 分压电路对直流不存在分压衰减的作用,这样直流电压通过 R 输出。

2. 应用场合

在 R 大小不变时,加大 C_2 的容量可以提高滤波效果,在 C_2 容量大小不变时,加大 R 的阻值可以提高滤波效果。但是,滤波电阻 R 的阻值不能太大,因为流过负载的直流电流要流过 R,在 R 上会产生直流压降,使直流输出电压 U_o 减小。C_1 是第一节滤波电容,加大容量可以提高滤波效果。但是 C_1 太大后,在开机时对 C_1 的充电时间很长,这一充电电流流过整流二极管,当充电电流太大、时间太长时,会损坏整流二极管。

采用这种 π 型 RC 滤波电路可以使 C_1 容量较小,合理设计 R 和 C_2 的值来进一步提高滤波效果,主要适用于负载电流较小而又要求输出电压脉动很小的场合。

二、π 型 LC 滤波电路

π 型 LC 滤波电路与 π 型 RC 滤波电路基本相同。这一电路只是将滤波电阻换成滤波电感,因为滤波电阻对直流电和交流电存在相同的电阻,而滤波电感对交流电感抗大,对直流电的电阻小,这样既能提高滤波效果,又不会降低直流输出电压。

1. 工作原理

π 型 LC 滤波电路如图 1.3.4 所示,整流电路输出的单向脉动性直流电压先经电容 C_1 滤波,去掉大部分交流成分,然后再加到 L 和 C_2 滤波电路中。

对于交流成分而言,L 对它的感抗很大,这样在 L 上的交流电压降大,加到负载上的交流成分少。

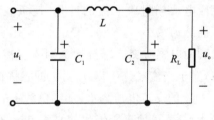

图 1.3.4　π 型 LC 滤波电路

对直流电而言,由于 L 不呈现感抗,相当于通路,同时滤波电感采用的线径较粗,直流电阻很小,这样对直流电压基本上没有电压降,所以直流输出电压比较高,这是采用电感滤波器的主要优点。

2. 应用场合

π 型 LC 滤波电路滤波效能很高,几乎没有直流电压损失,适用于负载电流较大、要求纹波很小的场合。但是,这种滤波器由于电感体积和重量大(高频时可减小),比较笨重,成本也较高,一般情况下使用得不多。

上述两种复式滤波器,由于接有电容,带负载能力都较差。

任务实施

◆ 单相桥式整流电容滤波电路

在 Multisim 仿真软件中,运用示波器观察单相桥式整流电容滤波电路输入、输出波形,深入理解电容滤波的概念和特点。

1. 绘制电路图

打开 Multisim 仿真软件,按照图 1.3.5 所示绘制出仿真电路,电路中各元器件的名称及存储位置见表 1.3.2,虚拟示波器 XSC1 为仪器仪表区第四个仪器,虚拟数字万用电表 XMM1、XMM2 为仪器仪表区第一个仪器。双击各元器件,按照图 1.3.5 所示修改元器件标签和参数。

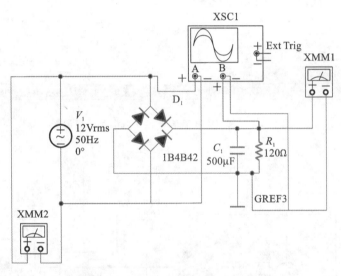

图 1.3.5　单相桥式整流电容滤波电路图

表 1.3.2　元器件的名称及存储位置

元器件名称	所 在 库	所 属 系 列
桥电路 1B4B42	Diodes	FWB
电阻	Basic	RESISTOR
电容	Basic	CAPACITOR
地线 GROUND	Sources	POWER_SOURCES
交流电压源 AC_POWER	Sources	POWER_SOURCES

2. 电路仿真

双击万用表 XMM1,将其设置为直流电压表;双击万用表 XMM2,将其设置为交流电压表。单击"运行"按钮,开启仿真。双击示波器,将时基标度设为 10 ms/Div,显示方式设为 Y/T;通道 A 刻度设为 10 V/Div,Y 轴位移设为 0 格,耦合方式设为交流;通道 B 刻度设为 10 V/Div,Y 轴位移设为 0 格,耦合方式设为直流。单击"停止"按钮,关闭仿真。示波器中

显示输入信号和输出信号波形,如图 1.3.6 所示。双击万用表,可分别测得输出电压的直流
分量和有效值,如图 1.3.7 所示。

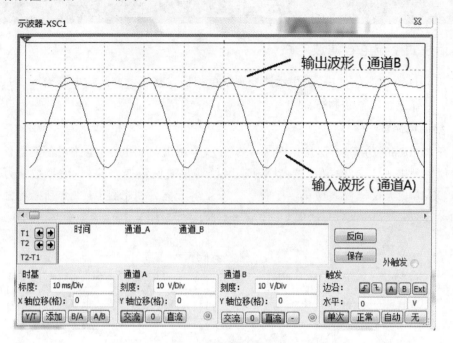

图 1.3.6　单相桥式整流电容滤波电路仿真波形

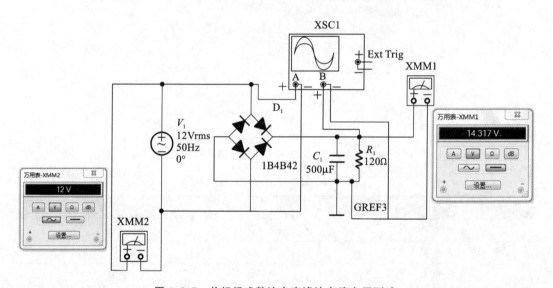

图 1.3.7　单相桥式整流电容滤波电路电压测试

3. 仿真结果分析

由仿真结果可知,在给定电路参数下,利用虚拟示波器通道 B 可以观察输出电压的波形,经过整流、滤波电路后输出电压仍然存在较小的纹波。

用虚拟数字万用电表测得,变压器副边电压 $V_1 = 12$ V,输出电压 $U_o = 14.317$ V。保持 V_1 和 R_1 不变,改变滤波电容的值为 50 μF,可测得 $U_o = 11.15$ V。可以看出 $R_L C$ 越大,输出电压 U_o 越高。

在电路制作中,选管时一般采用硅管,它比锗管更经得起电流的冲击。

任务目标

整流滤波电路能将正弦交流电压变成较为平滑的直流电压,但是整流滤波输出电压仍存在不稳定因素,必须对整流滤波后的直流电压采取稳压措施。本节对几种常用的稳压电路进行了介绍,要求掌握稳压电路的技术指标、稳压管稳压电路和常用的三端集成稳压电路及参数的计算。

任务引导

交流电经过整流和滤波后,输出电压仍然存在较小的纹波。在输入电压、负载、环境温度、电路参数等发生变化时仍能保持输出电压恒定的电路叫作稳压电路。稳压电路能提供稳定的直流电源,广为各种电子设备所采用。

◆ **1.4.1 稳压电路的技术指标**

稳压电路的技术指标是指其输出直流电压的稳定程度。通常用稳压电路的技术指标去衡量稳压电路性能的高低。稳压电路主要有以下几个技术指标。

(1) 输出电阻 R_o:输入电压不变时,输出电压变化量与负载电流变化量之比。

$$R_o = \frac{\Delta U_o}{\Delta I_o}\bigg|_{\Delta U_i = 0} \tag{1.4.1}$$

R_o 越小,当负载电流变化时,在内阻上产生的压降就越小,输出电压就越稳定,带负载的能力越强。

(2) 稳压系数 S_r:在负载不变时,稳压电路输出电压的相对变化量与其输入电压的相对变化量之比。稳压系数可表示为

$$S_r = \frac{\Delta U_o/U_o}{\Delta U_i/U_i}\bigg|_{R_L = 常数} = \frac{\Delta U_o}{\Delta U_i} \cdot \frac{U_i}{U_o}\bigg|_{R_L = 常数} \tag{1.4.2}$$

ΔU_i 和 ΔI_o 引起的 ΔU_o 可表示为

$$\Delta U_o = S_r \Delta U_i + R_o \Delta I_o \tag{1.4.3}$$

S_r 越小,输出电压越稳定。

(3) 电压调整率 S_v:有时特指 $\frac{\Delta U_i}{U_i} = \pm 10\%$ 时的 S_r,或以单位输出电压下的输出和输入电压的相对变化百分比表示。

$$S_v = \frac{1}{U_o} \cdot \frac{\Delta U_o}{\Delta U_i}\bigg|_{\Delta I_o = 0} \times 100\% \tag{1.4.4}$$

该指标反映了负载变化对输出电压稳定性的影响。

◆ 1.4.2 硅稳压管稳压电路

一、工作原理

由硅稳压管组成的简单稳压电路如图 1.4.1 所示。硅稳压管 VS 与负载 R_L 并联，R 为限流电阻。

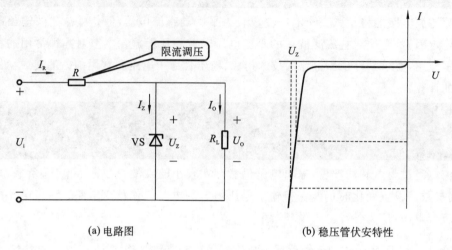

(a) 电路图　　　　　　　　　(b) 稳压管伏安特性

图 1.4.1　硅稳压管稳压电路

若输入电压 U_i 升高，引起负载电压 U_o 升高。由于稳压管 VS 与负载 R_L 并联，U_o 只要有很少一点增长，就会使流过稳压管的电流急剧增加，使得 I_R 也增大，限流电阻 R 上的压降增大，从而抵消了 U_i 的升高，保持负载电压 U_o 基本不变。反之，若电网电压降低，引起 U_i 下降，造成 U_o 也下降，则稳压管中的电流急剧减小，使得 I_R 减小，R 上的压降也减小，从而抵消了 U_i 的下降，保持负载电压 U_o 基本不变。

若 U_i 不变而负载电流增加，则 R 上的压降增加，造成负载电压 U_o 下降。U_o 只要下降一点点，稳压管中的电流就迅速减小，使 R 上的压降再减小下来，从而保持 R 上的压降基本不变，使负载电压 U_o 得以稳定。

综上所述，稳压管起着电流的自动调节作用，而限流电阻起着电压调整作用。稳压管的动态电阻越小，限流电阻越大，输出电压的稳定性越好。

二、限流电阻的选取

分析图 1.4.1 所示硅稳压管稳压电路可知

$$U_o = U_Z = U_i - U_R = U_i - I_R R \tag{1.4.5}$$

$$I_R = I_o + I_Z \tag{1.4.6}$$

因为

$$I_{Zmin} \leqslant I_Z \leqslant I_{Zmax} \tag{1.4.7}$$

$$I_Z = \frac{U_i - U_Z}{R} - I_o \tag{1.4.8}$$

当输入电压 U_i 最低且负载电流 I_o 最大时，稳压管的电流最小。

$$I_Z = \frac{U_{imin} - U_Z}{R} - I_{omax} \geqslant I_{Zmin} \tag{1.4.9}$$

则

$$R \leqslant \frac{U_{\text{imin}} - U_{\text{Z}}}{I_{\text{Zmin}} + I_{\text{omax}}} \tag{1.4.10}$$

当输入电压 U_i 最高且负载电流 I_o 最小时,稳压管的电流最大。

$$I_{\text{Z}} = \frac{U_{\text{imax}} - U_{\text{Z}}}{R} - I_{\text{omin}} \leqslant I_{\text{Zmax}} \tag{1.4.11}$$

则

$$R \geqslant \frac{U_{\text{imax}} - U_{\text{Z}}}{I_{\text{Zmax}} + I_{\text{omin}}} \tag{1.4.12}$$

例 1.4.1 在图 1.4.1(a)所示的电路中,已知 $U_i = 15$ V,负载电流为 $10 \sim 20$ mA;稳压管的稳定电压 $U_{\text{Z}} = 6$ V,最小稳定电流 $I_{\text{Zmin}} = 5$ mA,最大稳定电流 $I_{\text{Zmax}} = 40$ mA。求解 R 的取值范围。

解 由式(1.4.10)得

$$R_{\text{max}} = \frac{U_{\text{imin}} - U_{\text{Z}}}{I_{\text{Zmin}} + I_{\text{omax}}} = \frac{15 - 6}{(5 + 20) \times 10^{-3}} \ \Omega = 360 \ \Omega$$

由式(1.4.11)得

$$R_{\text{min}} = \frac{U_{\text{imax}} - U_{\text{Z}}}{I_{\text{Zmax}} + I_{\text{omin}}} = \frac{15 - 6}{(40 + 10) \times 10^{-3}} \ \Omega = 180 \ \Omega$$

◆ 1.4.3 三端集成稳压电路

一、三端集成稳压器

三端集成稳压器具有体积小、可靠性高、使用灵活方便等特点,广泛应用于各种电子设备中。所谓三端是指电压输入端、电压输出端和公共接地端。图 1.4.2 所示为三端集成稳压器的外形及电路符号。

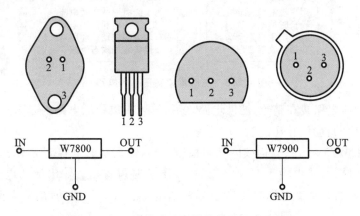

图 1.4.2　三端集成稳压器的外形及电路符号

1. 三端集成稳压器的组成

三端集成稳压器只有 3 根引脚,其引脚功能分别是:1 脚是集成电路的直流电压输入引脚,从整流、滤波电路输出的未稳定直流电压从这一引脚输入到稳压电路中;2 脚是接地引脚,在典型应用电路中接地,如果需要进行直流输出电压的调整,这一引脚不直接接地;3 脚是稳定直流电压输出引脚,其输出的直流电压加到负载电路中。将集成电路正向放置,自左向右为 1 脚、2 脚、3 脚。三端集成稳压电路的输入、输出和接地端决不能接错,不然容易烧坏。一般最小输入、输出电压差约为 2 V,否则不能输出稳定的电压,一般应使电压差保持在 4~5 V。

2. 三端集成稳压电路的分类

三端固定电压输出的集成稳压器输出有正负两种电压。W78××系列为三端固定正电压输出的集成稳压器,78 后面的两位数字表示输出电压,例如 7805 表示输出+5 V,7812 表示输出+12 V 等。W79××系列为三端固定负电压输出的集成稳压器,例如 7905 表示输出-5 V,7912 表示输出-12 V。有时在数字 78 或 79 后面还有一个 M 或 L,如 78M15 或 79L12,用来区别输出电流和封装形式等。例如 78L 系列的最大输出电流为 100 mA,78M 系列最大输出电流为 1 A,78 系列最大输出电流为 1.5 A。79 系列除输出负电压外,其他与 78 系列一样。

另外还有三端可调集成稳压器。电压可调范围为 1.25~37 V,最大输出电流可达 1.5 A。典型产品有 LM317、LM337 等。

二、三端集成稳压电路的典型应用

1. 基本电路

三端集成稳压电路的外电路非常简单,图 1.4.3 所示为三端集成稳压基本电路。

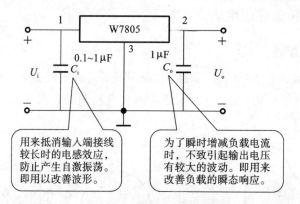

图 1.4.3　三端集成稳压基本电路

三端集成稳压电路接在整流、滤波电路之后,输入集成稳压电路的是未稳定的直流电压 U_i,输出的是稳定的直流电压 U_o。

W78×× 和 W79×× 系列构成的基本稳压电路,输入端的电容 C_i 是在输入线较长时用于旁路高频干扰脉冲,减少输入波纹电压,接线不长时可省略。输出端的电容 C_o 用来改善暂态响应,使瞬时增减负载电流时不致引起输出电压有较大的波动,削弱电路的高频噪声。C_i、C_o 一般在 0.1~1 μF 之间。

2. 三端集成稳压器扩展应用电路方案

1) 固定抬高输出电压的三端集成稳压电路

电路如图 1.4.4 所示,如果需要输出电压 U_o 高于现有的三端集成稳压器的输出电压时,可用一只稳压二极管 VD$_Z$ 将三端集成稳压器的公共端电位抬高到稳压管的击穿电压

U_z,此时,实际输出电压 U_o 等于稳压器原输出电压与 U_z 之和。

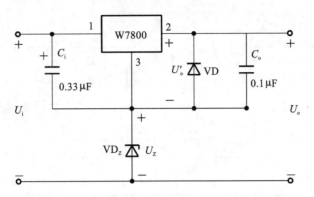

图 1.4.4 固定抬高输出电压的三端集成稳压电路

则

$$U_o = U_o' + U_z \tag{1.4.13}$$

将普通二极管正向运用来代替 VD_z,同样可起到抬高输出电压的作用,若将二极管换成发光二极管 LED,不但能提高输出电压,而且 LED 发光还起到电源指示作用。

2)输出电压可调电路

利用 W78×× 系列固定输出稳压电路,也可以组成电压可调电路,如图 1.4.5 所示。

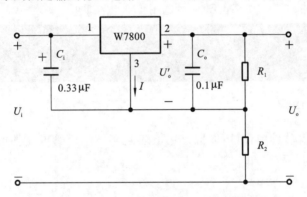

图 1.4.5 输出电压可调的三端集成稳压电路

在该电路中,输出电压

$$U_o = U_o'\left(1 + \frac{R_2}{R_1}\right) \tag{1.4.14}$$

式中:U_o' 为三端集成稳压器标称输出电压。若将 R_1、R_2 数值固定,该电路就可以用于固定抬高输出电压。如将 R_1 或 R_2 换成光敏电阻,便可以构成光控输出电压关断电路。

也可利用三端可调集成稳压器组成电压可调电路,电路如图 1.4.6 所示。

该稳压电路的输出电压计算公式为

$$U_o = 1.25\left(1 + \frac{R_2}{R_1}\right) \tag{1.4.15}$$

仅仅从公式本身看 R_1、R_2 的电阻值可以随意设定。然而,LM317T 稳压器的输出电压变化范围是 1.25~37 V(高输出电压的 317 稳压块如 LM317 HVA、LM317 HVK 等,其输出电压变化范围是 1.25~45 V),R_1 和 R_2 的阻值是不能随意设定的,$\frac{R_2}{R_1}$ 的比值范围只能是

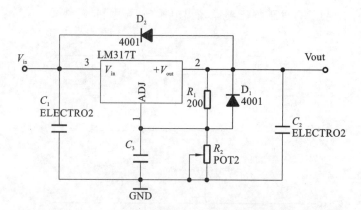

图 1.4.6　三端可调集成稳压器组成电压可调电路

0～28.6。稳压器的最小稳定工作电流也不相同,但一般不大于 5 mA。

　　电路中的 D_1、D_2 为保护二极管。在稳压电源的输出端短路时,电容 C_3 上储存的电荷将通过 D_1 放电,从而保护 LM317T 内部调整管的发射结不被击穿。D_2 也是用于保护 LM317T 内部调整管的。由于 LM317T 在工作时,不允许 V_{out} 端的电压高于 V_{in},否则很容易损坏内部的调整管。在使用 LM317T 稳压电源时,有时其 V_{out} 端会误接触到其他较高的电压,这时 LM317T 的 V_{out} 端的电压便会高于 V_{in},此时该二极管 D_2 便会将这个高压钳位在 0.7 V 左右,从而保护了内部的调整管。D_1、D_2 一般选用 1N4007 即可。

 任务实施

◆　硅稳压管稳压电路

　　在 Multisim 仿真软件中,运用虚拟万用电表观察硅稳压管电路的电流及负载电压,深入理解硅稳压管电路的概念和原理。

1. 绘制电路图

　　打开 Multisim 仿真软件,按照图 1.4.7 所示绘制出仿真电路,电路中各元器件的名称及存储位置见表 1.4.1,虚拟数字万用表 XMM1、XMM2 为仪器仪表区第一个仪器。双击各元器件,按照图 1.4.7 所示修改元器件标签和参数。

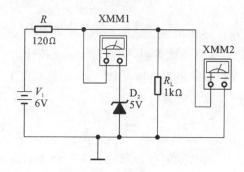

图 1.4.7　硅稳压管电路

表 1.4.1　元器件的名称及存储位置

元器件名称	所 在 库	所 属 系 列
电阻	Basic	RESISTOR
稳压管	Diodes	DIODES-VIRTUAL
地线 GROUND	Sources	POWER_SOURCES
直流电压源 DC_POWER	Sources	POWER_SOURCES

2. 电路仿真

双击万用表 XMM1,将其设置为直流电流表;双击万用表 XMM2,将其设置为直流电压表。单击"运行"按钮,开启仿真。等待一段时间后,单击"停止"按钮,关闭仿真。万用表显示数据,如图 1.4.8 所示。

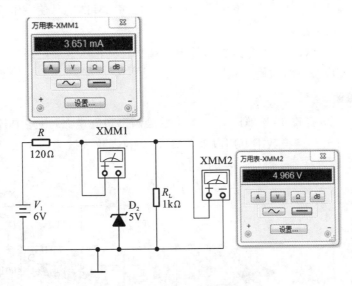

图 1.4.8　硅稳压管电路电压测试

当直流输入电压 $V_1 = 6$ V,负载电阻 $R_L = 1$ kΩ 时,电路仿真后,从万用电表 XMM2 测得输出电压(即稳压管两端的电压)$U_o = 4.966$ V,从 XMM1 测得稳压管电流 $I_Z = 3.651$ mA。

当直流输入电压 $V_1 = 9$ V,负载电阻 R_L 不变时,再次进行仿真,可测得 $U_o = 5.007$ V,稳压管电流 $I_Z = 28.269$ mA。

输入直流电压 6 V 不变,改变负载电阻 $R_L = 700$ Ω 时,可测得 $U_o = 4.95$ V,稳压管电流 $I_Z = 1.675$ mA。

3. 仿真结果分析

由仿真结果可知,当直流输入电压或负载电阻发生变化时,稳压管两端的电压基本保持不变,但稳压管电流将发生较大的变化。实质上是通过稳压管电流的变化来调整限流电阻上的电压降,从而保持输出电压基本稳定。

任务 1.5　简易可调直流稳压电源的设计

任务目标

进一步熟悉直流稳压电源电路的组成及工作原理,掌握常用电子仪器、仪表的使用,学会系统电路的分析、测试以及常见故障的排除。

任务实施

简易可调直流稳压电源采用三端可调稳压集成电路 LM317 H,使电压可调范围在 1.25 ～37 V,最大负载电流为 1.5A。

在 Multisim 仿真软件中,运用虚拟万用电表观察直流稳压电源电路的输入、输出电压,深入理解直流稳压电源电路的概念和原理。

1. 绘制电路图

打开 Multisim 仿真软件,按照图 1.5.1 所示绘制出仿真电路,电路中各元器件的名称及存储位置见表 1.5.1,虚拟数字万用电表 XMM1 为仪器仪表区第一个仪器。双击各元器件,按照图 1.5.1 所示修改元器件标签和参数。

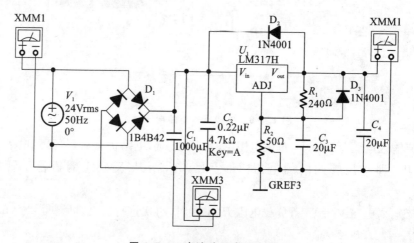

图 1.5.1　直流稳压电源电路

表 1.5.1　元器件的名称及存储位置

元器件名称	所 在 库	所 属 系 列
桥电路 1B4B42	Diodes	FWB
电阻	Basic	RESISTOR
电位器	Basic	POTENTIOMETER
电容	Basic	CAPACITOR
二极管 1N4001	Diodes	DIODE

元器件名称	所 在 库	所 属 系 列
三端集成稳压 LM317 H	Power	VOLTAGE－REGULATOR
地线 GROUND	Sources	POWER_SOURCES
交流电压源 AC_POWER	Sources	POWER_SOURCES

2. 电路仿真

双击万用表 XMM2，将其设置为交流电压表；双击万用表 XMM1、XMM3，将其设置为直流电压表。单击"运行"按钮，开启仿真。调节电位器 R_2，即可连续调节输出电压。万用表显示数据，如图 1.5.2 和图 1.5.3 所示。

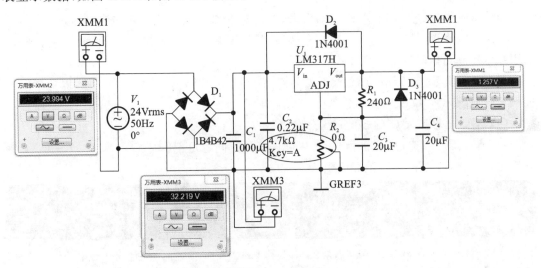

图 1.5.2 电位器 R_2 为 0 时仿真结果

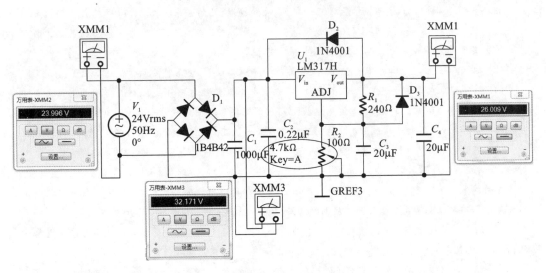

图 1.5.3 电位器 R_2 为最大时仿真结果

3. 仿真结果分析

由仿真结果可知，24 V 交流电，经全桥整流、电容 C_1 滤波，得到 32 V 左右的直流电压

（交流电经过整流和滤波后，输出电压仍然存在较小的纹波），该电压经集成电路 LM317 H
后获得稳压输出。调节电位器 R_2，即可连续调节输出电压，电压调节范围由式（1.4.11）可
算得

当 $R_2=0$ 时 $\qquad U_\circ = 1.25 \times \left(1 + \dfrac{0}{240}\right) \text{V} = 1.25 \text{ V}$

当 $R_2=4.7 \text{ k}\Omega$ 时 $\quad U_\circ = 1.25 \times \left(1 + \dfrac{4700}{240}\right) \text{V} \approx 25.73 \text{ V}$

计算值与仿真结果相符合，该简易可调稳压电源输出电压范围在 $1.25 \sim 26$ V 之间。电
路中 C_2 用以消除寄生振荡，C_3 的作用是抑制波纹，C_4 用以改善稳压电源的暂态响应。D_2、D_3
在输出端电容漏电或调整端短路时起保护作用。

简易可调稳压电源电路的制作要点如下：

（1）C_2 应尽量靠近 LM317H 的输出端，以免自激，造成输出电压不稳定；

（2）R_2 应靠近 LM317H 的输出端和调整端，以避免大电流输出状态下，输出端至 R_2 间
的引线电压降造成基准电压变化；

（3）稳压块 LM317H 的调整端切勿悬空，接调整电位器 R_P 时尤其要注意，以免滑动臂
接触不良造成 LM317H 调整端悬空；

（4）不要任意加大 C_4 的容量；

（5）集成块 LM317H 应加散热片，以确保其长时间稳定工作。

注意：电阻的比值不要超过范围。

 本章小结

（1）PN 结是半导体二极管和其他有源器件的重要组成部分。PN 结具有单向导电性：PN 结在正
向电压作用下，处于导通状态，在反向电压作用下，处于截止状态。

（2）半导体二极管的伏安特性包括：正向特性、反向特性、反向击穿特性。半导体二极管的主要参
数有最大整流电流、最高反向工作电压和反向击穿电压等。在高频电路中，还要注意它的最高工作频
率。对含有半导体二极管的电路进行分析，主要是对半导体二极管进行分析。

（3）稳压二极管、发光二极管、光电二极管都属于特殊二极管，使用时要注意特殊二极管的特点。

（4）直流稳压电源由整流变压器、整流电路、滤波电路及稳压电路组成。整流变压器将工频交流
电压变换为符合整流需要的电压；整流电路将交流电压变换为单向的脉动电压；滤波电路可减小脉动
使直流电压平滑；稳压电路的作用是在电压波动或负载电流变化时让输出电压稳定。

（5）整流电路分为半波整流和全波整流，最常用的是单相桥式全波整流电路。在分析整流电路
时，应分别判断在变压器副边电压正、负半周两种情况下二极管的工作状态，从而得到负载两端电压，
二极管两端的电压及其电流波形，并由此得到输出电压和负载电流的平均值，以及流经每个二极管的
最大整流平均电流和所能承受的最高反向电压。这些参数是选择整流元件的主要参数。

（6）滤波电路通常有电容滤波电路、电感滤波电路和复式滤波电路。负载电流较小时采用电容滤
波；负载电流较大时采用电感滤波；对滤波效果要求较高时，应采用复式滤波。

（7）稳压电路中最简单的是硅稳压管稳压电路，它结构简单，但输出电压不可调，仅适用于负载电
流较小且变化范围也较小的情况。三端集成稳压器仅有输入端、输出端和公共接地端，使用方便，稳压
性较好。

 习 题 1

【填空题】

1.1 半导体二极管具有单向导电性,外加正偏电压时_____,外加反偏电压时。

1.2 硅二极管的工作电压为_____,锗二极管的工作电压为_____。

1.3 整流二极管的正向电阻越_____,反向电阻越_____,表明二极管的单向导电性能越好。

1.4 当加到二极管上的反向电压增大到一定数值时,反向电流会突然增大,此现象称为_____现象。

1.5 整流是把_____转变为_____。滤波是将_____转变为_____。电容滤波器适用于_____的场合,电感滤波器适用于_____的场合。

1.6 设整流电路输入交流电压有效值为 U_2,则单相半波整流滤波电路的输出直流电压 $U_{o(AV)} =$ _____,单相桥式整流电容滤波器的输出直流电压 $U_{o(AV)} =$ _____,单相桥式整流电感滤波器的输出直流电压 $U_{o(AV)} =$ _____。

1.7 桥式整流电容滤波电路和半波整流电容滤波电路相比,由于电容充放电过程_____(a.延长,b.缩短),因此输出电压更为_____(a.平滑,b.多毛刺),输出的直流电压幅度也更_____(a.高,b.低)。

1.8 在电容滤波和电感滤波中,_____滤波适用于大电流负载,_____滤波的直流输出电压高。(电感、电容)

1.9 对于 LC 滤波器,_____越高,电感越大,滤波效果越好。

1.10 集成稳压器 W7812 输出的是_____,其值为 12 V。

【选择题】

1.11 具有热敏特性的半导体材料受热后,半导体的导电性能将(   )。

A. 变好   B. 变差   C. 不变   D. 无法确定

1.12 PN 结加正向电压时,空间电荷区将(   )。

A. 变窄   B. 基本不变   C. 变宽   D. 无法确定

1.13 二极管的导通条件是(   )。

A. $u_D > 0$ B. $u_D >$ 死区电压   C. $u_D >$ 击穿电压   D. 以上都不对

1.14 电路如图题 1.14 所示,输出电压 U_o 应为(   )。

A. 0.7 V   B. 3.7 V   C. 10 V   D. 0.3 V

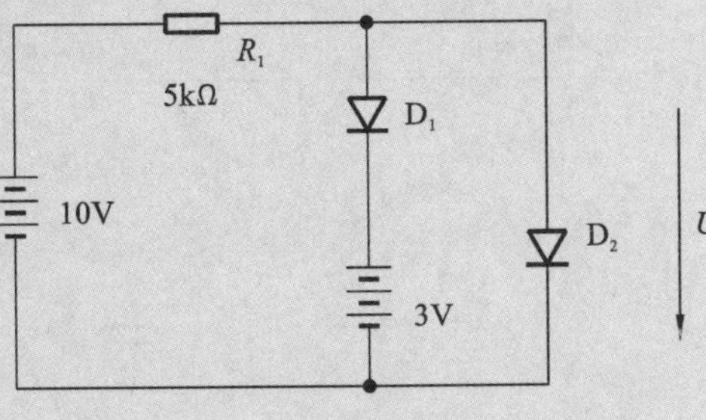

图题 1.14

1.15 下面列出的几条曲线中,哪条表示的是理想二极管的伏安特性曲线?(   )

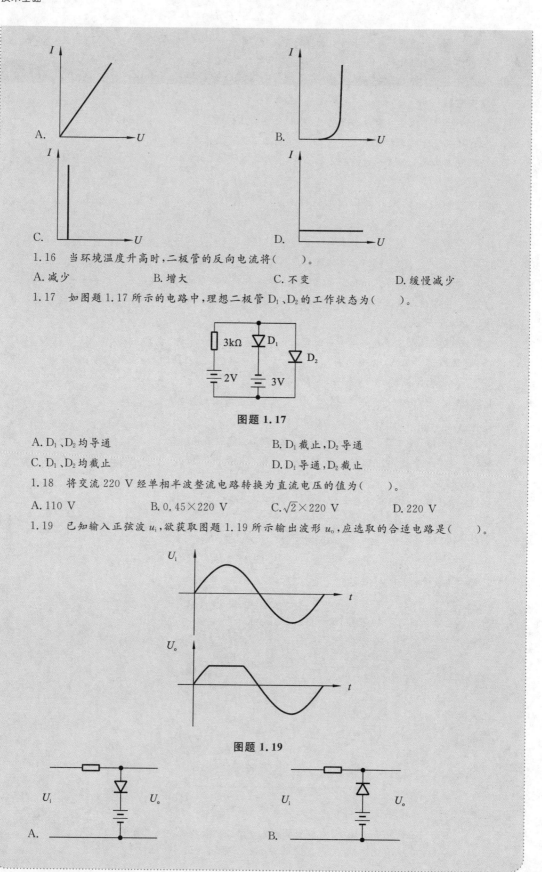

1.16 当环境温度升高时,二极管的反向电流将(   )。

A.减少   B.增大   C.不变   D.缓慢减少

1.17 如图题1.17所示的电路中,理想二极管 D_1、D_2 的工作状态为(   )。

图题 1.17

A.D_1、D_2 均导通   B.D_1 截止,D_2 导通

C.D_1、D_2 均截止   D.D_1 导通,D_2 截止

1.18 将交流220 V经单相半波整流电路转换为直流电压的值为(   )。

A.110 V   B.0.45×220 V   C.$\sqrt{2}$×220 V   D.220 V

1.19 已知输入正弦波 u_i,欲获取图题1.19所示输出波形 u_o,应选取的合适电路是(   )。

图题 1.19

C.　　　　　　　　　　　　　D.

1.20　两只相同的灯泡 L_1、L_2 接在如图题 1.20 所示的电路中,则(　　)。

A. L_1 比 L_2 亮　　　　B. L_2 比 L_1 亮　　　　C. L_1、L_2 一样亮　　　　D. 以上答案都不对

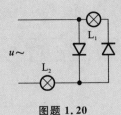

图题 1.20

1.21　若 PN 结两侧的杂质浓度高,则形成的 PN 结(　　)。

A. 反向漏电流小,反向击穿电压低　　　　　　B. 反向漏电流小,反向击穿电压高

C. 反向漏电流大,反向击穿电压高　　　　　　D. 反向漏电流大,反向击穿电压低

1.22　设整流变压器副边电压 $u_2 = \sqrt{2}U_2\sin\omega t$,欲使负载上得到图题 1.22 所示整流电压的波形,则需要采用的整流电路是(　　)。

A. 单相桥式整流电路　　　　　　　　　　B. 单相全波整流电路

C. 单相半波整流电路　　　　　　　　　　D. 以上都不行

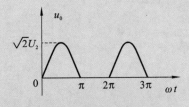

图题 1.22

1.23　整流滤波电路如图题 1.23 所示,负载电阻 R_L 不变,电容 C 越大,则输出电压平均值应(　　)。

A. 不变　　　　　　B. 越大　　　　　　C. 越小　　　　　　D. 无法确定

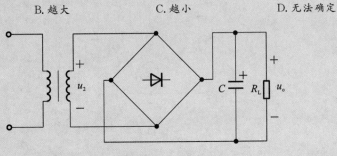

图题 1.23

1.24　整流电路如图题 1.24 所示,变压器副边电压有效值 U_2 为 25 V,输出电流的平均值 $I_o =$ 12 mA,则二极管应选择(　　)。

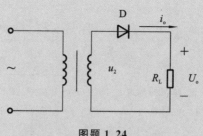

图题 1.24

序　号	型　号	整流电流平均值	反向峰值电压
A	2AP2	16 mA	30 V
B	2AP3	25 mA	30 V
C	2AP4	16 mA	50 V
D	2AP6	12 mA	100 V

【计算题】

1.25　电路如图题 1.25 所示,试确定二极管是正偏还是反偏。设二极管正偏时的正向压降为 0.7 V,估算 U_A、U_B、U_C、U_D、U_{AB}、U_{CD}。

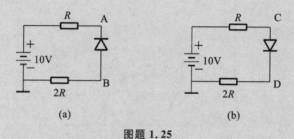

图题 1.25

1.26　电路如图题 1.26 所示,试分析当 $U_i = 3$ V 时,哪些二极管导通? 当 $U_i = 0$ V 时,哪些二极管导通?(写出分析过程并设二极管正向压降为 0.7 V)。

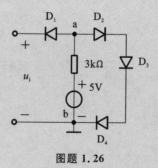

图题 1.26

1.27　计算如图题 1.27 所示电路的电位 U_Y(设 D 为理想二极管)。

(1) $U_A = U_B = 0$ 时;

(2) $U_A = E$,$U_B = 0$ 时;

(3) $U_A = U_B = E$ 时。

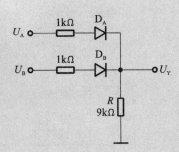

图题 1.27

1.28　如图题 1.28 所示电路中，设 $E=5$ V、$u_i=10\sin\omega t$，二极管的正向压降可忽略不计，试画出输出电压 u_o 的波形，并在波形上标出幅值。

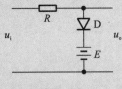

图题 1.28

1.29　写出如图题 1.29 所示各电路的输出电压值，设二极管导通电压 $U_D=0.7$ V。

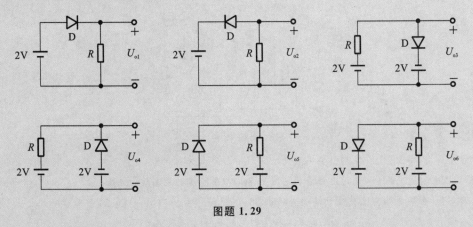

图题 1.29

1.30　在如图题 1.30 所示电路中，设 D 为理想二极管，已知输入电压 u_i 的波形。试画出输出电压 u_o 的波形图。

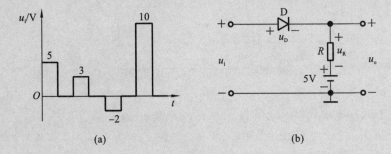

　　　　　(a)　　　　　　　　　　(b)

图题 1.30

1.31　已知某电路及其输入信号波形，如图题1.31所示，请根据输入信号画出电路的输出波形。

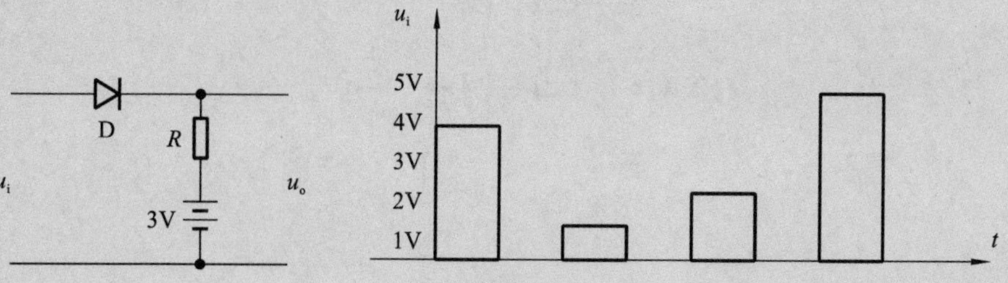

图题 1.31

1.32　有两只稳压管 D_{Z1}、D_{Z2}，其稳定电压分别为8.5 V和6.5 V，其正向压降均为0.5 V，输入电压足够大。现欲获得7 V、15 V和9 V的稳定输出电压 U_o，试画出相应的并联型稳压电路。

1.33　有一直流电源，其输出电压为110 V、负载电阻为55 Ω的直流负载，采用单相桥式整流电路（不带滤波器）供电。试求变压器副边电压和输出电流的平均值，并计算二极管的电流 I_D 和最高反向电压 U_{RM}。

1.34　如图题1.34所示单相桥式整流电路中，已知负载电阻 $R_L=360\ \Omega$，负载电压 $U_L=90$ V。试计算变压器副边的电压有效值 U_2 和输出电流的平均值 I_L，并计算二极管的电流 I_D 和最高反向电压 U_{RM}。

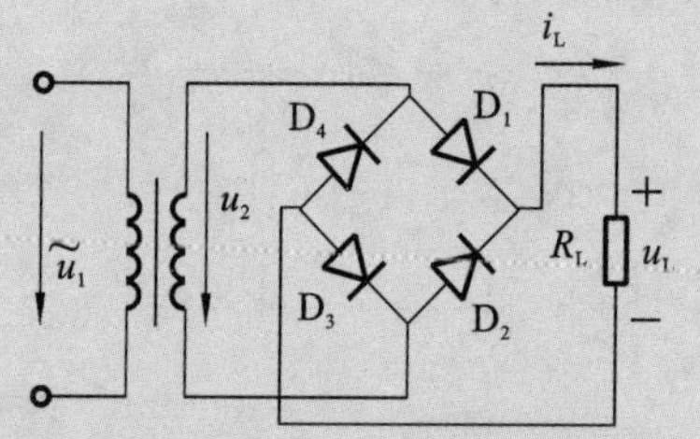

图题 1.34

1.35　已知 $R_L=10\ \Omega$，现需要一直流电压 $U_L=9$ V的电源供电，如果采用单相半波整流电路，试计算变压器副边电压 U_2、通过二极管的电流 I_D 和二极管承受的最高反向电压 U_{RM}。

1.36　有一单相半波整流电路如图题1.36所示，其负载电阻 $R_L=90\ \Omega$，变压器副边电压 $U_2=10$ V，试求负载电压 U_L，负载电流 I_L 及二极管的电流 I_D 和最高反向电压 U_{RM}。

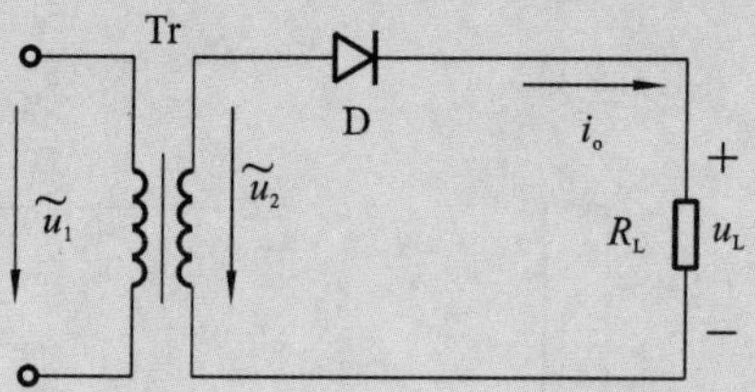

图题 1.36

1.37　电路如图题1.37所示，已知 $I_Q=10$ mA，试求输出电压 U_o。

1.38　单相桥式整流电容滤波稳压电路如图题1.38所示，若 $u_2=24\sin\omega t$ V，稳压管的稳压值 $U_Z=6$ V，试分析：

(1) 求 U_o 的值；

(2) 若电网电压波动（u_1 上升），说明稳定输出电压的物理过程；

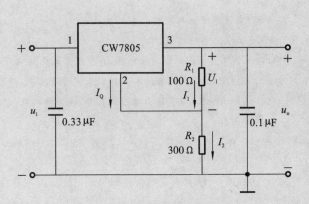

图题 1.37

（3）若电容 C 断开，画出 u_i、u_o 的波形，并标出幅值。

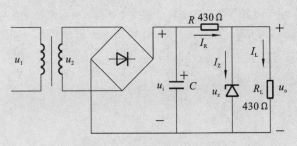

图题 1.38

【仿真题】

1.39 在 Multisim 中构建如图题 1.39 所示的电路，其中 $u_i = 10\sin\omega t$，二极管是理想的，试仿真出输出电压 u_o 的波形，并说明电路的工作原理。

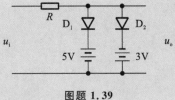

图题 1.39

1.40 在 Multisim 中构建整流滤波电路如图题 1.40 所示，二极管是理想元件，电容 $C = 500\ \mu\text{F}$，负载电阻 $R_L = 5\ \text{k}\Omega$，开关 S_1 闭合、S_2 断开时，直流电压表的读数为 141.4 V。根据仿真得到以下问题的结果，并总结电路的特点。

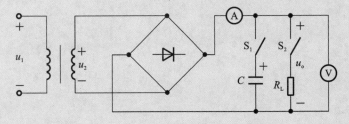

图题 1.40

（1）开关 S_1 闭合、S_2 断开时，直流电流表的读数；

（2）开关 S_1 断开、S_2 闭合时，直流电流表的读数；

（3）开关 S_1、S_2 均闭合时，直流电流表的读数。

1.41 在 Multisim 中构建一个桥式整流电容滤波电路，其中变压器副边电压的有效值 $U_2 = 18$ V，负载电阻 $R_L = 200$ Ω，滤波电容 $C = 2200$ μF。根据仿真得到以下问题的结果，并总结电路的特点。

（1）电路正常工作时，利用虚拟示波器，观察输出电压的波形；利用虚拟数字万用电表测出输出直流电压 U_o 的值；

（2）保持 $U_2 = 18$ V、$R_L = 200$ Ω 不变，将电容 C 改为 220 μF、22 μF，观察输出电压的波形，测出输出直流电压 U_o 的值。

（3）保持 $U_2 = 18$ V、$C = 2200$ μF 不变，将负载电阻 R_L 改为 2 kΩ、20 Ω，观察输出电压的波形，测出输出直流电压 U_o 的值。

1.42 在 Multisim 中构建输出直流电压 $U_o = 50$ V，直流电流 $I_o = 160$ mA 的直流电源，若采用单相桥式整流电路，请构建电路，并测出电源变压器副边电压 U_2。

1.43 在 Multisim 中构建图 1.4.5 所示输出电压可调的三端集成稳压电路，采用三端集成稳压器 W7806，将输出电压提高到 6 V。给定 $R_1 = 200$ Ω，确定电阻 R_2 的阻值，并测量输出电压 U_o。

项目2

助听器的设计
与实践

项目内容与目标

　　助听器的功能是增加声音强度并使其尽可能不失真地传入耳内。助听器的主要部件包括:麦克风、放大器和受话器,麦克风是一种换能器,负责将接收到的声音信号转换成为电信号;放大器将麦克风传输过来的电信号进行放大,并输出到受话器;受话器就是一种微型的扬声器,负责将经放大器放大后的电信号还原为声音信号。其中,放大器是助听器的核心部件,助听器对声音放大质量的好坏,对声音还原性的优劣等,都取决于放大器的性能高低。

　　本项目的目标是认识晶体管及放大电路,并运用晶体管设计一种助听器放大电路。主要内容包括:晶体管的认识与选择、三种基本组态放大电路的认识,以及多级放大电路的设计与实践。

任务 2.1 **晶体管的认识与选择**

任务目标

学习晶体管的结构、电流放大原理、特性曲线和主要参数。通过电路仿真深入理解晶体管的电流放大作用,以及晶体管的输出特性。

任务引导

晶体管是实现信号放大的核心器件。1947 年,肖克利发明了世界上第一个晶体管,属于双极型晶体管(BJT——bipolar junction transistor),是一种利用输入电流控制输出电流的电流控制型器件。图 2.1.1 所示为晶体管的几种常见外形,其共同特点是有三个电极,故称为晶体三极管,简称晶体管或三极管。认识晶体管的工作原理和特性,是学会分析和设计放大器的前提。

图 2.1.1 晶体管的外形

◆ 2.1.1 晶体管的结构与符号

一、晶体管的结构

晶体管是在一块半导体基片上制造出三个掺杂区,形成两个 PN 结而构成的。按结构分类,晶体管可分为 NPN 型和 PNP 型两种形式。NPN 型晶体管的结构是两个 N 型半导体的中间夹着一个 P 型半导体;而 PNP 型晶体管的结构是两个 P 型半导体中间夹着一个 N 型半导体,如图 2.1.2 所示。

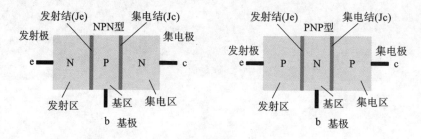

图 2.1.2 晶体管的结构示意图

由图 2.1.2 可知,无论是 NPN 型或 PNP 型晶体管,内部都包含三个区,分别为:基区、发射区和集电区。从三个区分别引出电极,称为基极(b)、发射极(e)和集电极(c)。在三个区的交界处形成两个 PN 结,发射区与基区间的 PN 结称为发射结(Je),集电区与基区间的 PN 结称为集电结(Jc)。

二、晶体管的符号

晶体管在电路中的表示符号如图 2.1.3 所示,其中发射极上箭头的方向表示管子的类型:箭头朝外的,是 NPN 型晶体管;箭头朝里的,是 PNP 型晶体管。箭头方向可以理解为发射结正偏时,发射极电流的实际方向。

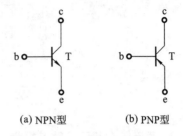

(a) NPN型   (b) PNP型

图 2.1.3　晶体管的电路符号

◆ 2.1.2　晶体管的电流放大作用

一、放大的条件

晶体管要实现电流放大,其内部结构和外部条件均需满足一定要求。

晶体管的内部结构特点是:基区很薄且掺杂浓度最低;发射区掺杂浓度最高;集电区面积最大。

晶体管实现电流放大的外部条件是:外加电源的极性应使发射结正偏,而集电结反偏。NPN 管三个电极的电位关系应为 $V_C > V_B > V_E$;PNP 管则相反,为 $V_C < V_B < V_E$。

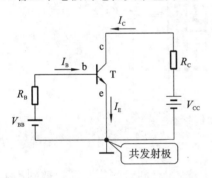

图 2.1.4　共发射极接法

NPN 型和 PNP 型晶体管的工作原理是类似的。下面以 NPN 型硅晶体管为例讲述晶体管的电流放大作用。

为了满足放大的外部条件,电路连接如图 2.1.4 所示。在晶体管基极与发射极之间加基极电源 V_{BB},且基极接电源正极,发射极接电源负极,使发射结正偏;在晶体管集电极与发射极之间加集电极电源 V_{CC},V_{CC} 大于 V_{BB},且集电极接电源正极,发射极接电源负极,使集电结反偏。由于晶体管的发射极接两组电源的公共端,因此这种接法叫作共发射极接法。此时,在晶体管内部,载流子将会发生定向运动,产生基极电流 I_B、集电极电流 I_C 和发射极电流 I_E,并且较小的基极电流可以控制较大的集电极电流,即具有电流放大作用。

二、内部载流子的运动规律

下面从内部载流子的运动与外部电流的关系上分析晶体管的电流放大作用。

1. 发射区向基区扩散载流子

图 2.1.4 中,由于发射结正偏,发射结的内电场被削弱,发射区中的多数载流子(自由电子)大量扩散到基区,形成扩散电流 I_{EN};同时,基区的多数载流子(空穴)扩散到发射区形成了扩散电流 I_{EP},故发射极电流 $I_E = I_{EN} + I_{EP}$,方向为流出发射极,如图 2.1.5 所示。由于发射区掺杂浓度远大于基区掺杂浓度,所以 $I_{EP} \ll I_{EN}$,可认为 $I_E \approx I_{EN}$。

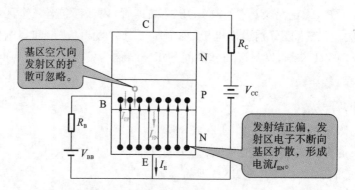

图 2.1.5　发射区向基区扩散电子

2. 载流子在基区扩散与复合

基区内,发射结附近的电子浓度最高,离发射结越远电子浓度越低。浓度差使发射区的电子注入基区后,继续往集电区扩散,如图 2.1.6 所示。在此过程中,一部分电子与基区的空穴复合,形成电流 I_{BN}。由于基区很薄且掺杂浓度最低,进入基区的电子中,只有很少一部分与空穴复合,I_{BN} 很小,绝大部分电子都能扩散到集电结的附近。

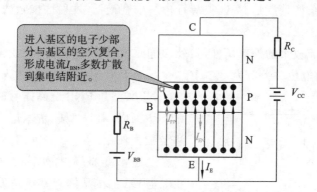

图 2.1.6　载流子在基区扩散与复合

3. 集电区收集载流子

在集电结反向电压的作用下,集电结的内电场大大增强,有利于收集基区扩散到集电结附近的载流子,从而形成电流 I_{CN}。同时,由于集电结反偏,集电区和基区的少数载流子进行漂移运动,形成反向饱和电流 I_{CBO},其方向与 I_{CN} 一致。这样,集电极电流 I_C 由 I_{CBO} 与 I_{CN} 共同构成,方向为流入集电极,有 $I_C = I_{CN} + I_{CBO}$;而基极电流 $I_B = I_{BN} - I_{CBO}$,方向为流入基极,如图 2.1.7 所示。

晶体三极管中,两种极性的载流子(多数载流子和少数载流子)都参与导电,因此被称为双极型晶体管。

三、电流分配关系

根据上述分析,可得到如下电流公式:

$$I_E \approx I_{EN} = I_{BN} + I_{CN} = I_B + I_C \tag{2.1.1}$$

$$I_C = I_{CN} + I_{CBO} \tag{2.1.2}$$

$$I_B = I_{BN} - I_{CBO} \tag{2.1.3}$$

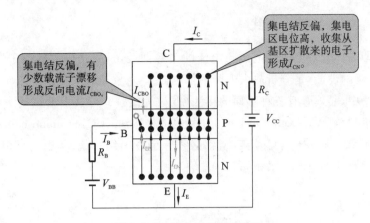

图 2.1.7　集电区收集载流子

1. 共发射极直流电流放大系数

为实现电流放大,要求发射区发射的电子绝大多数被集电区收集,即 I_{CN} 远大于 I_{BN}。将 I_{CN} 与 I_{BN} 之比定义为共发射极直流电流放大系数,用符号 $\bar{\beta}$ 表示,即

$$\bar{\beta} = \frac{I_{CN}}{I_{BN}} \tag{2.1.4}$$

显然,$\bar{\beta}$ 远大于1,一般为几十甚至几百。

根据式(2.1.2)和式(2.1.3),可将式(2.1.4)转换成如下形式

$$\bar{\beta} = \frac{I_{CN}}{I_{BN}} = \frac{I_C - I_{CBO}}{I_B + I_{CBO}} = \frac{I_C - I_{CEO}}{I_B} \tag{2.1.5}$$

上式中,$I_{CEO} = (1 + \bar{\beta}) I_{CBO}$,称为穿透电流。当 $I_{CEO} \ll I_C$ 时,上式可简化为

$$\bar{\beta} \approx \frac{I_C}{I_B} \tag{2.1.6}$$

即 $\bar{\beta}$ 近似等于 I_C 与 I_B 之比。由于 $\bar{\beta}$ 远大于1,所以 $I_C \gg I_B$。在共发射极电路中,较小的基极电流 I_B,可以得到较大的集电极电流 I_C,这就是晶体管的电流放大作用。

2. 共基极直流电流放大系数

定义 I_{CN} 与 I_E 之比为共基极直流电流放大系数,用符号 $\bar{\alpha}$ 表示,即

$$\bar{\alpha} = \frac{I_{CN}}{I_E} \tag{2.1.7}$$

由于发射区发射的电子绝大多数被集电区收集,所以 $\bar{\alpha} < 1$,但接近于1,一般可达0.98以上。$\bar{\alpha}$ 体现了采用共基极接法时,电流 I_E 对 I_C 的控制作用。

例 2.1.1 某放大电路中晶体管三个电极的电流如图 2.1.8所示。已知 $I_X = -2$ mA,$I_Y = -0.04$ mA,$I_Z = +2.04$ mA,试判断管脚、管型。

解 根据晶体管的电流公式 $I_E = I_B + I_C$,以及 $I_C \gg I_B$,可知 Z 为发射极,Y 为基极,X 为集电极。

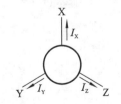

图 2.1.8　例 2.1.1 图

由于发射极电流流出晶体管,而基极、集电极电流流入晶体管,故该管是 NPN 管。

◆ **2.1.3 晶体管的特性曲线**

特性曲线即晶体管各电极间电压与电流的关系曲线,是管子内部载流子运动的外部表现,反映了晶体管的性能,是分析放大电路的依据。

在放大电路中,晶体管有三种不同的接法(或称为组态),即共发射极接法(CE:common emitter)、共基极接法(CB:common base)和共集电极接法(CC:common collector),三种接法如图2.1.9所示。无论采用哪种接法,都必须保证发射结正偏、集电结反偏,则其内部载流子的传输过程及外部电流关系相同。

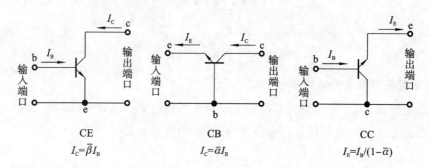

图 2.1.9　晶体管的三种接法

由于晶体管采用不同接法时就有不同的端电压和电流,因此,特性曲线也就各不相同。下面重点讨论应用最为广泛的共发射极特性曲线。

晶体管采用共发射极接法时,输入电压为 u_{BE},输入电流为 i_B,输出电压为 u_{CE},输出电流为 i_C,如图 2.1.10 所示。

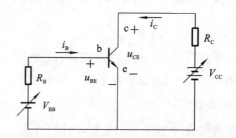

图 2.1.10　晶体管共发射极特性曲线测试电路

一、输入特性曲线

输入特性曲线描述的是当输出电压 u_{CE} 为某一数值时,输入电流 i_B 与输入电压 u_{BE} 之间的关系。输入特性表达式为

$$i_B = f(u_{BE})\big|_{u_{CE}=常数}$$

运用图 2.1.10 所示电路,可以测试出晶体管共发射极输入特性曲线,如图 2.1.11 所示。

1. $u_{CE}=0$ V 时

由于发射结正偏,所以晶体管的输入特性曲线与 PN 结的正向特性曲线相似,如图 2.1.11所示。

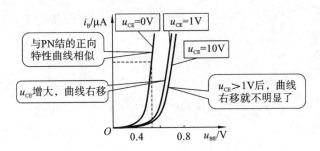

图 2.1.11 晶体管共发射极输入特性曲线

2. $u_{CE} = 1$ V 时

集电结由正向偏置变为反向偏置，收集电子的能力增强了，更多从发射区扩散到基区的电子被集电区收集形成集电极电流。与 $u_{CE} = 0$ V 时相比，在相同的 u_{BE} 下，i_B 减小了，故而特性曲线就向右移动了一段距离。

3. $u_{CE} > 1$ V 时

$u_{CE} > 1$ V 后，集电结的电场已足够强，可以将发射区注入基区的绝大部分电子都收集到集电区，以至于 u_{CE} 再增大，i_B 也不再明显减小，因此，曲线不再明显右移而基本重合。一般情况下，晶体管工作在放大状态时，u_{CE} 总是大于 1 V 的。因此，在实际使用时，一般用 $u_{CE} = 1$ V 时的输入特性曲线近似地代表 $u_{CE} > 1$ V 时的各条输入特性曲线。

二、输出特性曲线

输出特性曲线描述的是当输入电流 i_B 为某一数值时，输出电流 i_C 与输出电压 u_{CE} 之间的关系。输出特性表达式为

$$i_C = f(u_{CE}) \big|_{i_B = 常数}$$

对于每一个确定的 i_B，都有一条曲线，所以输出特性是一族曲线，如图 2.1.12 所示。由输出特性曲线可以看到晶体管有三个工作区域：放大区、截止区和饱和区。

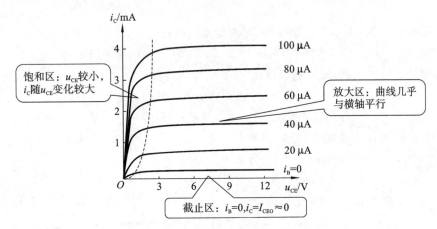

图 2.1.12 晶体管共发射极输出特性曲线

1. 放大区

输出特性曲线中平坦且近似等距的区域称为放大区（或线性区）。当发射结正向压降大于开启电压 U_{on}，且集电结反偏时，晶体管工作在放大区。在放大区内，输出特性曲线与横轴

近似平行,说明在该区域内,i_C主要受i_B控制,与i_B近似成正比,而与u_{CE}几乎无关,表现出晶体管的电流控制作用。

2. 截止区

截止区是$i_B=0$的输出特性曲线以下的区域。当发射结压降小于其死区电压(一般硅管为0.5 V,锗管为0.1 V),且集电结反偏时,晶体管工作在截止区。在截止区内,$i_C=I_{CEO} \approx 0$,晶体管不导通。

3. 饱和区

饱和区是靠近纵轴附近的区域。当发射结与集电结均正偏时,晶体管工作在饱和区。在饱和区内,u_{CE}很小,使得集电区收集载流子的能力较差,i_C较小,与i_B之间不存在正比的关系;当u_{CE}增加时,i_C增加。

晶体管输出特性曲线三个工作区的特点如表 2.1.1 所示,其中放大区又称为线性区,截止区和饱和区称为非线性区。在模拟电路中,绝大多数情况下,晶体管应工作在放大区。

表 2.1.1　三个工作区的特点

工作区	放大区	饱和区	截止区
偏置情况	发射结正偏,集电结反偏	发射结与集电结均正偏	发射结和集电结均反偏
发射结压降 u_{BE}	$u_{BE} > U_{on}$	$u_{BE} > U_{on}$	$u_{BE} < U_{on}$
集电极电流 i_C	$i_C = \beta i_B$	$i_C < \bar{\beta} i_B$	$i_C = I_{CEO} \approx 0$
管压降 u_{CE}	$u_{CE} > u_{BE}$	$u_{CE} = U_{CES}{}^{*}$	$u_{CE} \approx V_{CC}$

注: * U_{CES}为饱和管压降,通常硅管取 0.3 V,锗管取 0.1 V。

例 2.1.2　在图 2.1.10 所示电路中,已知 $V_{CC} = 12$ V,$R_B = 70$ kΩ,$R_C = 6$ kΩ,晶体管为硅管,$\bar{\beta} = 50$。试判断当 V_{BB} 分别为 -2 V、2 V、5 V 时,晶体管的工作状态。

解　(1) $V_{BB} = -2$ V 时,由于发射结反偏,且集电结反偏,晶体管应处于截止状态。

(2) $V_{BB} = 2$ V 时,由于发射结正偏,可求得基极电流

$$I_B = (V_{BB} - U_{BE})/R_B = [(2-0.7)/70] \text{ mA} \approx 0.019 \text{ mA}$$

假设晶体管处于放大状态,则集电极电流

$$I_C = \bar{\beta} I_B = 50 \times 0.019 \text{ mA} = 0.95 \text{ mA}$$

$$U_{CE} = V_{CC} - R_C I_C = (12 - 6 \times 0.95) \text{ V} = 6.3 \text{ V}$$

因为 $U_{CE} > U_{BE}$,所以假设成立,晶体管处于放大状态。

(3) $V_{BB} = 5$ V,由于发射结正偏,可求得基极电流

$$I_B = (V_{BB} - U_{BE})/R_B = [(5-0.7)/70] \text{ mA} \approx 0.061 \text{ mA}$$

假设晶体管处于放大状态,则集电极电流

$$I_C = \bar{\beta} I_B = 50 \times 0.061 \text{ mA} = 3.05 \text{ mA}$$

$$U_{CE} = V_{CC} - R_C I_C = -6.3 \text{ V}$$

因为 $U_{CE} < U_{BE}$,所以假设不成立,晶体管应处于饱和状态。

2.1.4　晶体管的主要参数

晶体管的参数反映了晶体管性能的优劣和适用范围,是分析晶体管电路和选用晶体管

的重要依据。在计算机辅助分析和设计中,要用几十个参数全面描述晶体管的结构和特性。本书只介绍在近似分析中需要用到的晶体管的主要参数。这些参数的名称、定义和意义如表 2.1.2 所示。

表 2.1.2 晶体管的主要参数

参 数 名 称		定 义	意 义
电流放大系数	共射极直流电流放大系数 $\bar{\beta}$	$\bar{\beta} = (I_\mathrm{C} - I_\mathrm{CEO})/I_\mathrm{B} \approx I_\mathrm{C}/I_\mathrm{B}$	反映晶体管对直流量的电流放大能力
	共基极直流电流放大系数 $\bar{\alpha}$	$\bar{\alpha} = (I_\mathrm{C} - I_\mathrm{CBO})/I_\mathrm{E} \approx I_\mathrm{C}/I_\mathrm{E}$	
	共射极交流电流放大系数 β	$\beta = \dfrac{\Delta i_\mathrm{C}}{\Delta i_\mathrm{B}}\bigg|_{u_\mathrm{CE}=常数}$	反映晶体管对交流量的电流放大能力,一般认为 $\beta \approx \bar{\beta}$,$\bar{\alpha} \approx \alpha$
	共基极交流电流放大系数 α	$\alpha = \dfrac{\Delta i_\mathrm{C}}{\Delta i_\mathrm{E}}\bigg|_{u_\mathrm{CB}=常数}$	
反向饱和电流	集电极-基极反向饱和电流 I_CBO	发射极开路时,集电极和基极间的反向电流	反映晶体管的温度稳定性。硅管的极间反向电流比锗管小 2~3 个数量级,因此温度稳定性比锗管好
	集电极-发射极反向饱和电流(穿透电流) I_CEO	基极开路时,集电极与发射极间的反向电流	
极限参数	集电极最大允许电流 I_CM	使晶体管的 β 值下降到正常值的三分之二左右时的 i_C 的值	表征了晶体管的安全工作范围:$i_\mathrm{C} < I_\mathrm{CM}$ $P_\mathrm{C} = i_\mathrm{C} u_\mathrm{CE} < P_\mathrm{CM}$ $u_\mathrm{CE} < U_\mathrm{(BR)CEO}$
	集电极最大允许耗散功率 P_CM	晶体管集电极功耗 $P_\mathrm{C} = i_\mathrm{C} u_\mathrm{CE}$ 的最大值。P_C 大于 P_CM 时,晶体管会由于温度过高而导致性能变差,甚至损坏	
	反向击穿电压	晶体管的某一电极开路时,另外两个电极间所允许加的最高反向电压,包括 $U_\mathrm{(BR)CEO}$、$U_\mathrm{(BR)EBO}$、$U_\mathrm{(BR)CBO}$	

 任务实施

一、观察晶体管的电流放大作用

在 Multisim 仿真软件中搭建一个如图 2.1.13 所示的晶体管测试电路,观察晶体管三个电极的电流关系,体会其电流放大作用。

1. 绘制电路图

打开 Multisim 仿真软件,按照图 2.1.13 所示绘制出仿真电路图,电路中各元器件的名称及存储位置见表 2.1.3。万用表 XMM1、XMM2 和 XMM3 为仪器仪表区第一个仪器。双击各元器件,按照图 2.1.13 所示修改元器件标签和参数。

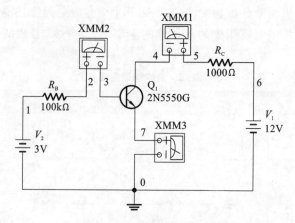

图 2.1.13 晶体管测试电路

表 2.1.3 元器件的名称及存储位置

元器件名称	所 在 库	所属系列
晶体管 2N5550G	Transistor	BJT_NPN
直流电压源 DC_POWER	Sources	POWER_SOURCES
电阻	Basic	RESISTOR
地线 GROUND	Sources	POWER_SOURCES

2. 电路仿真

双击三块万用表,将其设置成直流电流表,如图 2.1.14 所示。将基极回路直流电压源 V_2 的值设置为 3 V,单击"运行"按钮,开启仿真。等待一段时间后,关闭仿真。此时,可从万用表上读出晶体管三个电极的电流值。

将直流电压源 V_2 的值分别设置为 4 V、5 V、6 V、7 V 和 8 V,用同样的方法,测出晶体管三个电极的电流值。将仿真结果列于表 2.1.4 中,并计算出共发射极直流电流放大系数 $\overline{\beta}$ 的值。

表 2.1.4 仿真结果

V_2/V	3	4	5	6	7	8
$I_B/\mu\text{A}$	23.196	33.081	42.998	52.932	62.878	72.832
I_C/mA	3.306	4.398	5.355	6.215	7.001	7.727
I_E/mA	3.329	4.431	5.398	6.268	7.063	7.8
$\overline{\beta}$	142.5	132.9	124.5	117.4	111.3	106.1

3. 仿真结果分析

由仿真结果可知,晶体管发射极电流 I_E 等于基极电流 I_B 与集电极电流 I_C 之和。在满足发射结正偏、集电结反偏的条件下,即晶体管处于放大状态时,其集电极电流 I_C 的值远大于基极电流 I_B 的值,且基极电流的微小变化会引起集电极电流较大的变化,体现出电流放大作用。

二、绘制晶体管的输出特性曲线

在 Multisim 仿真软件中,运用 IV 特性分析仪,绘制出晶体管的输出特性曲线,深入理

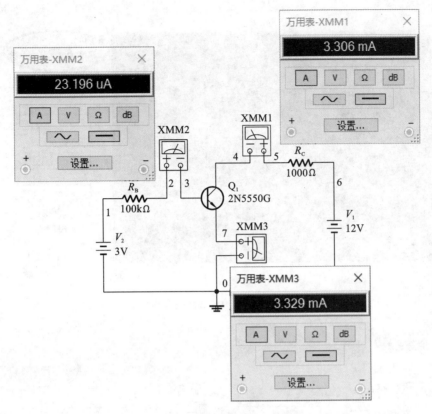

图 2.1.14　测得晶体管各电极的电流值

解晶体管输出特性曲线的概念和意义。

1. 绘制电路图

打开 Multisim 仿真软件，按照图 2.1.15 所示绘制出仿真电路。选择型号为 2N5550G 的 NPN 型晶体管进行测试。IV 特性分析仪 XIV1 为仪器仪表区第十一个仪器。

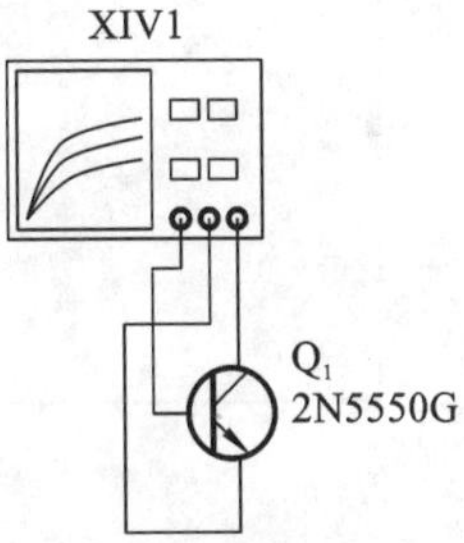

2. 电路仿真

双击虚拟 IV 特性分析仪 XIV1，弹出 IV 分析仪界面，如图 2.1.16 所示。选择元器件类型为 BJT NPN。

图 2.1.15　晶体管输出特性
测量电路

点击"仿真参数"按钮，弹出仿真参数对话框，如图 2.1.17 所示。设置管压降 u_{CE} 的范围为 $0\sim5$ V，增量为 50 mV；基极电流 i_B 的范围为 $0\sim100\ \mu A$，步数为 6。

单击运行按钮，得到六条输出特性曲线，如图 2.1.18 所示。单击鼠标右键，选择"在光迹上显示选择标记"，然后可通过单击鼠标左键选中某一条特性曲线。移动测试标尺，则在仪器界面下部会显示对应的基极电流 I_B、集射极电压 U_{CE} 和集电极电流 I_C 的值。

在输出特性曲线的三个不同区域选择工作点，测出各工作点处的电压、电流值，列于表 2.1.5 中。

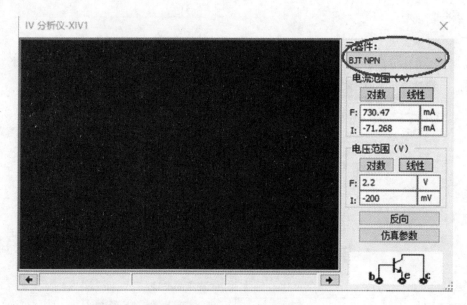

图 2.1.16　IV 分析仪界面

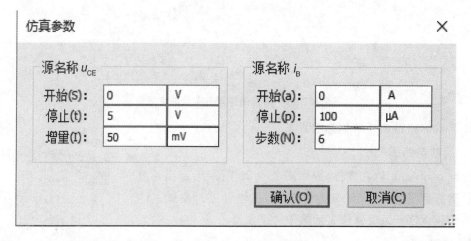

图 2.1.17　IV 分析仪仿真参数设置

表 2.1.5　仿真结果

	放大区			饱和区			截止区	
$I_B/\mu A$	40	40	40	40	40	40	0	0
I_C/mA	4.963	4.984	5.003	1.757	2.899	3.779	5.576×10^{-6}	11.203×10^{-6}
U_{CE}/V	1.754	2.694	3.59	0.112	0.142	0.172	1.754	3.59

3. 仿真结果分析

由仿真结果可知,在放大区,晶体管的集电极电流 I_C 与基极电流 I_B 近似成正比,而与管压降 U_{CE} 几乎无关;基极电流相同的情况下,饱和区内的集电极电流 I_C 比放大区内的集电极电流小,且随 U_{CE} 的增大而增大;截止区内,集电极电流 I_C 的值很小,可忽略不计。

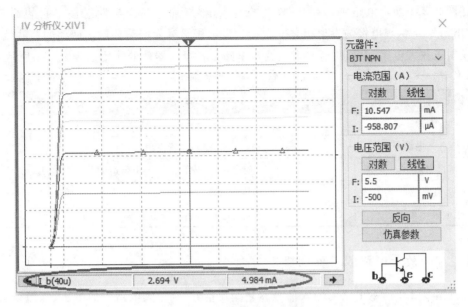

图 2.1.18　测得输出特性曲线

任务 2.2　共射放大电路的认识

任务目标

学习如何利用晶体管构建基本共射放大电路。通过电路仿真，观察放大电路各关键点的电压波形，理解放大电路的工作原理。

任务引导

由上一节内容可知，晶体管具有电流放大作用，因此可以组成各种放大电路，放大微弱的电信号。共射放大电路是一种应用非常广泛的单管放大电路。本节以共射放大电路为例，讲述晶体管放大电路的组成原则和工作原理。

◆ 2.2.1　共射放大电路的组成

用 NPN 型晶体管组成共射放大电路的原理电路如图 2.2.1 所示。

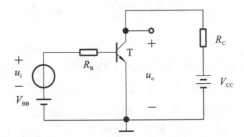

图 2.2.1　共射放大电路的原理电路

在图 2.2.1 所示电路中，u_i 是待放大的输入信号，加在基极与发射极之间的输入回路中，输出信号 u_o 从集电极与发射极之间取出。发射极是输入回路和输出回路的公共端，故称为共发射极放大电路，简称共射放大电路。电路中各个元器件的作用如表 2.2.1 所示。

表 2.2.1　各元器件的作用

元　器　件	作　　　用
晶体管 T	放大电流
基极直流电源 V_{BB}	使晶体管发射结正偏
基极电阻 R_B	与 V_{BB} 配合，为晶体管提供大小合适的基极电流 I_B
集电极直流电源 V_{CC}	使晶体管的集电结反偏，同时又是负载的能源
集电极电阻 R_C	将集电极电流 I_C 的变化转换成电压 u_{CE} 的变化

◆ **2.2.2　放大电路的工作原理**

假设图 2.2.1 所示电路的输入信号 u_i 是交流信号，则放大电路中的电压、电流既有直流成分，又有交流成分，称为交、直流并存。根据叠加原理，在分析放大电路时，可将直流和交流分开进行。分析直流时，将交流源置零；分析交流时，将直流源置零，总的响应是两个单独响应的叠加。

一、静态

放大电路无信号输入（$u_i=0$）时的工作状态称为静态。令图 2.2.1 所示电路的输入信号 $u_i=0$，此时，电路中的电压和电流 I_B、U_{BE}、I_C、U_{CE} 都是直流量，其波形如图 2.2.2 所示。

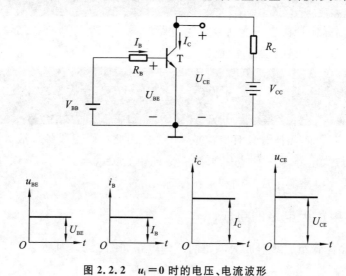

图 2.2.2　$u_i=0$ 时的电压、电流波形

二、动态

放大电路有信号输入（$u_i \neq 0$）时的工作状态称为动态。给图 2.2.1 所示电路输入正弦交流信号 u_i。u_i 作用在晶体管的发射结，使发射结压降 u_{BE} 在静态值的基础上叠加了一个交流分量；u_{BE} 的变化导致基极电流 i_B 变化；i_B 变化使集电极电流 i_C 发生更大的变化。i_C 的交流分量流过集电极电阻 R_C，使 R_C 的压降发生变化，从而导致集射极电压 u_{CE} 发生相应的变

化。由图 2.2.1 可知，$u_{CE}=V_{CC}-i_{C}R_{C}$，即 u_{CE} 的变化量与 i_{C} 的变化量极性相反。根据以上分析可知，在 u_{i} 的作用下，电路中的电压和电流都将在直流分量的基础上叠加一个交流分量，其波形如图 2.2.3 所示。

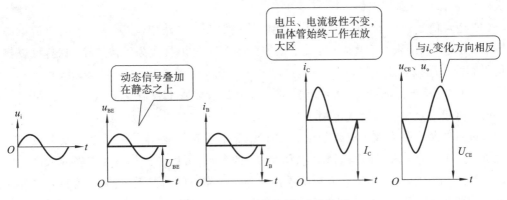

图 2.2.3　$u_{i}\neq 0$ 时的电压、电流波形

在本电路中，集射极电压 u_{CE} 就是输出电压 u_{o}，则 u_{CE} 的交流分量就是输入交流信号 u_{i} 被放大后的输出信号。由图 2.2.3 所示电压波形可以看出，在电路参数设置合理的情况下，输出正弦交流分量的幅值大于输入信号幅值，因此，本电路可以实现信号放大。

三、有关符号的约定

放大电路中的电压、电流既有直流成分，又有交流成分，为加以区分，本书对电压、电流的表示符号采用表 2.2.2 所示规定。

表 2.2.2　电压、电流的表示符号

直流量	大写字母、大写下标，如 U_{CE}、I_{C}
交流分量瞬时值	小写字母、小写下标，如 u_{ce}、i_{c}
总瞬时值	小写字母、大写下标，如 u_{CE}、i_{C}
交流有效值	大写字母、小写下标，如 U_{ce}、I_{c}
正弦相量	上方有圆点的大写字母、小写下标，如 $\dot{U}_{ce}$、$\dot{I}_{c}$

2.2.3　放大电路的组成原则

从以上分析可以总结出晶体管放大电路的一般组成原则如下：

（1）能放大、不失真。必须有外加直流电源，使晶体管的发射结正偏、集电结反偏，且在输入信号的整个周期内始终工作于放大区。

（2）能传输。输入回路的接法应该使输入信号能够尽量不损失地加载到晶体管的发射结，从而引起输入回路中的电压或电流产生相应的变化量；输出回路的接法应该使输出回路中电压或电流的变化量（即输出信号），能够尽可能多地传送到负载上，使负载得到放大的电压或放大的电流。

只要符合上述原则，即使放大电路的接法有所变化，仍然能够实现放大作用。

2.2.4　基本共射放大电路

图 2.2.1 所示共射放大电路只是一个原理性电路，从实用的角度看，存在几点需改进

之处：

（1）电子电路的供电种类应尽可能少。对于简单的单管放大电路而言，采用 V_{BB}、V_{CC} 两路电源供电，是没有必要的。因此，可以省去基极直流电源 V_{BB}，将基极电阻 R_B 接至 V_{CC} 的正极，由 V_{CC} 保证发射结正偏。

（2）通常信号源是单端输出的，其负端默认接地。本电路中，输入信号 u_i 与直流电源直接串联，在实际当中很难实现，且负端不接地则不利于抗干扰。为解决这个问题，可以将输入信号 u_i 的一端接至公共端，另一端通过电容接至晶体管的基极。

（3）本电路输出信号中存在直流分量。对于要求负载上仅有交流量的情况，可以将晶体管的集电极通过电容接到输出端。

改进后的基本共射放大电路如图 2.2.4 所示。电路中，晶体管的基极和集电极都接至直流电压源 V_{CC} 的正极，合理选择 V_{CC}、R_B 和 R_C 的参数，可以使晶体管工作在放大区。电容 C_1 起到输入耦合的作用，负责在不影响晶体管静态工作点的情况下，将输入信号 u_i 中的交流成分传输到放大电路中，而把直流成分隔离在放大电路之外。R_L 是放大电路的负载电阻。电容 C_2 与 R_L 配合，使负载上只保留交流信号，而隔离了直流信号。由于放大电路与信号源和负载之间通过电容和偏置电阻连接，又可称为阻容耦合共射放大电路。

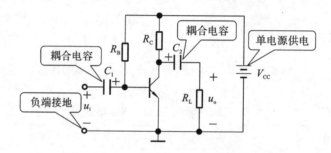

图 2.2.4　基本共射放大电路

在放大电路中，因为电源的一端总要与电路的公共端连接，所以画图时通常不画电源符号，而只标出电源另一端对公共端的极性和电压值。基本共射放大电路的简化画法如图 2.2.5 所示。

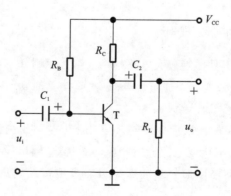

图 2.2.5　基本共射放大电路的简化画法

任务实施

◆ 观察共射放大电路各点波形

在 Multisim 仿真软件中搭建一个基本共射放大电路,如图 2.2.6 所示。观察电路中各关键点的信号波形,进一步理解共射放大电路的工作原理,体会其电压放大作用。

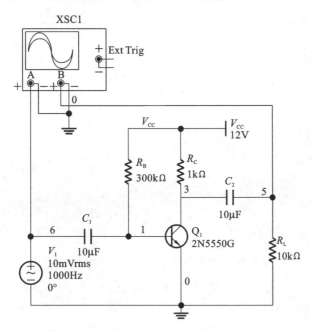

图 2.2.6 共射放大电路信号波形测试电路

1. 绘制电路图

打开 Multisim 仿真软件,按照图 2.2.6 所示绘制出仿真电路。电路中各元器件的名称及存储位置见表 2.2.3。示波器 XSC1 为仪器仪表区第四个仪器。双击各元器件,按照图 2.2.3 所示修改元器件标签和参数。

表 2.2.3 元器件的名称及存储位置

元器件名称	所 在 库	所属系列
晶体管 2N5550G	Transistor	BJT_NPN
直流电压源 V_{cc}	Sources	POWER_SOURCES
电阻	Basic	RESISTOR
电容	Basic	CAPACITOR
地线 GROUND	Sources	POWER_SOURCES
交流电压源 AC_POWER	Sources	POWER_SOURCES

2. 电路仿真

单击"运行"按钮,开启仿真。双击打开示波器,将时基标度设为 1 ms/Div,显示方式设为 Y/T;通道 A 刻度设为 50 mV/Div,Y 轴位移设为 1 格,耦合方式设为交流;通道 B 刻度设为 2 V/Div,Y 轴位移设为－1 格,耦合方式设为交流。单击"停止"按钮,关闭仿真。示波器中显示输入信号和输出信号波形,如图 2.2.7 所示。

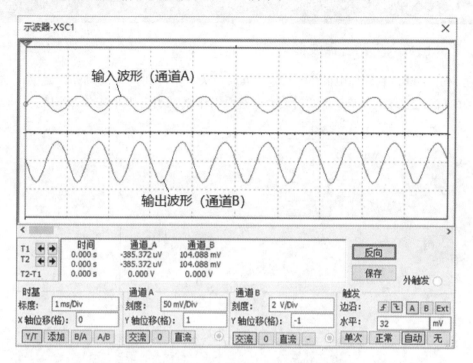

图 2.2.7　共射放大电路输入和输出信号波形

将示波器连接到电路中其他节点,可以观察几个关键点的信号波形。

3. 仿真结果分析

由输入和输出信号波形可知,在电路参数设置合理的情况下,给基本共射放大电路输入幅值适当的正弦交流信号,可以得到基本无失真的输出信号。输出电压幅值大于输入电压,体现出电压放大作用;输出信号相位与输入信号相反,是共射放大电路的重要特点之一。

 任务 2.3　**静态工作点的认识**

任务目标

学习何为放大电路的静态工作点,如何利用直流通路求静态工作点,以及用图解法分析静态工作点对非线性失真的影响。通过电路仿真分析放大电路静态工作点与元器件参数的关系,理解静态工作点变化导致的非线性失真。

任务引导

本节以图 2.2.5 所示基本共射放大电路为例,讨论放大电路静态工作点的求法及其与非线性失真的关系。

◆ 2.3.1 静态分析

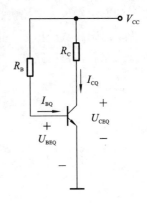

对一个放大电路进行定量分析时，通常遵循"先静态，后动态"的原则。首先要进行静态分析，即分析输入信号 $u_i = 0$ 时的工作状态。进行静态分析所用的电路是放大电路的直流通路，即直流电源作用下直流电流流经的通路。画直流通路的原则是：①电容视为开路；②电感线圈视为短路（即忽略线圈电阻）；③交流信号源置零，但应保留其内阻。将图 2.2.5 所示电路中耦合电容 C_1 和 C_2 视作开路，可以画出其直流通路，如图 2.3.1 所示。

图 2.3.1 图 2.2.5 所示电路的直流通路

直流通路中，在直流电源 V_{CC} 作用下，晶体管的电压和电流均为直流量。其中 (U_{BE}, I_B) 和 (U_{CE}, I_C) 分别对应晶体管输入特性和输出特性曲线上的一个点，该点习惯上称为静态工作点 Q，如图 2.3.2 所示。因此，将 Q 点处电压和电流量表示为 U_{BEQ}、I_{BQ}、U_{CEQ} 和 I_{CQ}。

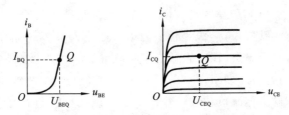

图 2.3.2 静态工作点 Q

静态分析的目的就是求出放大电路的静态工作点 Q，即 U_{BEQ}、I_{BQ}、U_{CEQ} 和 I_{CQ} 的值。

一、估算法分析静态

根据图 2.3.1 所示的直流通路，可以列出以下电路方程，求得电路中的电压和电流值。

$$I_{BQ} = \frac{V_{CC} - U_{BEQ}}{R_B} \tag{2.3.1}$$

$$I_{CQ} = \beta I_{BQ} \tag{2.3.2}$$

$$U_{CEQ} = V_{CC} - I_{CQ} R_C \tag{2.3.3}$$

在近似分析中，常将 U_{BEQ} 作为已知量。对于硅管，U_{BEQ} 为 0.6~0.8 V，通常取 0.7 V；对于锗管，U_{BEQ} 为 0.1~0.3 V，通常取 0.2 V。这种求解静态工作点的方法称为估算法。

例 2.3.1 已知在图 2.2.5 所示电路中，$V_{CC} = 12$ V，$R_B = 150$ kΩ，$R_C = 1$ kΩ，晶体管 $\beta = 100$，$U_{BE} = 0.7$ V，试用估算法求放大电路的静态工作点。

解 根据式(2.3.1)~式(2.3.3)可得

$$I_{BQ} = \frac{V_{CC} - U_{BEQ}}{R_B} = \frac{12 - 0.7}{150} \text{ A} \approx 75.3 \ \mu A$$

$$I_{CQ} = \beta I_{BQ} = 100 \times 75.3 \ \mu A = 7.53 \text{ mA}$$

$$U_{CEQ} = V_{CC} - I_{CQ} R_C = (12 - 7.53 \times 1) \text{ V} = 4.47 \text{ V}$$

二、图解法分析静态

图解法指在已知晶体管的输入和输出特性曲线及放大电路中各元件参数的情况下，利用作图的方法对放大电路进行分析。

　　为了用图解法分析放大电路的静态工作情况,将图 2.3.1 变换成图 2.3.3 所示电路,包括输入回路和输出回路。

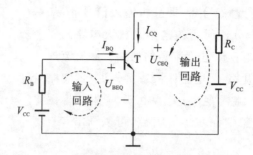

图 2.3.3　直流通路的输入回路和输出回路

　　对于输入回路,静态工作点 Q (U_{BEQ}, I_{BQ}) 应在晶体管的输入特性曲线上,同时应满足输入回路方程,即 $u_{BE} = V_{CC} - i_B R_B$。为求出 U_{BEQ} 和 I_{BQ} 的值,在输入特性坐标系中,作出输入回路方程所对应的直线,称为输入直流负载线。输入直流负载线与横轴的交点为 $(V_{CC}, 0)$,与纵轴的交点为 $(0, V_{CC}/R_B)$,斜率为 $-1/R_B$。输入直流负载线与输入特性曲线的交点即为静态工作点 Q,其横坐标值为 U_{BEQ},纵坐标值为 I_{BQ},如图 2.3.4(a)所示。

　　与输入回路类似,对于输出回路,静态工作点 Q (U_{CEQ}, I_{CQ}) 应在晶体管的输出特性曲线上,同时应满足输出回路方程,即 $u_{CE} = V_{CC} - i_C R_C$。在输出特性坐标系中,作出输出回路方程所对应的直线,称为输出直流负载线。输出直流负载线与横轴的交点为 $(V_{CC}, 0)$,与纵轴的交点为 $(0, V_{CC}/R_C)$,斜率为 $-1/R_C$。输出直流负载线与 $i_B = I_{BQ}$ 的那条输出特性曲线的交点即为静态工作点 Q,其横坐标值为 U_{CEQ},纵坐标值为 I_{CQ},如图 2.3.4(b)所示。

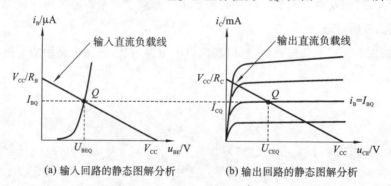

(a) 输入回路的静态图解分析　　　　(b) 输出回路的静态图解分析

图 2.3.4　图解法求静态工作点 Q

◆　2.3.2　静态工作点对非线性失真的影响

　　下面运用图解法分析放大电路的动态工作情况,以及静态工作点对非线性失真的影响。

一、图解法分析动态

　　分析放大电路的动态工作情况应根据它的交流通路,即在交流输入信号作用下交流电流流经的通路。画交流通路的原则是:① 容量大的电容(如耦合电容)视为短路;② 无内阻的直流电压源(如 $+V_{CC}$)视为短路。据此,可画出图 2.2.5 所示电路的交流通路,如图 2.3.5 所示。

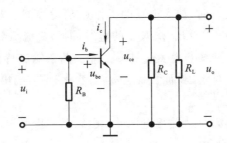

图 2.3.5　图 2.2.5 所示电路的交流通路

图解法分析动态能够直观地显示出在输入信号作用下，放大电路中各电压、电流波形的幅值和相位关系。动态分析是在静态的基础上进行的，分析步骤如下。

1. 根据 u_i 的波形，画出 u_{BE} 和 i_B 的波形

设输入信号 $u_i = U_{im}\sin\omega t$。由图 2.3.5 所示的交流通路可以看出发射结动态压降 $u_{be} = u_i$，则有 $u_{BE} = U_{BEQ} + u_i$，由此可画出 u_{BE} 的波形，如图 2.3.6(a) 所示。

晶体管发射结压降 u_{BE} 发生变化，则导致基极电流 i_B 变化，即放大电路的工作点发生变化。因为电压、电流的变化需满足晶体管的特性，所以工作点不会离开输入特性曲线，而是以静态工作点为中心，在输入特性曲线上移动。

根据 u_{BE} 的变化范围，可以确定工作点在图 2.3.6(a) 中 Q' 和 Q'' 间变化，则 i_B 的变化范围为 $[i_{B1}, i_{B2}]$。可认为，在 Q' 和 Q'' 间，基极动态电流 i_b 和 u_{be} 近似呈线性关系，即 i_b 亦为正弦信号。在 I_{BQ} 的基础上叠加 i_b，则可画出 i_B 的波形，如图 2.3.6(a) 所示。

2. 根据 i_B 的变化范围，画出 u_{CE} 和 i_C 的波形

根据 i_B 的变化范围，在输出特性曲线上可以确定 i_C 的变化范围。由于 i_c 和 i_b 近似呈线性关系，即 i_c 亦为正弦信号。可在 I_{CQ} 的基础上叠加 i_c，从而画出 i_C 的波形，如图 2.3.6(b) 所示。

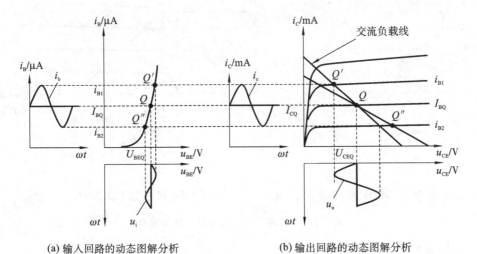

(a) 输入回路的动态图解分析　　　　(b) 输出回路的动态图解分析

图 2.3.6　图解法分析动态工作情况

由图 2.3.5 所示的交流通路可知，晶体管管压降的交流分量 u_{ce} 是集电极动态电流 i_c 在集电极电阻 R_C 和负载电阻 R_L 并联的总电阻上所产生的电压，有 $u_{ce} = -i_c(R_C /\!/ R_L)$。因此，动态时放大电路的工作点应该在一条斜率为 $-1/(R_C /\!/ R_L)$ 的直线上移动，该直线称为交流负载线。因为u_{ce}、i_c为0时，放大电路的工作点在Q点，所以交流负载线一定过Q点。那么，过Q点作一条斜率为$-1/(R_C /\!/ R_L)$的直线，即为交流负载线，如图2.3.6(b)所示。

图2.3.6(b)中，交流负载线与$i_B=i_{B1}$和$i_B=i_{B2}$的两条输出特性曲线的交点分别为Q'和Q''，则工作点在Q'和Q''间变化，从而可确定u_{CE}的变化范围，画出其波形（注意u_{ce}与i_c极性相反），如图2.3.6(b)所示。

管压降u_{CE}的交流分量u_{ce}即为输出电压u_o。由以上分析可知，输出电压u_o是与输入电压频率相同，但相位相反的正弦波。

二、图解法分析非线性失真

通过上述图解分析可知，当输入电压为正弦波时，若Q点合适且输入信号幅值较小，放大电路的工作点始终位于晶体管特性曲线的线性区，则晶体管电压、电流的交流分量u_{be}、i_b、i_c和u_{ce}与输入电压u_i呈线性关系，即输出电压u_o与u_i呈线性关系，输出波形无失真。

若Q点位置不合适，导致放大电路的工作点进入晶体管特性曲线的非线性区，则输出电压u_o与u_i呈非线性关系，输出信号波形发生失真，称为非线性失真。下面分两种情况讨论Q点位置对非线性失真的影响。

1. Q点过高

若Q点过高，输入特性曲线上工作点始终在线性区，发射结动态压降u_{be}和基极动态电流i_b波形不失真，如图2.3.7(a)所示。但是，在输入信号的正半周峰值附近，输出特性曲线上的工作点将进入饱和区，使得集电极电流i_c产生失真，因而晶体管动态管压降u_{ce}出现失真，即输出波形失真，如图2.3.7(b)所示。这种因工作点进入饱和区而产生的失真称为饱和失真。由NPN型管组成的共射放大电路在产生饱和失真时，表现为输出电压底部失真。

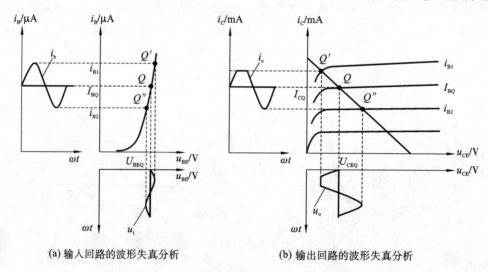

(a) 输入回路的波形失真分析　　　　　(b) 输出回路的波形失真分析

图2.3.7　基本共射放大电路的饱和失真

2. Q点过低

若Q点过低，在输入信号的负半周峰值附近，输入特性曲线上工作点进入非线性区和死区，导致基极动态电流i_b底部削平而失真，如图2.3.8(a)所示。i_b失真必然使得集电极电流i_c产生失真，因而晶体管动态管压降u_{ce}出现失真，即输出波形失真，如图2.3.8(b)所示。这种因晶体管截止而产生的失真称为截止失真。由NPN型管组成的共射放大电路在产生截止失真时,表现为输出电压顶部失真。

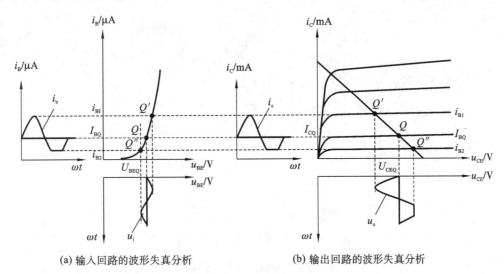

(a) 输入回路的波形失真分析　　　　(b) 输出回路的波形失真分析

图 2.3.8　基本共射放大电路的截止失真

三、最大不失真输出电压

放大电路的最大不失真输出电压是指在输出波形没有明显失真的情况下能够输出的最大电压,通常用有效值 U_{om} 来表示。图 2.3.9 中,当工作点沿交流负载线向上移动超过 A 点时,将进入饱和区;当工作点向下移动超过 B 点时,将进入截止区。可见,输出波形不出现明显失真的动态工作范围,由交流负载线上 A、B 两点所限定的范围决定。电路输出电压不产生饱

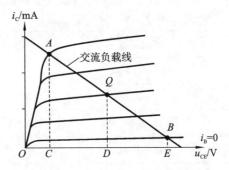

图 2.3.9　最大不失真输出电压分析

和失真的最大范围为 AQ,不产生截止失真的最大范围为 QB。若 AQ 和 QB 在横轴上的投影分别为 CD 和 DE,则最大不失真输出电压为

$$U_{om} = \min\left[\frac{CD}{\sqrt{2}}, \frac{DE}{\sqrt{2}}\right]$$

在输入电压幅值较大时,应把 Q 点设置在输出交流负载线的中点,这时可得到输出电压的最大动态范围。当输入电压幅值较小时,在保证不产生截止失真的前提下,可将 Q 点的位置设置得低一点,以减小电路的功率损耗。

 任务实施

一、静态工作点分析

在 Multisim 仿真软件中搭建基本共射放大电路,并分析其静态工作点,观察静态工作点与电路参数的关系。

1. 绘制电路图

打开 Multisim 仿真软件,按照图 2.3.10 所示绘制出仿真电路,并设置各元器件参数。

电路中各元器件的名称及存储位置见表2.3.1。

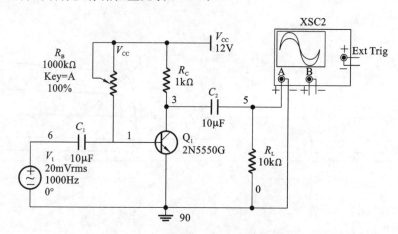

图 2.3.10 静态工作点分析仿真电路

表 2.3.1 元器件的名称及存储位置

元器件名称	所 在 库	所 属 系 列
晶体管 2N5550G	Transistor	BJT_NPN
直流电压源 V_{CC}	Sources	POWER_SOURCES
电阻	Basic	RESISTOR
变阻器	Basic	POTENTIOMETER
电容	Basic	CAPACITOR
地线 GROUND	Sources	POWER_SOURCES
交流电压源 AC_POWER	Sources	POWER_SOURCES

2. 电路仿真

将变阻器 R_B 设置为 100%，然后执行菜单"仿真→分析和仿真"命令，弹出"分析与仿真"对话框，在左侧列表中选择"直流工作点"，右侧将出现"直流工作点"对话框，如图 2.3.11 所示。根据图 2.3.10 中显示的电路标签，将"I(Q1[IB])"、"I(Q1[IC])"、"V(1)"和"V(3)"四个变量添加到"已选定用于分析的变量"列表中。"I(Q1[IB])""I(Q1[IC])"分别是晶体管 Q_1 的静态基极电流 I_{BQ} 和静态集电极电流 I_{CQ}；由于发射极接地，故"V(1)"和"V(3)"分别是晶体管 Q_1 的静态发射结压降 U_{BEQ} 和静态管压降 U_{CEQ}。这四个变量的值即为本电路的静态工作点 Q。

添加变量后，单击"Run"按钮，出现如图 2.3.12 所示仿真结果。由仿真结果可知，当 R_B =1000 kΩ 时，图 2.3.10 所示电路的静态工作点为：$U_{BEQ} \approx 656.3$ mV、$U_{CEQ} \approx 10.3$ V、$I_{BQ} \approx 11.3$ μA、$I_{CQ} \approx 1.7$ mA。U_{CEQ} 的值接近直流电源 V_{CC} 的值，说明静态工作点 Q 位置较低。

将变阻器 R_B 分别调整为 15%、5%，用相同的方法测出放大电路的静态工作点。R_B 分别为 1000 kΩ、150 kΩ 和 50 kΩ 三种情况下，测得放大电路的静态工作点如表 2.3.2 所示。

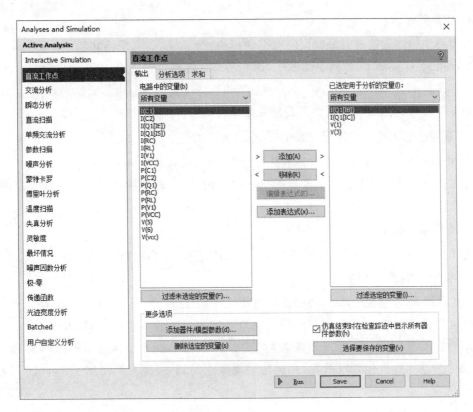

图 2.3.11　直流工作点分析

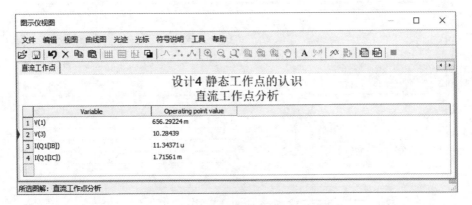

图 2.3.12　静态工作点仿真结果

表 2.3.2　静态工作点与 R_B 的关系

R_B	1000 kΩ	150 kΩ	50 kΩ
U_{BEQ}	656.3 mV	717.8 mV	738.5 mV
I_{BQ}	11.3 μA	75.2 μA	225.2 μA
I_{CQ}	1.7 mA	7.9 mA	11.8 mA
U_{CEQ}	10.3 V	4.1 V	175.2 mV
Q 点位置	较低	适中	较高

3. 仿真结果分析

本电路中晶体管的发射结加正向电压,故 $U_{BEQ} \approx 0.7\ V$,其值变化较小。I_{BQ}、I_{CQ} 随 R_B 的减小而增大,U_{CEQ} 随 R_B 的减小而减小,说明静态工作点位置随 R_B 的减小而升高。$R_B = 50$ $k\Omega$ 时,$I_{CQ} < \bar{\beta} I_{BQ}$,$U_{CEQ} < U_{BEQ}$,说明静态工作点位于饱和区。由仿真结果可知,放大电路的静态工作点 Q 可通过改变电路元器件参数进行调整。

二、观察静态工作点对波形失真的影响

在 Multisim 仿真软件中搭建基本共射放大电路,并通过改变元器件参数调整放大电路的静态工作点。观察静态工作点位置与信号失真的关系,理解静态工作点对放大电路的重要性。

1. 绘制电路图

打开 Multisim 仿真软件,按照图 2.3.10 所示绘制出仿真电路。

2. 电路仿真

将变阻器 R_B 设置为 100%,由前面的直流工作点分析结果可知,此时放大电路的静态工作点 Q 位置较低。单击“运行”按钮,开启仿真。双击示波器,将时基标度设为 $500\ \mu s/Div$;通道 A 刻度设为 $2\ V/Div$,触发方式选为“单次”,可以获得输出电压波形如图 2.3.13 所示。此时,由于静态工作点位置较低,因此输出呈现截止失真,表现为波峰削平。单击“停止”按钮,关闭仿真。

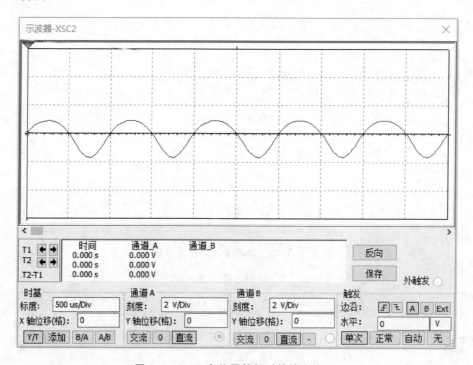

图 2.3.13 Q 点位置较低时的输出波形

将变阻器 R_B 设置为 15%,然后单击“运行”按钮,开启仿真,可以获得输出电压波形如图 2.3.14 所示。此时,由于静态工作点位置适中,因此输出基本无失真,为正负对称的正弦波。单击“停止”按钮,关闭仿真。

将变阻器 R_B 设置为 5%,由前面的直流工作点分析结果可知,此时放大电路的静态工作

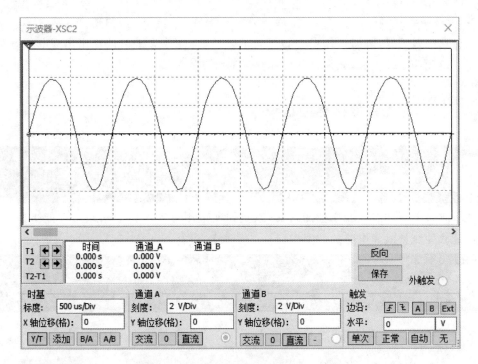

图 2.3.14　Q 点位置适中时的输出波形

点 Q 位置较高。单击"运行"按钮,开启仿真。双击示波器,将通道 A 的 Y 轴位移设为−1,可以获得输出电压波形如图 2.3.15 所示。此时,由于静态工作点位置较高,输出出现饱和失真,表现为波谷削平。单击"停止"按钮,关闭仿真。

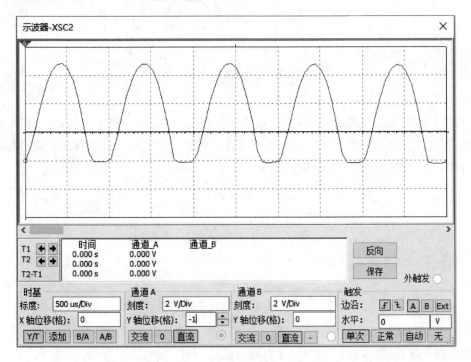

图 2.3.15　Q 点位置较高时的输出波形

3. 仿真结果分析

由仿真结果可知,静态工作点 Q 设置得不合适,会使放大电路的输出出现非线性失真。为减小和避免非线性失真,必须合理设置静态工作点的位置。

任务 2.4　动态性能指标的认识

任务目标

学习放大电路动态性能指标的含义,以及如何运用等效电路法求动态性能指标。运用电路仿真软件测量放大电路的性能指标。

任务引导

◆　2.4.1　放大电路的动态性能指标

放大电路是一个双端口网络,有一个信号输入端口和一个信号输出端口,信号输入端口连接信号源,信号输出端口连接负载。以图 2.4.1 所示助听器电路为例,麦克风是信号源,接放大电路的输入端口;受话器是负载,接放大电路的输出端口。

图 2.4.1　助听器电路示意图

对于信号源而言,放大电路就是其负载,因此放大电路的输入端口可以用一个电阻表示,称为输入电阻 R_i。对负载而言,放大电路就是其信号源,不过这个信号源是受输入信号控制的,因此放大电路的输出端口可以用一个含内阻的受控电源表示,其内阻称为输出电阻 R_o。由此,可得到放大电路模型,如图 2.4.2 所示。

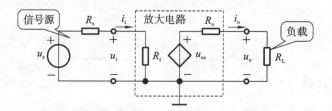

图 2.4.2　放大电路模型

放大电路的动态性能指标是用来衡量其品质优劣并决定其适用范围的标准。放大电路的主要性能指标有:放大倍数、输入电阻、输出电阻、非线性失真系数、通频带等。放大电路的动态性能指标只有在输出没有明显失真的情况下才有意义。

一、放大倍数

放大倍数(又称增益)是描述一个放大电路放大能力的指标。根据输入量和输出量的侧重不同,有电压放大倍数、电流放大倍数、互阻放大倍数、互导放大倍数和功率放大倍数。

电压放大倍数 A_u(又称电压增益)定义为输出电压与输入电压的变化量之比。对于低频小幅值的正弦信号而言,变化量可用交流分量来代替。即

$$A_u = \frac{u_o}{u_i} \tag{2.4.1}$$

电压放大倍数反映了放大电路对输入信号电压的放大能力。

与此类似,电流放大倍数 A_i 定义为输出电流与输入电流的变化量之比,即

$$A_i = \frac{i_o}{i_i} \tag{2.4.2}$$

在工程上,电压增益和电流增益常表示为 $20\lg|A_u|$ 和 $20\lg|A_i|$,单位为分贝(dB)。例如,当放大电路的电压增益为 20 dB 时,表示信号电压经过放大电路后,放大了 10 倍。

二、输入电阻

从放大电路输入端口看进去的等效电阻称为输入电阻 R_i,见图 2.4.2。输入电阻 R_i 等于外加输入电压与相应的输入电流之比,即

$$R_i = \frac{u_i}{i_i} \tag{2.4.3}$$

输入电阻 R_i 的大小决定了放大电路从信号源获得输入量的大小。由图 2.4.2 可列出下式

$$u_i = \frac{R_i}{R_i + R_s} u_s \tag{2.4.4}$$

可见,R_i 越大,放大电路从信号源获得的输入电压越大。

三、输出电阻

从放大电路输出端口看进去的等效电阻称为输出电阻 R_o,见图 2.4.2。根据戴维南定理,输出电阻可采用"外加激励法"求得。将信号源短路($u_s = 0$,但保留 R_s)和负载开路($R_L = \infty$),在放大电路的输出端外加一测试电压 u_t,产生相应的测试电流 i_t,输出电阻 R_o 等于测试电压与测试电流之比,即

$$R_o = \frac{u_t}{i_t} \bigg|_{u_s=0, R_L=\infty} \tag{2.4.5}$$

输出电阻 R_o 的大小反映了放大电路的带负载能力。带负载能力是指放大电路输出量随负载变化的程度。当负载变化时,输出量变化很小或基本不变表示带负载能力强。由图 2.4.2 可列出下式

$$u_o = \frac{R_L}{R_L + R_o} u_{oc} \tag{2.4.6}$$

可见,R_o 越小,输出电压受负载变化的影响越小,放大电路的带负载能力越强。

四、非线性失真系数

由于晶体管是非线性器件,严格意义上讲,放大电路是非线性电路,其输出信号或多或少都会产生非线性失真。当输入单一频率的正弦波信号时,输出波形中除基波成分外,还将

含有一定数量的谐波。所有的谐波总量与基波成分之比,定义为非线性失真系数 D,即

$$D = \frac{\sqrt{\sum_{k=2}^{\infty} U_{ok}^2}}{U_{o1}} \times 100\%\tag{2.4.7}$$

式中:U_{o1} 为输出信号中基波分量的幅度;

　　U_{ok} 为输出信号中各次谐波分量的幅度。

五、通频带

通频带用于衡量放大电路对不同频率信号的放大能力。放大电路输入单一频率正弦波信号的情况下,由于晶体管极间电容的存在,当信号频率上升到一定程度时,电压放大倍数的幅值将减小;由于耦合电容等电抗元件的存在,当信号频率下降到一定程度时,电压放大倍数 A_u 的幅值将减小;而在中间一段频率范围内,各种电抗性元件的作用可忽略,故电压放大倍数基本不变,如图 2.4.3 所示。

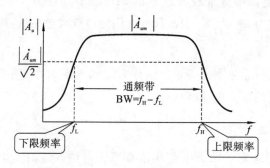

图 2.4.3　放大电路的通频带

信号频率降低,使放大倍数的幅值下降到中频带放大倍数 $|\dot{A}_{um}|$ 的 $\frac{1}{\sqrt{2}}$（即下降 3 dB）

时的频率称为下限频率 f_L;信号频率升高,使放大倍数的幅值下降到中频带放大倍数的 $\frac{1}{\sqrt{2}}$

时的频率称为上限频率 f_H。f_L 与 f_H 之间的频率范围称为放大电路的通频带 BW,即 BW＝$f_H - f_L$。

一般情况下,放大电路只适用于放大某一个特定频率范围内的信号。人耳的听觉范围是 20 Hz～20 kHz,理论上,助听器的通频带只有涵盖音频范围(20 Hz～20 kHz),才能完全不失真地放大声音信号。不过,实验证明语言频率范围为 500～2000 Hz,其中低频主要提供语言的能量,而高频的听力补偿对语言的清晰度具有重要意义,因此 250～4000 Hz 频率范围内的增益值对助听器的性能十分重要。低档助听器的通频带应在 300～3000 Hz 之间,普通助听器的上限频率应达到 4000 Hz,高级助听器的通频带可在 80～8000 Hz 之间。

◆　**2.4.2　晶体管的小信号模型**

由于晶体管具有非线性的输入特性和输出特性,使得放大电路的分析变得复杂。如果能在一定条件下将晶体管的特性线性化,用一个线性模型来代替晶体管,那么就可以用线性电路的分析方法来分析晶体管放大电路了。

针对应用环境和所分析问题的不同,晶体管有不同的等效模型。本节介绍一种简化的晶体管小信号模型,适用于放大电路的输入信号为低频小信号情况下的动态分析。

前面我们已经得到了晶体管的共射输入、输出特性曲线,如图 2.4.4 所示。观察图 2.4.4(a)所示晶体管的输入特性,在静态工作点 Q 附近小范围内,输入特性曲线基本上为一段直线。这样就可以认为 Δu_{BE} 与 Δi_B 之比为常数,因此可以将晶体管的输入端口等效成一个电阻 r_{be},有

$$r_{be} = \frac{\Delta u_{BE}}{\Delta i_B}$$

再来观察 2.4.4(b)所示晶体管的输出特性,可以认为静态工作点 Q 附近小范围内,输出特性曲线基本上是水平的直线,即 Δi_C 与 Δu_{CE} 无关,而只取决于 Δi_B,且有 $\Delta i_C = \beta \Delta i_B$。因此可以将晶体管的输出端口等效成一个大小为 $\beta \Delta i_B$ 的受控电流源。

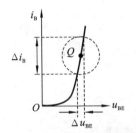 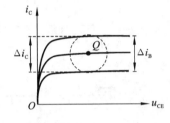

(a) 输入特性曲线局部线性化   (b) 输出特性曲线局部线性化

图 2.4.4 晶体管特性曲线局部线性化

这样,就得到了简化的晶体管小信号模型,如图 2.4.5 所示。

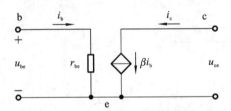

图 2.4.5 简化的晶体管小信号模型

图 2.4.5 中,参数 β 是晶体管的共射极交流电流放大系数,r_{be} 实际上是小信号作用下晶体管 b~e 间的交流(动态)电阻,参数值可以从特性曲线上求得,也可以用 h 参数测试仪或晶体管特性图示仪测得。此外,常温下 r_{be} 可由下式估算得出

$$r_{be} = r_{bb'} + (1+\beta)\frac{26(mV)}{I_{EQ}(mA)} = r_{bb'} + \beta\frac{26(mV)}{I_{CQ}(mA)} \tag{2.4.8}$$

式中:$r_{bb'}$ 为晶体管的基区体电阻,对于低频、小功率晶体管,如果没有特别说明,可认为 $r_{bb'}$ 约为 200 Ω;

I_{EQ} 为晶体管的静态发射极电流。

需要特别注意的是:小信号模型针对的是晶体管电压、电流的变化量,因此,只能用于小信号情况下的动态分析,而不能用来求放大电路的静态工作点。另外,简化的小信号模型忽略了 u_{ce} 对 i_c 和输入特性的影响,会给分析结果带来一定的误差,但是在输入信号幅度较小的情况下,影响不大。

2.4.3 共射放大电路的动态性能

一、等效电路法求动态性能指标

利用晶体管的小信号模型来分析晶体管放大电路的方法,称为等效电路法。本节以图 2.4.6 所示基本共射放大电路为例,用等效电路法分析其动态性能指标,具体步骤如下。

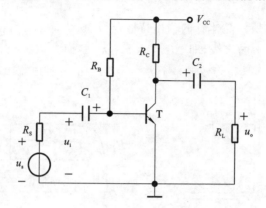

图 2.4.6 基本共射放大电路

1. 画出放大电路的小信号等效电路

图 2.4.6 所示电路的交流通路如图 2.4.7(a)所示,用晶体管的小信号模型代替交流通路中的晶体管,其余部分不变,就得到其小信号等效电路,如图 2.4.7(b)所示。

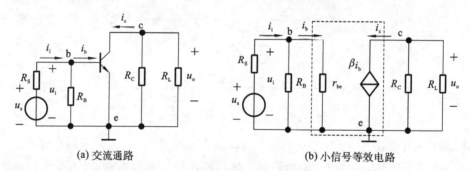

(a) 交流通路　　　　　　　　(b) 小信号等效电路

图 2.4.7 等效电路法分析阻容耦合共射放大电路

2. 估算 r_{be}

按式(2.4.8)估算 r_{be} 的值,为此需先求得静态发射极电流 I_{EQ} 或静态发射极电流 I_{CQ}。

3. 求电压放大倍数 A_u

由图 2.4.7(b)所示小信号等效电路可得

$$u_i = i_b \cdot r_{be}$$
$$u_o = -i_c \cdot (R_C /\!/ R_L) = -\beta i_b \cdot R_L'$$

根据电压放大倍数的定义,可求得阻容耦合共射放大电路的电压放大倍数

$$A_u = \frac{u_o}{u_i} = \frac{-\beta i_b \cdot R_L'}{i_b \cdot r_{be}} = -\frac{\beta R_L'}{r_{be}} \tag{2.4.9}$$

式中:$R_L' = R_C /\!/ R_L$;

负号表示共射放大电路的输出电压与输入电压相位相反,即输出电压滞后输入电压 $180°$。

从式(2.4.9)表面上看,增大 β 和 R_{C},或减小 r_{be},均可增大 A_u 的幅值。实际上,β 大的晶体管通常 r_{be} 也大,因而采用换管子的方法增大 A_u 有时效果不明显。最常用的方法是通过减小基极电阻 R_{B}(即增大 I_{EQ})以减小 r_{be} 的方法来增大 A_u。有时也通过增大 R_{C} 来增大 A_u。需要强调的是,不管采用哪种方法,都应首先保证 Q 点合适,输出波形不失真。

4. 求输入电阻

由图 2.4.7(b)所示小信号等效电路可得

$$u_{\mathrm{i}} = i_{\mathrm{i}} \cdot (R_{\mathrm{B}} /\!/ r_{\mathrm{be}})$$

根据输入电阻的定义,可求得阻容耦合共射放大电路的输入电阻

$$R_{\mathrm{i}} = \frac{u_{\mathrm{i}}}{i_{\mathrm{i}}} = \frac{i_{\mathrm{i}} \cdot (R_{\mathrm{B}} /\!/ r_{\mathrm{be}})}{i_{\mathrm{i}}} = R_{\mathrm{B}} /\!/ r_{\mathrm{be}} \qquad (2.4.10)$$

其实在本电路中,可以不需要计算,而直接观察电路得到 R_{i}。从图 2.4.7(b)所示电路的输入端看进去,是 R_{B} 和 r_{be} 的并联电路,其等效电阻 $R_{\mathrm{B}} /\!/ r_{\mathrm{be}}$ 即为放大电路的输入电阻。

一般来说,阻容耦合共射放大电路中的基极电阻 R_{B} 较大,而晶体管的 r_{be} 较小,当 $R_{\mathrm{B}} \gg r_{\mathrm{be}}$ 时,有 $R_{\mathrm{i}} \approx r_{\mathrm{be}}$,由此可知共射放大电路的输入电阻较小。

5. 求输出电阻

采用"外加激励法"求输出电阻,将图 2.4.7(b)所示电路的信号源电压 u_{s} 置零,负载 R_{L} 开路,然后在放大电路的输出端外加一测试电压 u_{t},得到图 2.4.8 所示电路。

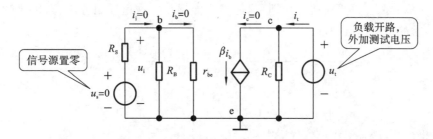

图 2.4.8 图 2.4.6 所示电路的输出电阻

则输出电阻 R_{o} 等于测试电压 u_{t} 与相应的电流 i_{t} 之比

$$R_{\mathrm{o}} = \left. \frac{u_{\mathrm{t}}}{i_{\mathrm{t}}} \right|_{u_{\mathrm{s}}=0, R_{\mathrm{L}}=\infty} = R_{\mathrm{C}} \qquad (2.4.11)$$

由式(2.4.11)可知,共射放大电路的输出电阻由集电极电阻 R_{C} 决定。

注意:输入电阻和输出电阻是放大电路自身的参数,因此,R_{i} 与信号源内阻 R_{s} 无关;而 R_{o} 不应含有负载 R_{L}。

二、等效电路法的分析步骤

综上所述,可以归纳出利用等效电路法分析放大电路的步骤如下:

(1)利用直流通路求静态工作点,确定其是否合适,如不合适应进行调整;

(2)画出放大电路的交流通路;

(3)画出放大电路的小信号等效电路,并根据式(2.4.8)估算出 r_{be} 的值;

(4)求放大电路的动态性能指标,如放大倍数、输入电阻和输出电阻等。

例 2.4.1 PNP 型硅管构成的共射放大电路如图 2.4.9 所示,已知 $\beta = 100$。(1)求

该电路的静态工作点;(2)画出小信号等效电路;(3)求该电路的电压增益 A_u、输入电阻 R_i 和输出电阻 R_o;(4)若 R_L 开路,A_u 如何变化?

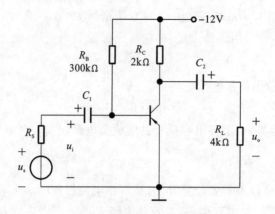

图 2.4.9 例 2.4.1 电路

解 (1) PNP 管的直流电压的极性和直流电流的方向与 NPN 管相反。分析 PNP 管放大电路的静态有以下两种方法:①定义 PNP 管的直流电流、电压的参考方向均与 NPN 管相反,则 PNP 管的特性曲线与 NPN 管完全相同;②定义 PNP 管的直流电流、电压的参考方向均与 NPN 管相同,则 PNP 管的特性曲线位于第三象限,与 NPN 管的特性曲线关于原点对称。两种方法任选一种即可,但是不能混用。这里采用方法②,按式(2.3.1)～式(2.3.3)求静态工作点 Q,得

$$I_{BQ} = \frac{V_{CC} - U_{BEQ}}{R_B} = \frac{[-12 - (-0.7)] \text{ V}}{300 \text{ k}\Omega} \approx -37.7 \ \mu\text{A}$$

$$I_{CQ} = \beta I_{BQ} = 100 \times (-37.7 \ \mu\text{A}) = -3.77 \text{ mA}$$

$$U_{CEQ} = V_{CC} - I_{CQ} R_C = [-12 - (-3.77 \times 2)] \text{ V} = -4.46 \text{ V}$$

由计算结果可知,静态工作点位置适中。

(2) 小信号等效电路如图 2.4.10 所示,定义晶体管交流电流参考方向与 NPN 管相反。

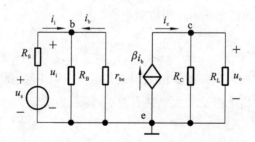

图 2.4.10 图 2.4.9 所示电路的小信号等效电路

(3) 按式(2.4.8)估算 r_{be} 的值(取 $r_{bb'} = 200 \ \Omega$)

$$r_{be} = r_{bb'} + (1 + \beta) \frac{26}{|I_{EQ}|} \approx 200 \ \Omega + 100 \times \frac{26}{3.77} \ \Omega \approx 0.89 \text{ k}\Omega$$

电压增益 $A_u = \dfrac{u_o}{u_i} = \dfrac{\beta i_b \cdot (R_C \mathbin{/\mkern-5mu/} R_L)}{-i_b \cdot r_{be}} = -\dfrac{\beta \cdot (R_C \mathbin{/\mkern-5mu/} R_L)}{r_{be}} \approx -149.8$

输入电阻 $R_i = R_B \mathbin{/\mkern-5mu/} r_{be} \approx r_{be} = 0.89 \text{ k}\Omega$

输出电阻 $R_o = R_C = 2 \text{ k}\Omega$

（4）若 R_L 开路，电压增益 $A_u = -\dfrac{\beta \cdot R_C}{r_{be}} \approx -224.7$，$A_u$ 的幅值增大；输入电阻和输出电阻不变。

任务实施

◆ 测量共射放大电路的动态性能指标

在 Multisim 仿真软件中搭建图 2.4.11 所示基本共射放大电路，在静态工作点合适的前提下，测量放大电路的动态性能指标。通过电路仿真分析，进一步理解放大电路的动态性能指标，及其与电路参数的关系。

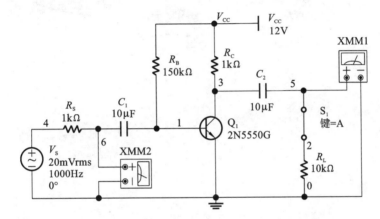

图 2.4.11 动态性能指标测试电路

1. 绘制电路图

打开 Multisim 仿真软件，按照图 2.4.11 所示绘制出仿真电路。电路中各元器件的名称及存储位置见表 2.4.1。

表 2.4.1 元器件的名称及存储位置

元器件名称	所 在 库	所 属 系 列
晶体管 2N5550G	Transistor	BJT_NPN
直流电压源 V_{CC}	Sources	POWER_SOURCES
电阻	Basic	RESISTOR
电容	Basic	CAPACITOR
开关	Basic	SWITCH
地线 GROUND	Sources	POWER_SOURCES
交流电压源 AC_POWER	Sources	POWER_SOURCES

2. 电路仿真

用前述方法分析本电路的静态工作点，在静态工作点合适的前提下，测量放大电路的动态性能指标。

1）测量电压放大倍数和通频带

执行菜单"仿真→分析和仿真"命令,弹出"分析与仿真"对话框,在左侧列表中选择"交流分析",右侧将出现"交流分析"对话框,如图 2.4.12 所示。"交流分析"对话框有频率参数、输出、分析选项和求和四个选项卡。选择"频率参数"选项卡,设置起始频率和停止频率分别为 1 Hz 和 1GHz;垂直刻度中选择纵坐标刻度形式为线性。

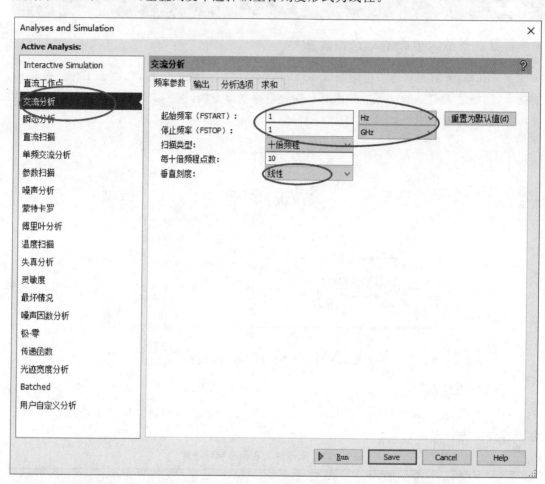

图 2.4.12　交流分析界面

选择"输出"选项卡,出现如图 2.4.13 所示对话框。点击"添加表达式(x)..."按钮,弹出"分析表达式"对话框,如图 2.4.14 所示。根据图 2.4.11 所示的电路标签,"V(5)"和"V(6)"分别是放大电路的输出电压 u_o 和输入电压 u_i,将表达式设置为"V(5)/V(6)",即为放大电路的电压放大倍数。点击"确认"按钮,将表达式添加到"已选定用于分析的变量"列表中。

添加变量后,单击"运行"按钮,出现图 2.4.15 所示仿真结果。

单击"显示光标"按钮,将显示两个光标,拖动光标可测量各频率点处电压放大倍数的幅值,如图 2.4.16 所示。将光标 1 拖动到通频带内,此时"y1"的值为 151.8875,即为放大电路的中频电压放大倍数。拖动两个光标,使"y1"和"y2"的值约为 $151.8875 \times 0.707 \approx 116.95$,此时"x1"和"x2"的值即为放大电路的上、下限截止频率,有 $f_L = 37.8$ Hz、$f_H = 32.2$ MHz,则通频带 $BW = f_H - f_L \approx 32.2$ MHz。

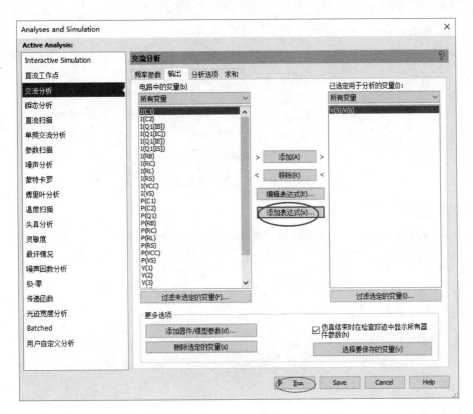

图 2.4.13 输出选项卡

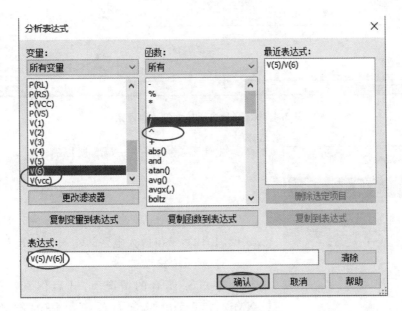

图 2.4.14 "分析表达式"对话框

2）测量输入电阻

其电路中的万用表都设置为交流电压表。单击"运行"按钮,开启仿真。等待一段时间后,关闭仿真。打开万用表 XMM2,可读出输入电压的有效值为 5.935 mV,如图 2.4.17所示。

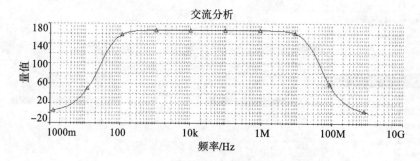

图 2.4.15　交流仿真结果

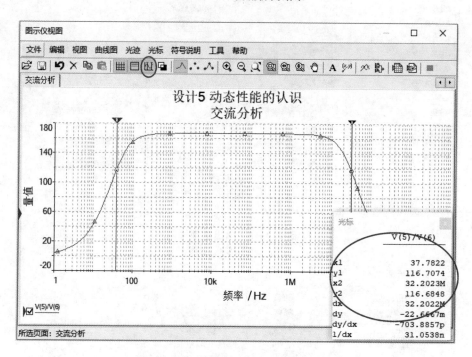

图 2.4.16　测量电压放大倍数和通频带

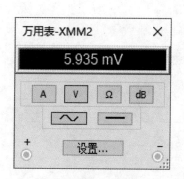

图 2.4.17　输入电压的有效值

由于 $U_i = \dfrac{R_i}{R_i + R_s} U_s$，所以有

$$R_i = \frac{U_i}{U_s - U_i} R_s \qquad (2.4.12)$$

将 $U_s = 20$ mV、$R_s = 1$ kΩ、$U_i = 5.935$ mV 代入式(2.4.12)，求得放大电路的输入电阻 $R_i \approx 422$ Ω。

3）测量输出电阻

开关 S_1 闭合的情况下，开启仿真，打开万用表 XMM1，可读出带负载输出电压的有效值 $U_o = 890.269$ mV。开关 S_1 断开的情况下，对电路进行仿真分析，可测得空载输出电压的有效值 $U_{oc} = 976.336$ mV。由于 $U_o = \dfrac{R_L}{R_L + R_o} U_{oc}$，所以有

$$R_o = \left(\frac{U_{oc}}{U_o} - 1\right) R_L \qquad (2.4.13)$$

将 $U_{oc} = 976.336 \text{ mV}$、$U_o = 890.269 \text{ mV}$、$R_L = 10 \text{ k}\Omega$ 代入式(2.4.13)，求得放大电路的输出电阻 $R_o \approx 0.97 \text{ k}\Omega$。

3. 仿真结果分析

仿真结果表明，共射放大电路有较强的电压放大能力，但输入电阻较小，输出电阻主要由集电极电阻决定。

任务 2.5 静态工作点稳定电路的认识

任务目标

理解温度变化导致放大电路静态工作点不稳定的现象，学习稳定放大电路静态工作点的措施。通过电路仿真对比分压式静态工作点稳定电路和基本共射放大电路的温度稳定性。

任务引导

通过对放大电路的分析可以看出，静态工作点是非常重要的，它不仅决定了电路是否会产生非线性失真，而且还影响着电压放大倍数、输入电阻等重要的动态性能指标。实际应用中，电源电压的波动、元件的老化以及温度的变化等，都会引起静态工作点的不稳定，从而影响放大电路的正常工作。在引起静态工作点不稳定的诸多因素中，温度对晶体管参数的影响是最为主要的。

◆ **2.5.1 温度对静态工作点的影响**

晶体管是一种对温度变化十分敏感的元件。温度对晶体管的影响主要体现在以下几个方面。

(1)晶体管具有负温度系数，温度每升高 1 ℃，发射结正向压降 U_{BE} 将减小 $2\sim2.5 \text{ mV}$，输入特性曲线左移。

(2)温度每升高 10 ℃，反向饱和电流 I_{CBO} 约增大一倍，输出特性曲线上移。

(3)温度每升高 1 ℃，电流放大系数 β 增大 0.5% $\sim1.0\%$，输出特性曲线族间距增大。

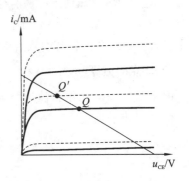

这里用图解法分析温度变化对图 2.4.6 所示基本共射放大电路的静态工作点的影响。假设，常温时晶体管的输出特性如图 2.5.1 中实线所示，而当电路工作一段时间后，由于温度升高，晶体管的输出特性变化为图中虚线所示。静态工作点沿直流负载线由 Q 点上移至 Q' 点，导致放大电路的动态性能发生变化，甚至输出波形出现严重失真。

图 2.5.1 温度对静态工作点的影响

为保证静态工作点的稳定，需要从电路结构上采取适当的措施,使其能够在温度升高时适当地减小静态基极电流 I_{BQ}。常用于稳定静态工作点的措施主要有:引入直流负反馈;利用温度补偿的方法;采用恒流源偏置技术。

◆ 2.5.2 分压式静态工作点稳定电路

一、电路组成及稳定 Q 点的原理

图 2.5.2(a)所示电路是分立元件电路中最常用的静态工作点稳定的共射放大电路,其直流通路如图 2.5.2(b)所示。与基本共射放大电路相比,该放大电路在晶体管的发射极接有电阻 R_E,直流电源 V_{CC} 经基极电阻 R_{B1} 和 R_{B2} 分压后接到晶体管的基极,常称为分压式静态工作点稳定电路。

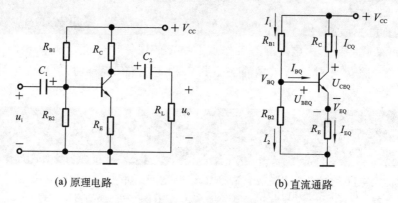

(a) 原理电路   (b) 直流通路

图 2.5.2　分压式静态工作点稳定电路

下面由直流通路分析该电路稳定静态工作点的原理及过程。当基极电阻 R_{B1} 和 R_{B2} 的阻值大小选择适当,使 $I_1 \gg I_{BQ}$,即 $I_1 \approx I_2$ 时,晶体管的静态基极电位 V_{BQ} 由 V_{CC} 经电阻分压得到,可认为其值基本稳定,不受温度变化的影响。当温度升高时,由于晶体管参数变化导致集电极电流 $I_{CQ}(\approx I_{EQ})$ 增大,使静态发射极电位 $V_{EQ}(=I_{EQ}R_E)$ 增大。由于基极电位 V_{BQ} 基本不变,因此晶体管 B、E 极间的实际偏压 $U_{BEQ}(=V_{BQ}-V_{EQ})$ 将自动减小,从而使静态基极电流 I_{BQ} 减小,抑制了 I_{CQ} 的增大,达到了稳定工作点的目的。以上过程可以表示为:

$$T \uparrow \rightarrow I_{CQ} \uparrow \rightarrow I_{EQ} \uparrow \rightarrow V_{EQ} \uparrow \rightarrow U_{BEQ} \downarrow \rightarrow I_{BQ} \downarrow$$

从上述过程看出,这种直流偏置电路之所以能够稳定静态工作点,关键是在于两点:一是通过 R_{B1} 和 R_{B2} 分压使 V_{BQ} 基本与晶体管参数无关;二是让输出回路中的电流 I_{CQ} 流过 R_E,通过 R_E 控制输入量 U_{BEQ}、I_{BQ} 产生与 I_{CQ} 相反的变化,从而维持 I_{CQ} 基本不变。本电路采取的稳定静态工作点的措施是引入直流负反馈。

二、Q 点的估算

由图 2.5.2(b)所示直流通路分析放大电路的 Q 点。当 $I_1 \gg I_{BQ}$,使 $I_1 \approx I_2$ 时,可由以下公式估算 Q 点的值。

$$V_{BQ} \approx \frac{R_{B2}}{R_{B1}+R_{B2}} V_{CC} \tag{2.5.1}$$

$$I_{CQ} \approx I_{EQ} = \frac{V_{BQ}-U_{BEQ}}{R_E} \approx \frac{V_{BQ}}{R_E} \tag{2.5.2}$$

$$I_{BQ} = I_{EQ}/(1+\beta) \tag{2.5.3}$$

$$U_{CEQ} = V_{CC} - I_{CQ} R_C - I_{EQ} R_E \approx V_{CC} - I_{EQ}(R_C + R_E) \tag{2.5.4}$$

三、动态分析

画出图 2.5.2(a)所示电路的小信号等效电路,如图 2.5.3 所示,然后求出电压放大倍数、输入电阻和输出电阻。

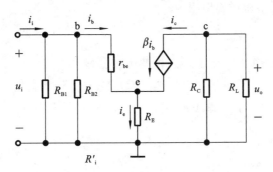

图 2.5.3 图 2.5.2(a)所示电路的小信号等效电路

1. 求电压放大倍数 A_u

由小信号等效电路可得

$$u_i = i_b \cdot r_{be} + i_e R_E = i_b \cdot r_{be} + (1+\beta) i_b R_E$$
$$u_o = -i_c \cdot (R_C /\!/ R_L) = -i_c \cdot R_L'$$

式中:$R_L' = R_C /\!/ R_L$。根据电压放大倍数的定义,可求得

$$A_u = \frac{u_o}{u_i} = \frac{-\beta i_b \cdot R_L'}{i_b \cdot r_{be} + (1+\beta) i_b R_E} = -\frac{\beta R_L'}{r_{be} + (1+\beta) R_E} \tag{2.5.5}$$

式中:若 $(1+\beta) R_E \gg r_{be}$ 且 $\beta \gg 1$,则 $A_u \approx -\dfrac{R_L'}{R_E}$,仅取决于电阻取值,而几乎不受环境温度的影响。

2. 求输入电阻 R_i

从图 2.5.3 所示电路的输入端看进去,是 R_{B1}、R_{B2} 和 R_i' 的并联电路,其中 R_i' 是基极与地之间的端口等效电阻,有

$$R_i' = \frac{u_i}{i_b} = \frac{i_b \cdot r_{be} + (1+\beta) i_b R_E}{i_b} = r_{be} + (1+\beta) R_E$$

因此,可求得输入电阻

$$R_i = R_{B1} /\!/ R_{B2} /\!/ R_i' = R_{B1} /\!/ R_{B2} /\!/ [r_{be} + (1+\beta) R_E] \tag{2.5.6}$$

3. 求输出电阻 R_o

前面我们采用"外加激励法"求放大电路的输出电阻,但是图 2.5.3 所示电路中,受控电流源的压降不容易判断,因此这里我们利用开路电压和短路电流求输出电阻。根据戴维南定理,线性含源二端网络可以等效为一个电压源,等效电压源的电压为网络两端的开路电压 u_{oc},内阻等于该网络中所有独立源为零时的等效电阻,也就是放大电路中的输出电阻。若假设网络两端短路,则短路电流 $i_{sc} = \dfrac{u_{oc}}{R_o}$,所以有

$$R_o = \frac{u_{oc}}{i_{sc}} \tag{2.5.7}$$

即输出电阻 R_o 等于输出开路电压 u_{oc} 与输出短路电流 i_{sc} 之比。

由图 2.5.3 所示小信号等效电路可得

$$u_{oc} = -i_c \cdot R_C$$
$$i_{sc} = -i_c$$

将其代入式(2.5.7)，可求得输出电阻

$$R_o = R_C \tag{2.5.8}$$

例 2.5.1 已知图 2.5.2(a)所示电路中各参数如下：$R_{B1}=100\ \text{k}\Omega$，$R_{B2}=33\ \text{k}\Omega$，$R_E=2.5\ \text{k}\Omega$，$R_C=5\ \text{k}\Omega$，$R_L=10\ \text{k}\Omega$，$\beta=60$，$V_{CC}=15\ \text{V}$，晶体管为硅管。(1)估算静态工作点；(2)求电压放大倍数、输入电阻和输出电阻；(3)若在 R_E 两端并联 50 μF 的电容 C_3，分析 Q 点和动态性能指标的变化。

解 (1) 按式(2.5.1)～式(2.5.4)估算 Q 点。

$$V_{BQ} \approx \frac{R_{B2}}{R_{B1}+R_{B2}}V_{CC} = \frac{33\times15}{100+33}\ \text{V} \approx 3.7\ \text{V}$$

$$I_{CQ} \approx I_{EQ} = (V_{BQ}-U_{BEQ})/R_E = [(3.7-0.7)/2.5]\ \text{mA} = 1.2\ \text{mA}$$

$$I_{BQ} = I_{CQ}/\beta = (1.2/60)\ \text{mA} = 0.02\ \text{mA}$$

$$U_{CEQ} = V_{CC} - I_{CQ}R_C - I_{EQ}R_E \approx [15-1.2\times(5+2.5)]\ \text{V} = 6\ \text{V}$$

(2) 由式(2.4.8)求 r_{be}（取 $r_{bb'}=200\ \Omega$）

$$r_{be} = r_{bb'} + (1+\beta)\frac{26(\text{mV})}{I_{EQ}(\text{mA})} = [200+61\times(26/1.2)]\ \Omega \approx 1.52\ \text{k}\Omega$$

由式(2.5.5)求 A_u

$$A_u = -\frac{\beta R_L'}{r_{be}+(1+\beta)R_E} = -\frac{60\times(5\ /\!/\ 10)}{1.52+(1+60)\times2.5} \approx -1.3$$

由式(2.5.6)求 R_i

$$R_i = R_{B1}\ R_{B2}[r_{be}+(1+\beta)R_E]$$
$$= \{100\ /\!/\ 33\ /\!/\ [1.52+(1+60)\times2.5]\}\ \text{k}\Omega$$
$$\approx 21.37\ \text{k}\Omega$$

由式(2.5.8)求 R_o

$$R_o = R_C = 5\ \text{k}\Omega$$

(3) 在 R_E 两端并联 50 μF 的电容 C_3，得到如图 2.5.4(a)所示电路。

由于电容对直流电流相当于断路，电容 C_3 对电路的直流通路没有影响，所以静态工作点不变。

电容对交流电流相当于短路，电容 C_3 对电阻 R_E 上的交流信号电压有旁路作用，因此电阻 R_E 被交流短路，可画出小信号等效电路，如图 2.5.4(b)所示。根据小信号等效电路求得电压放大倍数、输入电阻和输出电阻，具体如下：

$$A_u = -\frac{\beta R_L'}{r_{be}} = -\frac{60\times(5\ /\!/\ 10)}{1.52} \approx -131.6$$

$$R_i = R_{B1}\ /\!/\ R_{B2}\ /\!/\ r_{be} = (100\ /\!/\ 33\ /\!/\ 1.52)\ \text{k}\Omega \approx 1.43\ \text{k}\Omega$$

$$R_o = R_C = 5\ \text{k}\Omega$$

由分析结果可知，在 R_E 两端并联旁路电容 C_3 后，电路的电压放大倍数增大，输入电阻减

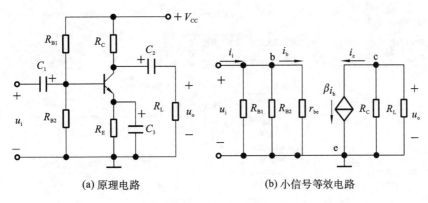

(a) 原理电路 (b) 小信号等效电路

图2.5.4 加旁路电容的分压式静态工作点稳定电路

小,输出电阻基本不变。由此可见,无C_3时,电路的电压放大能力很差,并联旁路电容可以较好地解决稳定静态工作点与提高电压放大倍数的矛盾。在实用电路中常常将R_E分为两部分,只将其中一部分接旁路电容。

 任务实施

一、观察温度对静态工作点的影响

在 Multisim 仿真软件中搭建如图2.5.5所示的两种共射放大电路,并分析其静态工作点。运用温度扫描功能,观察温度变化对放大电路静态工作点的影响。

1. 绘制电路图

打开 Multisim 仿真软件,按照图2.5.5所示绘制出仿真电路,并设置各元器件参数。两电路均为共射放大电路,且电路中的晶体管型号相同。

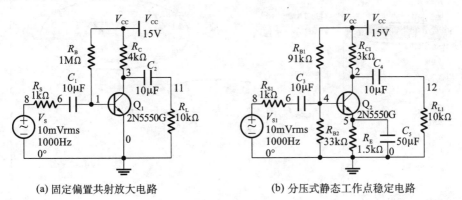

(a) 固定偏置共射放大电路 (b) 分压式静态工作点稳定电路

图2.5.5 温度扫描仿真电路

2. 电路仿真

按前述方法对两电路进行"直流工作点"仿真分析,得到如图2.5.6所示分析结果。常温下,图2.5.5(a)所示电路(晶体管为Q_1)的静态工作点为:$I_{BQ}=14.3~\mu A$、$I_{CQ}=2.12~mA$,$U_{CEQ}=6.5~V$;图2.5.5(b)所示电路(晶体管为Q_2)的静态工作点为:$I_{BQ}=13.4~\mu A$,$I_{CQ}=1.99~mA$,$U_{CEQ}=V(2)-V(5)=6.03~V$。两电路静态工作点位置均适当。

执行菜单"仿真→分析和仿真"命令,弹出"分析与仿真"对话框,在左侧列表中选择"温

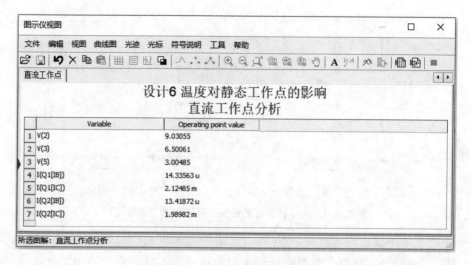

图 2.5.6 静态工作点分析结果

度扫描",右侧将出现"温度扫描"对话框,选择"分析参数"选项卡,设置开始温度和停止温度分别为－20 ℃和50 ℃,扫描点数为8;待扫描的分析选择"直流工作点",如图 2.5.7 所示。

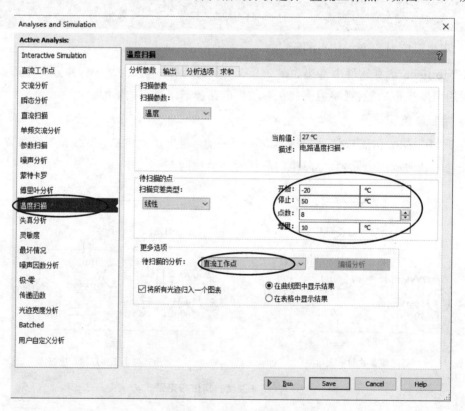

图 2.5.7 温度扫描分析参数设置

选择"输出"选项卡,出现如图 2.5.8 所示对话框。将变量"I(Q1[IC])""I(Q2[IC])"添加到"已选定用于分析的变量"列表中。

添加变量后,单击"运行"按钮,出现如图 2.5.9 所示仿真结果。当温度从－20 ℃变化到50 ℃时,图 2.5.5 所示两种放大电路中晶体管的集电极电流 I_c 都变大了,但分压式静态

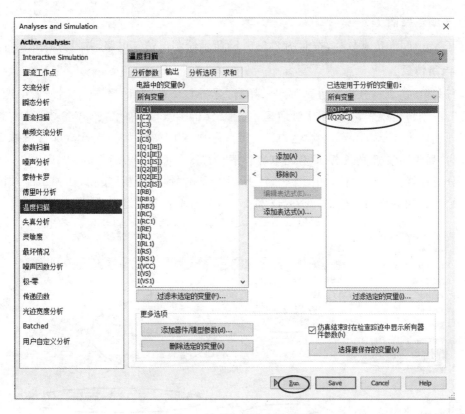

图 2.5.8　温度扫描输出变量设置

工作点稳定电路的集电极电流 I_c 的相对变化量小于固定偏置共射放大电路。

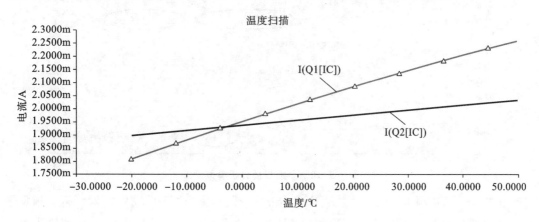

图 2.5.9　温度扫描仿真结果

3. 仿真结果分析

由温度扫描仿真结果可知,固定偏置共射放大电路的静态工作点受温度的影响较大,分压式静态工作点稳定电路的温度稳定性优于固定偏置电路。

二、观察旁路电容对通频带的影响

在 Multisim 仿真软件中搭建如图 2.5.5(b)所示的放大电路,对其进行参数扫描分析,观察旁路电容参数变化对通频带的影响。

1. 绘制电路图

打开 Multisim 仿真软件,按照图 2.5.5(b)所示绘制出仿真电路,并设置各元器件参数。

2. 电路仿真

执行菜单"仿真→分析和仿真"命令,弹出"分析与仿真"对话框,在左侧列表中选择"参数扫描",右侧将出现"参数扫描"对话框,选择"分析参数"选项卡,扫描参数选择"器件参数",器件类型为"Capacitor",名称为"C5"(即旁路电容),参数为"capacitance";扫描变差类型选择为"列表",设置值列表(即旁路电容容值)为"1e-006F,1e-005F,5e-005F,1e-004F";待扫描的分析选择"交流分析",如图 2.5.10 所示。点击"编辑分析"按钮,在弹出的对话框中设置起始频率和停止频率分别为 10 Hz 和 100 MHz;垂直刻度选择为"线性"。

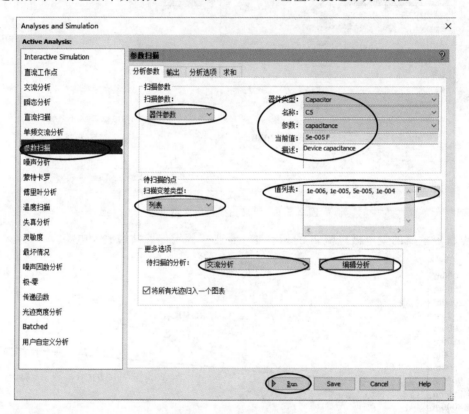

图 2.5.10　参数扫描分析参数设置

选择"输出"选项卡,点击"添加表达式(x)..."按钮,弹出"分析表达式"对话框。根据图 2.5.5(b)所示的电路标签,"V(12)"和"V(10)"分别是放大电路的输出电压 u_o 和输入电压 u_i,将表达式设置为"V(12)/V(10)",即为放大电路的电压放大倍数。点击"确认"按钮,将表达式添加到"已选定用于分析的变量"列表中。添加表达式后,单击"仿真"按钮,出现如图 2.5.11 所示仿真结果。

3. 仿真结果分析

由参数扫描仿真结果可知,放大电路的下限频率与电路中电抗性元器件的参数有关。分压式静态工作点稳定电路中,旁路电容容值越大,下限频率越低,通频带越宽。

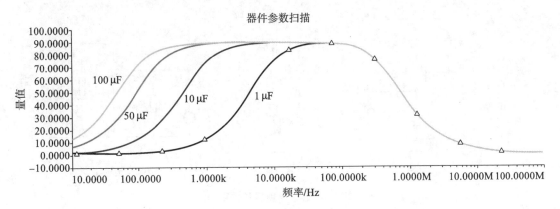

图 2.5.11　参数扫描仿真结果

任务 2.6　共集和共基放大电路的认识

任务目标

学习单管共集电极和共基极放大电路,对比并总结三种组态晶体管放大电路的性能特点。仿真分析共集电极和共基极放大电路,进一步理解其性能特点。

任务引导

前面介绍了单管共射放大电路,其特点是放大电路的输入回路和输出回路以发射极为公共端。实用电路中还有以集电极为公共端的共集电极放大电路和以基极为公共端的共基极放大电路。本节首先介绍基本共集电极放大电路和共基极放大电路,然后再对晶体管放大电路的三种组态进行比较。

◆ 2.6.1　共集电极放大电路

图 2.6.1(a)所示是基本共集电极放大电路,其直流通路和交流通路分别如图 2.6.1(b)、图 2.6.1(c)所示。由交流通路可见,该放大电路的输入电压 u_i 加在晶体管的基极和集电极之间,而输出电压 u_o 从发射极和集电极之间取出,所以集电极是输入回路和输出回路的公共端。因为输出电压 u_o 从发射极输出,所以共集电极电路又称为射极输出器。

一、静态分析

由图 2.6.1(b)所示直流通路,列出输入、输出回路的 KVL 方程,可得到静态工作点的估算公式如下

$$I_{BQ} = \frac{V_{CC} - U_{BEQ}}{R_B + (1+\beta)\,R_E} \tag{2.6.1}$$

$$I_{CQ} = \beta I_{BQ} \tag{2.6.2}$$

$$U_{CEQ} = V_{CC} - I_{EQ}\,R_E \approx V_{CC} - I_{CQ}\,R_E \tag{2.6.3}$$

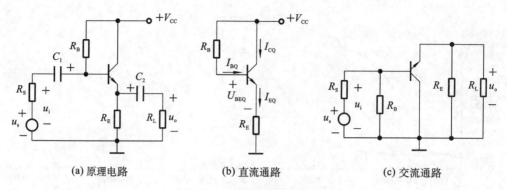

(a) 原理电路　　　　　(b) 直流通路　　　　　(c) 交流通路

图 2.6.1　共集电极放大电路

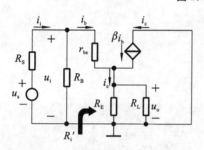

图 2.6.2　共集电极放大电路的
小信号等效电路

直流通路中,电阻 R_E 对静态工作点有自动调节(引入了负反馈)作用,该电路的 Q 点基本稳定。

二、动态分析

将图 2.6.1(c)中的晶体管用其小信号模型代替,即可得到共集电极放大电路的小信号等效电路,如图 2.6.2 所示。

1. 求电压放大倍数 A_u

由图 2.6.2 可得

$$u_i = i_b \cdot r_{be} + i_e(R_E /\!\!/ R_L) = i_b \cdot r_{be} + (1+\beta) i_b R'_L$$
$$u_o = i_e(R_E /\!\!/ R_L) = (1+\beta) i_b R'_L$$

式中:$R'_L = R_E /\!\!/ R_L$。根据电压放大倍数的定义,可求得

$$A_u = \frac{u_o}{u_i} = \frac{(1+\beta) R'_L}{r_{be} + (1+\beta) R'_L} \qquad (2.6.4)$$

式(2.6.4)表明,共集电极放大电路的电压放大倍数 A_u 大于 0 且小于 1,即输出电压 u_o 与输入电压 u_i 同相,且 $u_o < u_i$,电路无电压放大能力。当 $(1+\beta) R'_L \gg r_{be}$ 时,$A_u \approx 1$,即 $u_o \approx u_i$,因此共集电极放大电路又称为电压跟随器。

虽然共集电极放大电路无电压放大能力,但是当电路参数选择适当时,其输出电流大于输入电流,所以电路仍有功率放大作用。

2. 求输入电阻 R_i

从图 2.6.2 所示电路的输入端看进去,是 R_B 和 R'_i 的并联电路,其中 R'_i 是晶体管基极与地(即集电极)之间的端口等效电阻,有

$$R'_i = \frac{u_i}{i_b} = \frac{i_b \cdot r_{be} + (1+\beta) i_b(R_E /\!\!/ R_L)}{i_b} = r_{be} + (1+\beta) R'_L$$

因此,可求得输入电阻

$$R_i = R_B /\!\!/ R'_i = R_B /\!\!/ [r_{be} + (1+\beta) R'_L] \qquad (2.6.5)$$

式(2.6.5)表明,共集电极放大电路的输入电阻较大,且与负载电阻 R_L 有关。通常,共集电极放大电路的输入电阻比共射放大电路的输入电阻大得多,可达几十千欧甚至几百千欧。

3. 求输出电阻 R_o

采用"外加激励法"求输出电阻,电路如图 2.6.3 所示。

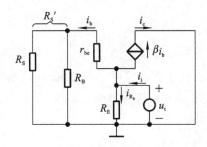

图 2.6.3 求共集电极放大电路的输出电阻

输出电阻 R_o 等于测试电压 u_t 与电流 i_t 之比,而

$$i_t = i_{R_E} + i_b + \beta i_b = \frac{u_t}{R_E} + (1+\beta)\frac{u_t}{r_{be} + R'_s}$$

式中:$R'_S = R_S /\!/ R_B$。由此可得输出电阻

$$R_o = \frac{u_t}{i_t}\bigg|_{u_s=0,R_L=\infty} = \frac{1}{\dfrac{1}{R_E} + \dfrac{(1+\beta)}{r_{be} + R'_s}} = R_E /\!/ \frac{r_{be} + R'_S}{(1+\beta)} \tag{2.6.6}$$

式(2.6.6)表明,共集电极放大电路的输出电阻由发射极电阻 R_E 和基极回路总电阻折合到射极回路的等效电阻 $(r_{be} + R'_S)/(1+\beta)$ 并联组成。通常有 $\dfrac{r_{be} + R'_S}{(1+\beta)} \ll R_E$,且 $\beta \gg 1$,所以

$$R_o \approx \frac{r_{be} + R'_S}{\beta} \tag{2.6.7}$$

由式(2.6.7)可知,共集电极放大电路的输出电阻较小,且与信号源内阻 R_S 的值有关。

例 2.6.1 设图 2.6.1(a)所示电路中 $V_{CC} = 12$ V,$R_E = 2$ kΩ,$R_B = 200$ kΩ,$R_L = 2$ kΩ,晶体管 $\beta = 60$,$U_{BEQ} = 0.7$ V,信号源内阻 $R_S = 100$ Ω。试求:(1) 静态工作点;(2) A_u、R_i 和 R_o。

解 (1) 按式(2.1.1)~式(2.6.3)估算 Q 点。

$$I_{BQ} = \frac{V_{CC} - U_{BEQ}}{R_B + (1+\beta)R_E} = \frac{12 - 0.7}{200 + (1+60)\times 2}\ \text{mA} \approx 0.035\ \text{mA}$$

$$I_{CQ} = \beta I_{BQ} = 60 \times 0.035\ \text{mA} = 2.1\ \text{mA}$$

$$U_{CEQ} = V_{CC} - I_{EQ}R_E \approx (12 - 2\times 2.14)\ \text{V} = 7.72\ \text{V}$$

(2) 求 r_{be}(取 $r_{bb'} = 200$ Ω)。

$$r_{be} \approx 200 + \beta\frac{26}{I_{CQ}} = \left(200 + 60\times\frac{26}{2.1}\right)\ \Omega \approx 0.94\ \text{k}\Omega$$

由式(2.6.4)求 A_u

$$A_u = \frac{(1+\beta)R'_L}{r_{be} + (1+\beta)R'_L} = \frac{(1+60)\times(2 /\!/ 2)}{0.94 + (1+60)\times(2 /\!/ 2)} \approx 0.98$$

由式(2.6.5)求 R_i

$$R_i = R_B /\!/ [r_{be} + (1+\beta)R'_L] = \{200 /\!/ [0.94 + (1+60)\times(2 /\!/ 2)]\}\ \text{k}\Omega \approx 47.3\ \text{k}\Omega$$

由式(2.6.7)求 R_o

$$R_o \approx \frac{r_{be} + R'_S}{\beta} = \frac{940 + (100 /\!/ 2000)}{60}\ \Omega \approx 17.3\ \Omega$$

2.6.2 共基极放大电路

图 2.6.4(a)所示是基本共基极放大电路。将 V_{CC} 置零且所有电容视作短路,可得到其交流通路如图 2.6.4(b)所示。由交流通路可见,该放大电路的输入电压 u_i 加在晶体管的发射极和基极之间,而输出电压 u_o 从集电极和基极之间取出,所以基极是输入回路和输出回路的公共端。

一、静态分析

将图 2.6.4(a)中所有电容视作开路,可得到其直流通路如图 2.6.5 所示。显然,该直流通路与图 2.5.2(b)所示直流通路完全一样,因此静态工作点的求法相同,用式(2.5.1)~式(2.5.4)求解即可。

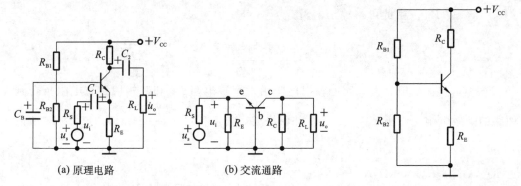

(a) 原理电路　　　　(b) 交流通路

图 2.6.4　共基极放大电路　　　　图 2.6.5　共基极放大电路的直流通路

二、动态分析

将图 2.6.4(b)中的晶体管用其小信号模型代替,即可得到共基极放大电路的小信号等效电路,如图 2.6.6 所示。

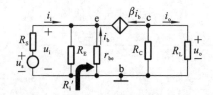

图 2.6.6　共基极放大电路的小信号等效电路

1. 求电压放大倍数 A_u

由图 2.6.6 可得

$$u_i = -i_b \cdot r_{be}$$

$$u_o = -\beta i_b (R_C /\!/ R_L) = -\beta i_b R_L'$$

式中:$R_L' = R_C /\!/ R_L$。根据电压放大倍数的定义,可求得

$$A_u = \frac{u_o}{u_i} = \frac{\beta R_L'}{r_{be}} \tag{2.6.8}$$

式(2.6.8)表明,若电路参数选择适当,共基极放大电路具有电压放大作用,且输出电压与输入电压相位相同。

2. 求输入电阻 R_i

从图 2.6.6 所示电路的输入端看进去,是 R_E 和 R_i' 的并联电路,其中 R_i' 是晶体管发射极与地(即基极)之间的端口等效电阻,有

$$R_i' = \frac{u_i}{-(1+\beta)i_b} = \frac{-i_b \cdot r_{be}}{-(1+\beta)i_b} = \frac{r_{be}}{(1+\beta)}$$

因此,可求得输入电阻

$$R_i = R_E \mathbin{/\mkern-5mu/} R_i' = R_E \mathbin{/\mkern-5mu/} \frac{r_{be}}{1+\beta} \tag{2.6.9}$$

通常有 $\dfrac{r_{be}}{1+\beta} \ll R_E$,所以

$$R_i \approx \frac{r_{be}}{1+\beta} \tag{2.6.10}$$

式(2.6.10)表明,共基极放大电路的输入电阻远小于共射极放大电路的输入电阻。

3. 求输出电阻 R_o

利用端口开路电压和短路电流可求得输出电阻

$$R_o \approx R_C \tag{2.6.11}$$

可见,共基极放大电路的输出电阻与共射极放大电路的输出电阻相同。

例 2.6.2 已知图 2.6.4(a)所示电路中各参数如下:$R_S = 30\ \Omega$,$R_{B1} = 100\ \text{k}\Omega$,$R_{B2} = 33\ \text{k}\Omega$,$R_E = 3\ \text{k}\Omega$,$R_C = 5\ \text{k}\Omega$,$R_L = 5\ \text{k}\Omega$,$\beta = 100$,$V_{CC} = 15\ \text{V}$,晶体管为硅管。(1)估算静态工作点;(2)求电压增益 A_u、输入电阻 R_i 和输出电阻 R_o;(3)求源电压增益 $A_{us} = \dfrac{u_o}{u_s}$,并与电压增益 A_u 进行比较。

解 (1) 按式(2.5.1)~式(2.5.4)估算 Q 点。

$$V_{BQ} \approx \frac{R_{B2}}{R_{B1}+R_{B2}} V_{CC} = \frac{33 \times 15}{100+33}\ \text{V} \approx 3.7\ \text{V}$$

$$I_{CQ} \approx I_{EQ} = (V_{BQ} - U_{BEQ})/R_E = [(3.7-0.7)/3]\ \text{mA} = 1\ \text{mA}$$

$$I_{BQ} = I_{CQ}/\beta = (1/100)\ \text{mA} = 0.01\ \text{mA}$$

$$U_{CEQ} = V_{CC} - I_{CQ}R_C - I_{EQ}R_E \approx [15 - 1 \times (5+3)]\ \text{V} = 7\ \text{V}$$

(2) 由式(2.4.5)求 r_{be}(取 $r_{bb'} = 200\ \Omega$)。

$$r_{be} = r_{bb'} + (1+\beta)\frac{26(\text{mV})}{I_{EQ}(\text{mA})} = [200 + 101 \times (26/1)]\ \Omega \approx 2.8\ \text{k}\Omega$$

由式(2.6.8)求 A_u

$$A_u = \frac{u_o}{u_i} = \frac{\beta R_L'}{r_{be}} = \frac{100 \times (5 \mathbin{/\mkern-5mu/} 5)}{1.8} \approx 138.9$$

由式(2.6.10)求 R_i

$$R_i \approx \frac{r_{be}}{1+\beta} = \frac{2.8}{1+100}\ \text{k}\Omega \approx 27.7\ \Omega$$

由式(2.6.11)求 R_o

$$R_o \approx R_C = 5\ \text{k}\Omega$$

（3）由于 $u_i = \dfrac{R_i}{R_i + R_s} u_s$，因此源电压增益

$$A_{us} = \frac{R_i}{R_i + R_s} A_u \approx 66.7$$

分析结果表明，由于共基极放大电路的输入电阻较小，因此从信号源获得的输入电压较小，源电压增益幅值与电压增益幅值相差较大。

◆ 2.6.3　晶体管放大电路三种组态的比较

根据前面的分析，现将晶体管放大电路的三种基本组态进行归纳和对比，并列于表2.6.1中。由表2.6.1可知，共射极放大电路既放大电流又放大电压，共集电极放大电路只放大电流不放大电压，共基极放大电路只放大电压不放大电流；三种组态中共集电极放大电路的输入电阻最大，共基极放大电路的输入电阻最小；输出电阻最小的是共集电极放大电路；通频带最宽的是共基极放大电路。使用时，应根据需求选择合适的组态。

表 2.6.1　晶体管放大电路三种组态的比较

	共 射 组 态	共 集 组 态	共 基 组 态
原理电路			
信号接法	基极输入，集电极输出	基极输入，射极输出	射极输入，集电极输出
电压增益	$-\dfrac{\beta \cdot (R_C /\!/ R_L)}{r_{be}}$，大	$\dfrac{(1+\beta) \cdot (R_E /\!/ R_L)}{r_{be} + (1+\beta)(R_E /\!/ R_L)}$，小	$\dfrac{\beta \cdot (R_C /\!/ R_L)}{r_{be}}$，大
最大电流增益	β，大	$1+\beta$，大	α，小
输入电阻	$R_{B1} /\!/ R_{B2} /\!/ r_{be}$，中	$R_B /\!/ [r_{be} + (1+\beta)(R_E /\!/ R_L)]$，大	$R_E /\!/ \dfrac{r_{be}}{1+\beta}$，小
输出电阻	R_C，大	$R_e /\!/ \dfrac{(R_s /\!/ R_b) + r_{be}}{1+\beta}$，小	R_C，大
通频带	窄	较宽	宽
用途	一般放大器、中间级	输入级、输出级、缓冲（隔离）级	高频或宽频带电路

任务实施

一、测量共集电极放大电路

在 Multisim 仿真软件中搭建图 2.6.7 所示共集电极放大电路，测量该放大电路的静态

工作点和动态性能指标,进一步理解共集电极放大电路的性能特点。

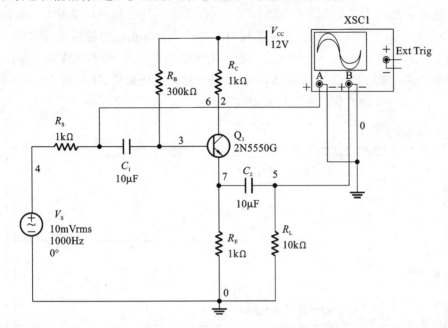

图 2.6.7 共集电极放大电路测试电路

1. 绘制电路图

打开 Multisim 仿真软件,按照图 2.6.7 所示绘制出仿真电路,并设置电路中各元器件的参数。

2. 电路仿真

(1) 按前述方法对图 2.6.7 所示电路进行直流工作点分析,可得分析结果如图 2.6.8 所示。由图 2.6.8 可知,该电路的静态工作点为:$U_{BEQ}=V(3)-V(7)\approx0.68$ V、$I_{BQ}=25.8$ μA,$I_{CQ}=3.55$ mA,$U_{CEQ}=V(2)-V(7)\approx4.87$ V。可见,静态工作点大致在交流负载线的中心,位置合适。

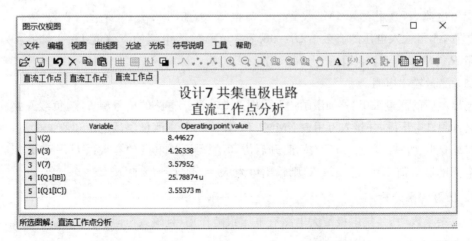

图 2.6.8 电路直流工作点分析结果

(2) 测量电压放大倍数。

执行菜单"仿真→分析和仿真"命令,弹出"分析与仿真"对话框,在左侧列表中选择

"Interactive Simulation"后,单击"运行"按钮,开启仿真。双击示波器,将时基标度设为500 μs/Div;通道A和通道B刻度均设为200 mV/Div;通道A的Y轴位移设置为1,通道B的Y轴位移设置为-1;触发方式选为"单次",可以获得输入和输出电压波形,如图2.6.9所示。此时,由于静态工作点位置合适,因此输出波形与输入波形基本一致,无失真。单击"停止"按钮,关闭仿真。拖动测试标尺2至波峰处,此处的输入电压幅值 $u_i = 138.068$ mV,输出电压幅值 $u_o = 136.381$ mV,因此电压放大倍数 $A_u = u_o / u_i \approx 0.988$。

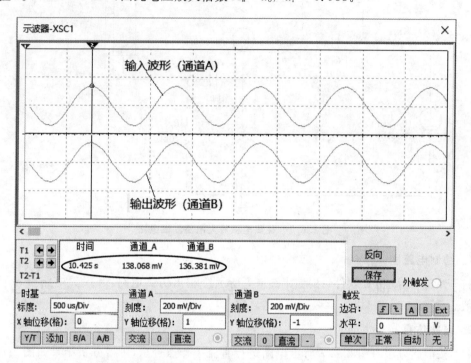

图 2.6.9　图 2.6.8 所示电路输入和输出电压波形

（3）测量输入电阻。

在图 2.6.7 所示电路的输入回路接入万用表 XMM1 和 XMM2,其中万用表 XMM1 设置为交流电流表,万用表 XMM2 设置为交流电压表,如图 2.6.10 所示。单击"运行"按钮,开启仿真,测得输入电压的有效值 $U_i = 98.709$ mV,输入电流的有效值 $I_i = 1.288\ \mu$A,则输入电阻 $R_i = U_i/I_i \approx 76.6$ kΩ。

（4）测量输出电阻。

输出电阻的测量采用"外加激励法",将图 2.6.7 所示电路的信号源置零,负载开路。在输出端接入测试电压源,并接入万用表 XMM1 和 XMM2,分别测量测试电压和测试电流,测量电路如图 2.6.11 所示。单击"运行"按钮,开启仿真,测得测试电压的有效值 $U_t = 100.023$ mV,测试电流的有效值 $I_t = 3.122$ mA,则输出电阻 $R_o = U_t/I_t \approx 32$ Ω。

3. 仿真结果分析

仿真结果表明,共集电极放大电路有电压跟随作用,且输入电阻较大,而输出电阻较小。

二、测量共基极放大电路

在 Multisim 仿真软件中搭建共基极放大电路,如图 2.6.12 所示。测量该放大电路的静态工作点和动态性能指标,进一步理解共基极放大电路的性能特点。

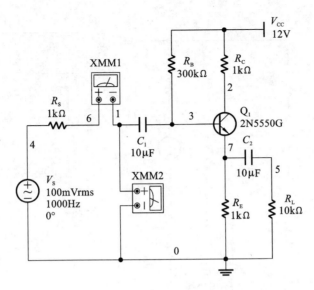

图 2.6.10　输入电阻测量电路

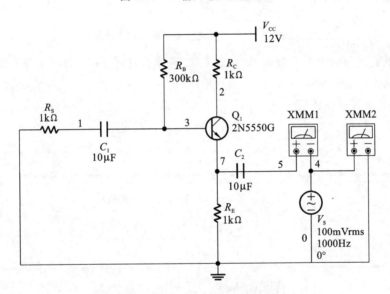

图 2.6.11　输出电阻测量电路

1. 绘制电路图

打开 Multisim 仿真软件,按照图 2.6.12 所示绘制出仿真电路,并设置电路中各元器件的参数。

2. 电路仿真

(1) 按前述方法对图 2.6.12 所示电路进行直流工作点分析,可得该电路的静态工作点为: $U_{BEQ}=V(4)-V(5)\approx0.67$ V, $I_{BQ}=13.4$ μA, $I_{CQ}=1.99$ mA, $U_{CEQ}=V(3)-V(5)\approx6.03$ V。可见,静态工作点大致在交流负载线的中心,位置合适。

(2) 测量电压放大倍数。

执行菜单"仿真→分析和仿真"命令,弹出"分析与仿真"对话框,在左侧列表中选择"Interactive Simulation"后,单击"运行"按钮,开启仿真。双击示波器,将时基标度设为 5 μs/Div;通道 A 刻度设置为 10 mV/Div,通道 B 刻度设置为 500 mV/Div;触发方式选为"单

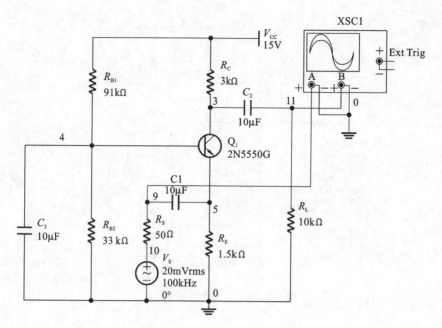

图 2.6.12　共基极放大电路测试电路

次",可以获得输入和输出电压波形,如图 2.6.13 所示。此时,由于静态工作点位置合适,因此输出波形与输入波形基本一致,无失真。单击"停止"按钮,关闭仿真。拖动测试标尺 2 至波峰处,此处的输入电压幅值 $u_i = 7.819 \text{ mV}$,输出电压幅值 $u_o = 904.382 \text{ mV}$,因此电压放大倍数 $A_u = u_o / u_i \approx 115.66$。

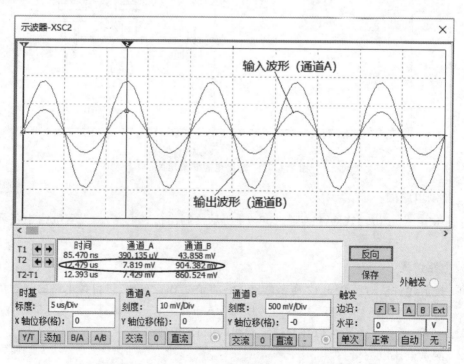

图 2.6.13　图 2.6.12 所示电路输入和输出电压波形

(3) 测量输入电阻。

在图 2.6.12 所示电路的输入回路接入两块万用表,分别测量输入电流的有效值和输入电压的有效值。单击"运行"按钮,开启仿真,测得输入电压的有效值 $U_i = 5.282$ mV,输入电流的有效值 $I_i = 294.424$ μA,则输入电阻 $R_i = U_i/I_i \approx 17.9$ Ω。

（4）测量输出电阻。

输出电阻的测量采用外加激励法,将图 2.6.12 所示电路的信号源置零,负载开路。在输出端接入有效值为 20 mV 的交流电压源,并接入两块万用表,分别测量测试电压和测试电流。单击"运行"按钮,开启仿真,测得测试电压的有效值 $U_t = 19.998$ mV,测试电流的有效值 $I_t = 6.713$ μA,则输出电阻 $R_o = U_t/I_t \approx 2.98$ kΩ。

3. 仿真结果分析

仿真结果表明,共基极放大电路有较强的电压放大作用,且输出信号与输入信号同相,输入电阻很小,输出电阻主要取决于集电极电阻。

任务 2.7 场效应管及其放大电路的认识

任务目标

学习场效应管的结构、工作原理、特性曲线和主要参数,认识场效应管放大电路。通过电路仿真深入理解场效应管及其放大电路。

任务引导

除晶体三极管外,还有一种常用的三端放大器件——场效应管（FET：field effect transistor）。场效应管诞生于 20 世纪 60 年代,是利用输入回路的电场效应来控制输出回路电流的,并因此而得名。由于场效应管中几乎只有多数载流子参与导电,故又称为单极型晶体管。场效应管有两种主要类型:结型场效应管（JFET：junction FET）和金属－氧化物－半导体场效应管（MOSFET：metal-oxide-semiconductor FET）。

◆ 2.7.1 结型场效应管(JFET)

一、结构和符号

结型场效应管有 N 沟道和 P 沟道两种类型。图 2.7.1(a)所示是 N 沟道 JFET 的结构示意图,它是在一块 N 型半导体材料的两边制作两个高掺杂的 P 型区,形成两个 PN 结,即耗尽层。将两个 P 型区连接起来,引出电极,称为栅极 G；N 型半导体的两端分别引出两个电极,一个称为漏极 D,一个称为源极 S。漏极与源极间的 N 型区域称为导电沟道。图 2.7.1(b)是 N 沟道 JFET 的符号,栅极上的箭头方向表示 PN 结正偏时,栅极电流的方向是由 P 指向 N,由此可判断出 D、S 之间是 N 型导电沟道。

P 沟道 JFET 是 N 沟道 JFET 的对偶型,其结构和符号如图 2.7.2 所示。

二、工作原理

JFET 是利用栅极和源极之间的电压 u_{GS} 来控制漏极和源极之间的导电沟道的状况,从

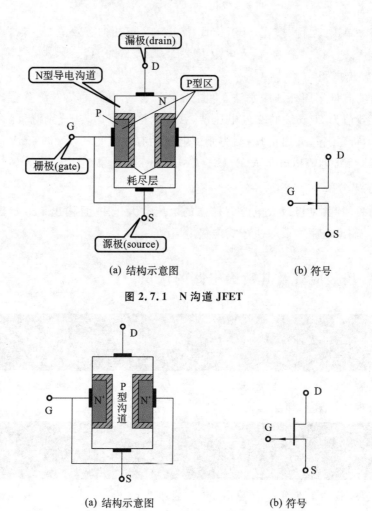

(a) 结构示意图　　　　　　(b) 符号

图 2.7.1　N 沟道 JFET

(a) 结构示意图　　　　　　(b) 符号

图 2.7.2　P 沟道 JFET

而控制漏极电流 i_D。下面以 N 沟道 JFET 为例,分析 JFET 的工作原理。

1. u_{GS} 对沟道的控制作用

N 沟道 JFET 工作时,其栅极和源极之间需加负电压(即 $u_{GS}<0$),使栅极和沟道间的 PN 结反偏,栅极电流 $i_G \approx 0$。

假设 $u_{DS}=0$,当 u_{GS} 由零往负向增大时,耗尽层加宽,使导电沟道变窄,沟道电阻增大,如图 2.7.3(b)所示。当 $|u_{GS}|$ 增大到某一数值时,两侧的耗尽层合拢,导电沟道消失,沟道电阻趋于无穷大,如图 2.7.3(c)所示。此时 u_{GS} 的值称为夹断电压 $U_{GS(off)}$。

由以上分析可知,u_{GS} 可以有效地控制 D、S 间的导电沟道。若在 D、S 间加上固定的正向电压 u_{DS},将产生漏极电流 i_D,而 i_D 受 u_{GS} 控制。$|u_{GS}|$ 增大将使导电沟道变窄,沟道电阻增大,i_D 减小。

2. u_{DS} 对沟道的控制作用

当 u_{GS} 是小于零且大于夹断电压 $U_{GS(off)}$ 的一个确定值 U_{GS} 时,在漏极和源极之间外加一个较小的正向电压 u_{DS},将产生漏极电流 i_D,且随着 u_{DS} 增大,i_D 迅速增大。电流 i_D 从漏极流向源极,使沟道中各点电位与栅极电位不再相等,而是沿沟道从漏极到源极逐渐降低。因此漏极处的反向偏置电压最大,耗尽层最宽;源极处的反向偏置电压最小,耗尽层最窄,如图

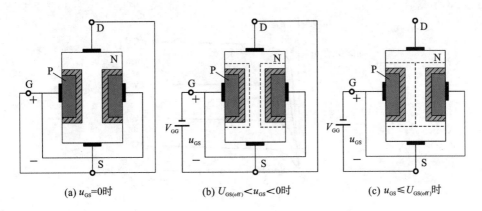

(a) $u_{GS}=0$时　　(b) $U_{GS(off)}<u_{GS}<0$时　　(c) $u_{GS}\leqslant U_{GS(off)}$时

图 2.7.3　$u_{DS}=0$ 时，u_{GS} 对沟道的控制作用

2.7.4(a)所示。

当 u_{DS} 增大到使 $u_{GD}=u_{GS}-u_{DS}=U_{GS(off)}$（即 $u_{DS}=u_{GS}-U_{GS(off)}$）时，靠近漏极的耗尽层在中间合拢，沟道在漏极一侧出现夹断点，称为预夹断，如图 2.7.4(b)所示。如果 u_{DS} 继续增大，夹断区将随之延长，而 u_{DS} 增大的部分主要降落在夹断区，而降落在导电沟道上的电压基本不变，因此 i_D 基本不变，如图 2.7.4(c)所示。

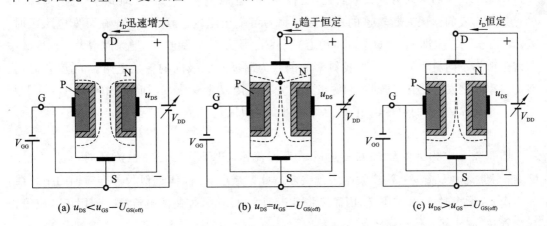

(a) $u_{DS}<u_{GS}-U_{GS(off)}$　　(b) $u_{DS}=u_{GS}-U_{GS(off)}$　　(c) $u_{DS}>u_{GS}-U_{GS(off)}$

图 2.7.4　u_{DS} 对沟道的控制作用

由以上分析可知，预夹断后，i_D 趋于恒定，i_D 的值几乎只与 u_{GS} 有关，JFET 是电压控制电流器件。

三、特性曲线

1. 输出特性曲线

JFET 的输出特性是指当栅源电压 u_{GS} 为常量时，漏极电流 i_D 与漏源电压 u_{DS} 之间的函数关系，即

$$i_D = f(u_{DS})|_{U_{GS}=常数} \tag{2.7.1}$$

对应于一个确定的 u_{GS}，就有一条曲线，因此输出特性曲线为一族曲线，如图 2.7.5 所示。

与 BJT 类似，JFET 的输出特性曲线也可以分为三个工作区，分别为截止区、可变电阻区和恒流区。

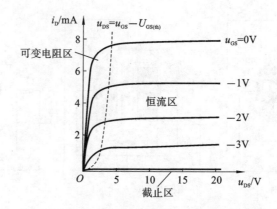

图 2.7.5　N 沟道增强型 MOSFET 输出特性曲线

1）截止区（也称夹断区）

图 2.7.5 中靠近横轴的部分为截止区。N 沟道 JFET 工作在截止区时，$u_{GS} < U_{GS(off)}$，导电沟道全部夹断，$i_D = 0$。

2）可变电阻区

图 2.7.5 中的虚线为预夹断轨迹，是各条曲线上使 $u_{GD} = U_{GS(off)}$（即 $u_{DS} = u_{GS} - U_{GS(off)}$）的点连接而成的。预夹断轨迹的左边区域称为可变电阻区。JFET 工作在可变电阻区时，$u_{DS} < u_{GS} - U_{GS(off)}$（即 $u_{GD} > U_{GS(off)}$），沟道尚未发生预夹断，i_D 随着 u_{DS} 增大而增大。该区域中曲线近似为不同斜率的直线，直线斜率的倒数为漏极和源极间的等效电阻。u_{GS} 变化时，直线的斜率随之发生变化，即漏极和源极间的等效电阻发生变化。因而在此区域中，JFET 相当于一个受 u_{GS} 控制的可变电阻，故称之为可变电阻区。

3）恒流区（也称饱和区）

图 2.7.5 中预夹断轨迹的右边区域为恒流区。JFET 工作在恒流区时，$u_{DS} > u_{GS} - U_{GS(off)}$（即 $u_{GD} < U_{GS(off)}$），沟道发生了预夹断。此区域中，各曲线近似为一族横轴的平行线，表示当 u_{DS} 增大时，i_D 基本不变，因而可将 i_D 近似为电压 u_{GS} 控制的电流源。利用场效应管作放大管时，应使其工作在恒流区。

2. 转移特性曲线

JFET 的转移特性是指当漏源电压 u_{DS} 为常量时，漏极电流 i_D 与栅源电压 u_{GS} 之间的函数关系，即

$$i_D = f(u_{GS})|_{U_{DS}=常数} \tag{2.7.2}$$

转移特性曲线可以根据输出特性曲线用作图法求出。如图 2.7.6 所示，在输出特性曲线的恒流区作横轴的垂线，读出垂线与各曲线交点的坐标值，画在 i_D-u_{GS} 的直角坐标系中，连接各点所得曲线就是转移特性曲线。在恒流区内，i_D 受 u_{DS} 的影响很小，不同 u_{DS} 下的转移特性曲线基本重合，因此可用一条转移特性曲线代替恒流区的所有曲线。转移特性曲线与横轴的交点处的电压值，即为夹断电压 $u_{GS(off)}$；转移特性曲线与纵轴的交点处的电流值 I_{DSS} 是 $u_{GS} = 0$ 时的 i_D，称为饱和漏极电流。

图 2.7.6 所示转移特性曲线可近似用以下公式表示：

$$i_D = I_{DSS}\left(1 - \frac{u_{GS}}{U_{GS(off)}}\right)^2 \quad （当 0 < u_{GS} \leqslant U_{GS(off)} 且 u_{DS} > u_{GS} - U_{GS(off)} 时） \tag{2.7.3}$$

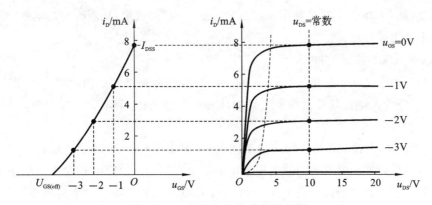

图 2.7.6　作图法求转移特性曲线

◆　2.7.2　金属-氧化物-半导体场效应管(MOSFET)

MOSFET 由金属、氧化物和半导体制成,按导电载流子的带电极性来分,有 N 沟道和 P 沟道两种类型;无论 N 沟道或 P 沟道,又都可以分为增强型和耗尽型两种。

一、N 沟道增强型 MOSFET

1. 结构和符号

N 沟道增强型 MOSFET 的结构如图 2.7.7(a)所示。以一块低掺杂的 P 型硅半导体薄片为衬底,利用扩散的方法在 P 型硅中形成两个高掺杂的 N 型区,并分别引出电极,称为漏极 D 和源极 S。在 P 型硅的表面覆盖一层二氧化硅绝缘层,并从二氧化硅的表面引出一个电极,称为栅极 G。衬底也引出一根引线,用 B 表示,通常在管子内部与源极连接在一起。可见,这种场效应管的栅极与源极、漏极之间无电接触,故又称为绝缘栅型场效应管。图 2.7.7(b)是 N 沟道增强型 MOSFET 在电路中的表示符号。栅极引线的位置偏向源极,漏极和源极之间的虚线表示不加栅极电压时没有导电沟道,衬底引线上的箭头向里表示导电沟道为 N 沟道。

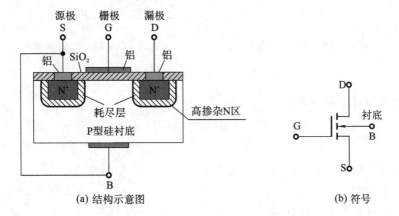

(a) 结构示意图　　　　　　　　　　　　　　(b) 符号

图 2.7.7　N 沟道增强型 MOSFET

2. 工作原理

与 JFET 类似,MOSFET 也是利用栅源电压 u_{GS} 来控制漏极和源极之间的导电沟道的状况,从而控制漏极电流 i_D。不同的是,JFET 是利用 u_{GS} 控制耗尽层的厚度,从而改变导电沟道的宽度;而 MOSFET 则是利用 u_{GS} 控制"感应电荷"的数量,从而改变由这些"感应电荷"形成的导电沟道的厚度。

1)u_{GS} 对沟道的控制作用

当栅极和源极之间不加电压,即 $u_{GS}=0$ 时,漏极和源极之间是两只背向的 PN 结,不存在导电沟道,因此无论在漏极和源极之间加何种极性的电压,都不会产生电流,即 $i_D=0$,如图 2.7.8(a)所示。

当 $u_{DS}=0$ 时,在栅极和源极之间加正向电压,即 $u_{GS}>0$。此时栅极和 P 型硅衬底之间构成一个以二氧化硅绝缘层为介质的平板电容器。在正的 u_{GS} 作用下,会在介质中产生一个垂直于半导体表面且由栅极指向 P 型硅衬底的电场。这个电场排斥空穴而吸引自由电子,因此使栅极附近的 P 型硅衬底中的空穴(多子)被排斥,而留下不能移动的负离子,形成耗尽层;同时 P 型硅衬底中的自由电子(少子)被吸引到栅极附近的衬底表面。

u_{GS} 增大将使介质中的电场强度也随之增强,一方面使耗尽层变厚,另一方面将衬底中更多的自由电子吸引到耗尽层与绝缘层之间。当 u_{GS} 增大到一定值时,形成一个 N 型薄层,称为反型层,如图 2.7.8(b)所示。这个反型层就构成了漏极和源极之间的导电沟道,将两个 N^+ 型区连通。此时若有漏源电压 u_{DS},将有漏极电流 i_D 产生。通常,将使沟道刚刚形成的栅源电压称为开启电压 $U_{GS(th)}$。显然,u_{GS} 越大,电场强度就越强,吸引到 P 型硅表面的自由电子就越多,导电沟道就越厚。这种在 $u_{GS}=0$ 时没有导电沟道,必须依靠 u_{GS} 的作用才能形成导电沟道的 FET 称为增强型 FET。

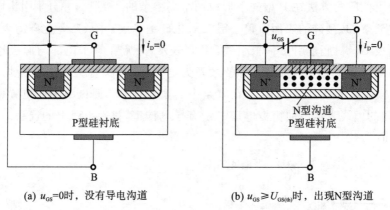

(a) $u_{GS}=0$ 时, 没有导电沟道　　(b) $u_{GS} \geqslant U_{GS(th)}$时, 出现N型沟道

图 2.7.8 u_{GS} 对沟道的控制作用

2)u_{DS} 对沟道的控制作用

当 u_{GS} 是大于开启电压 $U_{GS(th)}$ 的一个确定值 U_{GS} 时,在漏极和源极之间外加一个较小的正向电压 u_{DS},将产生漏极电流 i_D,且随着 u_{DS} 增大,i_D 迅速增大。由于沟道存在电位梯度,因此沟道呈楔形:紧靠源极处的沟道最厚,沿源极至漏极方向逐渐变薄,如图 2.7.9(a)所示。

当 u_{DS} 增大到使 $u_{GD}=u_{GS}-u_{DS}=U_{GS(th)}$(即 $u_{DS}=u_{GS}-U_{GS(th)}$)时,靠近漏极的反型层消失,沟道在漏极一侧出现夹断点,称为预夹断,如图 2.7.9(b)所示。如果 u_{DS} 继续增大,夹断区将随之扩大,而 u_{DS} 增大的部分主要降落在夹断区,而降落在导电沟道上的电压基本不变,因此 i_D 基本不变,如图 2.7.9(c)所示。

3. 特性曲线

N 沟道增强型 MOSFET 的输出特性和转移特性曲线如图 2.7.10 所示。

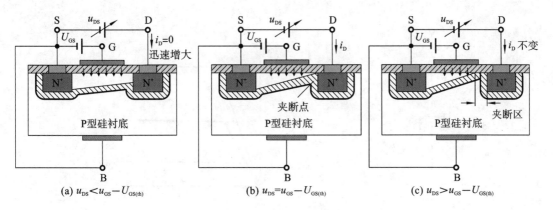

(a) $u_{DS} < u_{GS} - U_{GS(th)}$ (b) $u_{DS} = u_{GS} - U_{GS(th)}$ (c) $u_{DS} > u_{GS} - U_{GS(th)}$

图 2.7.9 u_{DS} 对沟道的控制作用

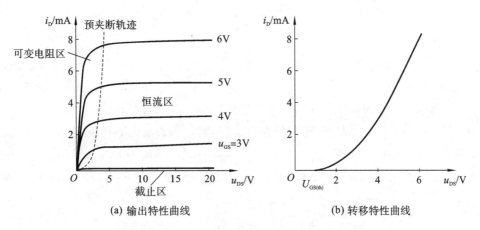

(a) 输出特性曲线   (b) 转移特性曲线

图 2.7.10   N 沟道增强型 MOSFET 的特性曲线

MOSFET 输出特性曲线也可以分为截止区、可变电阻区和恒流区三个工作区,如图 2.7.10(a) 所示。

①截止区: $u_{GS} < U_{GS(th)}$,导电沟道尚未形成,$i_D = 0$。

②可变电阻区: $u_{GS} > U_{GS(th)}$ 且 $u_{DS} < u_{GS} - U_{GS(th)}$(即 $u_{GD} > U_{GS(th)}$),i_D 随着 u_{DS} 增大而增大,MOSFET 相当于一个受 u_{GS} 控制的可变电阻。

③恒流区: $u_{GS} > U_{GS(th)}$ 且 $u_{DS} > u_{GS} - U_{GS(th)}$(即 $u_{GD} < U_{GS(th)}$),i_D 基本不随 u_{DS} 变化而变化,近似为电压 u_{GS} 控制的电流源,且有

$$i_D = I_{DO}\left(\frac{u_{GS}}{U_{GS(th)}} - 1\right)^2 \tag{2.7.4}$$

式中: I_{DO} 是 $u_{GS} = 2U_{GS(th)}$ 时的 i_D。

如图 2.7.10(b) 所示为 N 沟道增强型 MOSFET 的转移特性曲线。由图可见,转移特性曲线与横轴交点处的电压值,即为开启电压 $u_{GS(th)}$。$u_{GS} < U_{GS(th)}$ 时,由于导电沟道尚未形成,i_D 基本为零;$u_{GS} = U_{GS(th)}$ 时,开始形成导电沟道;$u_{GS} > U_{GS(th)}$ 时,随着 u_{GS} 的增大,导电沟道变宽,沟道电阻减小,i_D 增大。

例 2.7.1   电路如图 2.7.11(a) 所示,MOS 管的输出特性曲线如图 2.7.11(b) 所示。试分析 u_i 分别为 0 V、8 V 和 10 V 三种情况下 u_o 的值。

解   当 $u_{GS} = u_i = 0$ V 时,管子处于夹断状态,因此 $i_D = 0$,而 $u_o = u_{DS} = V_{DD} -$

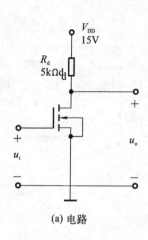

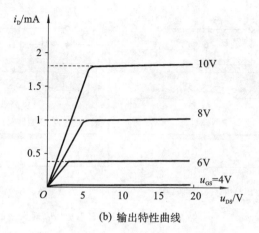

(a) 电路   (b) 输出特性曲线

图 2.7.11　例 2.7.1 图

$i_D R_d = 15$ V 。

当 $u_{GS} = u_i = 8$ V 时，从输出特性曲线可知 $u_{GS} > U_{GS(th)} = 4$ V ，假设管子工作在恒流区，则 $i_D = 1$ mA ，而 $u_o = u_{DS} = V_{DD} - i_D R_d = 15$ V $- 1$ mA $\times 5$ kΩ $= 10$ V 。由于 $u_{GD} = u_{GS} - u_{DS} = -2$ V $< U_{GS(th)}$ ，说明假设成立，管子工作在恒流区。

当 $u_{GS} = u_i = 10$ V 时，假设管子工作在恒流区，则 $i_D \approx 2.3$ mA ，而 $u_o = u_{DS} = V_{DD} - i_D R_d = 15$ V $- 2.3$ mA $\times 5$ kΩ $= 3.5$ V 。由于 $u_{GD} = u_{GS} - u_{DS} = 6.5$ V $> U_{GS(th)}$ ，说明管子尚未发生预夹断，应工作在可变电阻区。从输出特性曲线可得 $u_{GS} = 10$ V 时，漏源间的等效电阻 $R_{ds} = \dfrac{u_{DS}}{i_D} \approx \dfrac{5 \text{ V}}{1.5 \text{ mA}} \approx 3.33$ kΩ ，所以

$$u_o = \frac{R_{ds}}{R_{ds} + R_d} V_{DD} = \frac{3.33}{3.33 + 5} \times 15 \text{ V} \approx 6 \text{ V}$$

二、N 沟道耗尽型 MOSFET

1. 结构和工作原理

N 沟道耗尽型 MOSFET 的结构与 N 沟道增强型 MOSFET 的结构基本相同，区别在于其二氧化硅绝缘层中掺入了大量金属正离子。即使在 $u_{GS} = 0$ 时，由于正离子的作用，就能使 P 型衬底表面出现反型层，并连通漏区和源区，形成 N 型导电沟道，如图 2.7.12(a) 所示。这时，如果在漏源间外加电压 u_{DS}，就会形成漏极电流 i_D。图 2.7.12(b) 是 N 沟道耗尽型 MOSFET 的电路符号，漏极和源极之间的实线表示不需要外加栅极电压就存在导电沟道。

当 $u_{GS} > 0$ 时，由于二氧化硅绝缘层的存在，栅极电流 i_G 仍近似为 0，而作用到二氧化硅层下面的电场强度增大，使沟道变厚，沟道电阻减小。因此，在相同的 u_{DS} 作用下，漏极电流 i_D 更大。

当 $u_{GS} < 0$ 时，外加 u_{GS} 削弱了正离子感应的电场强度，使沟道变薄，沟道电阻增大。因此，在相同的 u_{DS} 作用下，漏极电流 i_D 将减小。当 u_{GS} 为负电压达到一定值时，它产生的电场完全抵消了正离子感应的电场，使导电沟道消失，漏极电流 i_D 为零。此时的栅源电压 u_{GS} 称为夹断电压，用 $U_{GS(off)}$ 表示。

可见，N 沟道耗尽型 MOSFET 与 N 沟道 JFET 类似，不需外加栅源电压即存在导电沟道，且夹断电压都为负值。但是，N 沟道 JFET 只能在 $u_{GS} < 0$ 的情况下工作，而 N 沟道耗尽

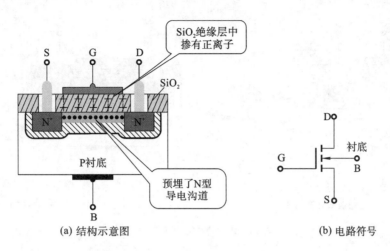

图 2.7.12 N 沟道耗尽型 MOSFET

型 MOSFET 可以在 u_{GS} 为正、负值的一定范围内控制 i_D。

2. 特性曲线

N 沟道耗尽型 MOSFET 的特性曲线如图 2.7.13 所示。

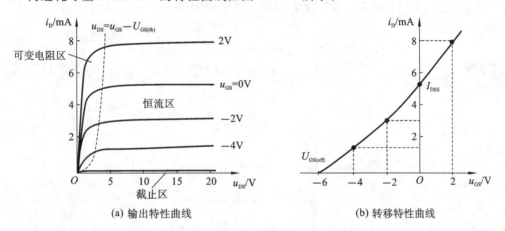

图 2.7.13 N 沟道耗尽型 MOSFET 的特性曲线

由图 2.7.13(a)可见,N 沟道耗尽型 MOSFET 的工作区域也分为截止区、可变电阻区和恒流区,各工作区域的条件如表 2.7.1 所示。

表 2.7.1 N 沟道耗尽型 MOSFET 的三个工作区

工作区	截止区	可变电阻区	恒流区
工作条件	$u_{GS} < U_{GS(off)}$ $u_{DS} > 0$	$u_{GS} \geq U_{GS(off)}$ $0 < u_{DS} < u_{GS} - U_{GS(off)}$ (即 $u_{GD} > _{GS(off)}$)	$u_{GS} \geq U_{GS(off)}$ $u_{DS} > u_{GS} - U_{GS(off)}$ (即 $u_{GD} < _{GS(off)}$)
沟道状态	完全夹断	未夹断	预夹断

图 2.7.13(b)所示为 N 沟道耗尽型 MOSFET 的转移特性曲线,恒流区内的漏极电流 i_D 可以用公式(2.7.3)表示。

三、P 沟道 MOSFET

P 沟道 MOSFET 是 N 沟道 MOSFET 的对偶型,其结构和符号如图 2.7.14 所示。

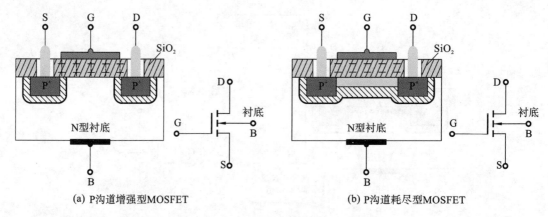

(a) P沟道增强型MOSFET　　　　　　　　(b) P沟道耗尽型MOSFET

图 2.7.14　P 沟道 MOSFET 结构与符号

P 沟道 MOSFET 的工作原理与 N 沟道 MOSFET 类似。P 沟道增强型 MOSFET 的开启电压 $U_{GS(th)}<0$，当 $u_{GS}\leqslant U_{GS(th)}$ 时管子才导通；P 沟道耗尽型 MOSFET 的夹断电压 $U_{GS(off)}>0$，u_{GS} 可在正负值的一定范围内控制 i_D。P 沟道 MOSFET 工作时，漏极和源极之间的电压 u_{DS} 应为负电压，i_D 的实际方向是流出漏极。

前文介绍了 JFET 和 MOSFET 的结构、工作原理和特性，为便于比较，将各种 FET 的符号和特性曲线列于表 2.7.2 中。

表 2.7.2　各种 FET 的符号和特性曲线

分　类	符　号	输 出 特 性	转 移 特 性
JFET（N 沟 道）			
JFET（P 沟 道）			

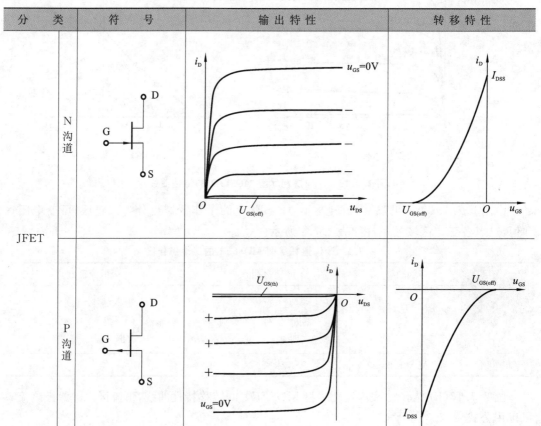

续表

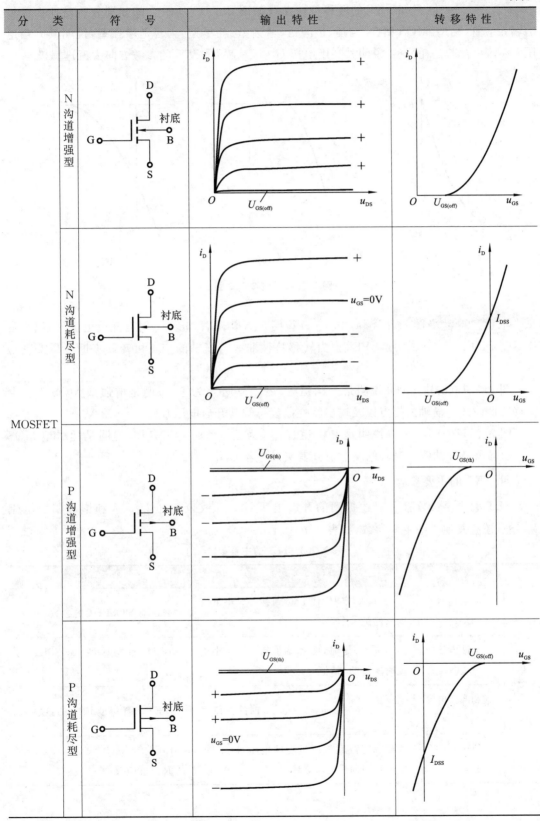

分　类	符　号	输 出 特 性	转 移 特 性

例 2.7.2　已知 FET 的转移特性曲线如图 2.7.15 所示。试分别分析是什么类型的场效应管(结型、MOS 型、N 沟道、P 沟道、增强型、耗尽型)。若是增强型,说明其开启电压 $U_{GS(th)}=$? 若是耗尽型,说明其夹断电压 $U_{GS(off)}=$?(假设 i_D 的参考方向为流进漏极)

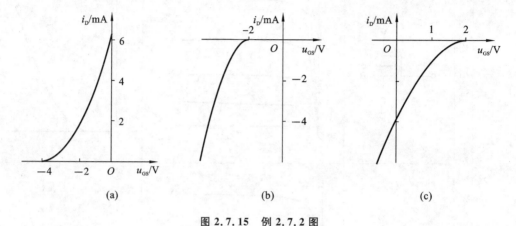

图 2.7.15　例 2.7.2 图

解　图 2.7.15(a)中 $i_D>0$ 说明是 N 沟道管;$u_{GS}=0$ 时有漏极电流 i_D,说明是耗尽型 FET;$u_{GS}<0$ 说明是 JFET。由转移特性曲线与横轴的交点可知其夹断电压 $U_{GS(off)}=-4$ V。

图 2.7.15(b)中 $i_D<0$ 说明是 P 沟道管;$u_{GS}=0$ 时 i_D 为零,说明是增强型 MOS 管。由转移特性曲线与横轴的交点以及输出特性曲线可知其开启电压 $U_{GS(th)}=-2$ V。

图 2.7.15(c)中 $i_D<0$ 说明是 P 沟道管;u_{GS} 为正或负时 i_D 都存在,说明是耗尽型 MOS 管。由转移特性曲线与横轴的交点可知其夹断电压 $U_{GS(off)}=2$ V。

四、FET 的主要参数

FET 的主要参数除了上述提到的开启电压 $U_{GS(th)}$、夹断电压 $U_{GS(off)}$ 和饱和漏极电流 I_{DSS} 外,还有其他一些主要参数,如表 2.7.3 所示。

表 2.7.3　FET 的主要参数

参 数 名 称		定　　义	备　　注
直流参数	开启电压 $U_{GS(th)}$	当 u_{DS} 一定时,使 i_D 达到某一微小电流时所需的 u_{GS} 值	增强型 MOSFET 的参数
	夹断电压 $U_{GS(off)}$	当 u_{DS} 一定时,使 i_D 减小到某一微小电流时所需的 u_{GS} 值	JFET 和耗尽型 MOSFET 的参数
	饱和漏极电流 I_{DSS}	当 $u_{GS}=0$,而 $u_{DS}>U_{GS(off)}$ 时的 i_D 值	JFET 和耗尽型 FET 的参数
	直流输入电阻 R_{GS}	栅源间对直流所呈现的电阻,等于栅-源电压与栅极电流之比	JFET 的 $R_{GS}>10^7$ Ω,MOSFET 的 $R_{GS}>10^9$ Ω

续表

参 数 名 称		定 义	备 注
交流参数	低频跨导 g_{m}	当管子工作在恒流区且 u_{DS} 一定时，i_{D} 的变化量与 u_{GS} 的变化量之比，即 $$g_{\mathrm{m}} = \frac{\Delta i_{\mathrm{D}}}{\Delta u_{\mathrm{GS}}}\bigg|_{u_{\mathrm{GS}}=\text{常数}}$$	是转移特性曲线某一点上切线的斜率，反映 u_{GS} 对 i_{D} 的控制作用，一般为 $1\sim10$ mS(毫西门子)
	输出电阻 r_{DS}	当管子工作在恒流区且 u_{GS} 一定时，u_{DS} 的变化量与 i_{D} 的变化量之比，即 $$r_{\mathrm{DS}} = \frac{\Delta u_{\mathrm{DS}}}{\Delta i_{\mathrm{D}}}\bigg|_{u_{\mathrm{GS}}=\text{常数}}$$	是输出特性曲线某一点上切线斜率的倒数，反映 u_{DS} 对 i_{D} 的影响，一般为几十千欧或几百千欧
	极间电容	FET 三个电极之间的等效电容，包括 C_{GS}、C_{GD} 和 C_{DS}	极间电容越小，说明管子的高频性能越好
极限参数	最大漏极电流 I_{DM}	FET 正常工作时漏极电流的上限值	由 I_{DM}、$U_{\mathrm{(BR)DS}}$ 和 P_{DM}，可在输出特性曲线上画出 FET 的安全工作区
	漏极最大允许耗散功率 P_{DM}	FET 的耗散功率 $P_{\mathrm{D}} = i_{\mathrm{D}} u_{\mathrm{DS}}$ 的最大值。P_{DM} 取决于 FET 允许的温升	
	漏源击穿电压 $U_{\mathrm{(BR)DS}}$	进入恒流区后，使 i_{D} 开始急剧上升时的 u_{DS} 值	
	栅源击穿电压 $U_{\mathrm{(BR)GS}}$	JFET：使栅结反向击穿的 u_{GS} 值；MOSFET：使绝缘层击穿的 u_{GS} 值	

五、FET 的小信号模型

与晶体管类似，可将场效应管看成一个双端口网络，栅极与源极之间看成输入端口，漏极与源极之间看成输出端口。由于 JFET 正常工作时栅结反偏，栅极电流近似为零；而 MOSFET 的栅极绝缘，栅极电流为零，因此可将 FET 的栅－源之间视作开路。FET 工作在恒流区时，静态工作点 Q 附近的小范围内，可近似认为 Δi_{D} 与 Δu_{DS} 无关，而只取决于 Δu_{GS}，且有 $\Delta i_{\mathrm{D}} = g_{\mathrm{m}} \Delta u_{\mathrm{GS}}$。因此可以将 FET 的输出端口等效成一个大小为 $g_{\mathrm{m}} \Delta u_{\mathrm{GS}}$ 的受控电流源。根据以上分析，可以画出 FET 的低频小信号等效模型，如图 2.7.16 所示。

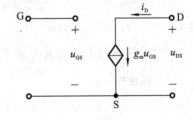

图 2.7.16　FET 的低频小信号等效模型

图 2.7.16 中，g_{m} 是 FET 的低频跨导，对于耗尽型 FET，可以根据式（2.7.3）对 u_{GS} 求导而求得，即

$$g_{\mathrm{m}} = \frac{\mathrm{d} i_{\mathrm{D}}}{\mathrm{d} u_{\mathrm{GS}}} = \frac{2 I_{\mathrm{DSS}}}{-U_{\mathrm{GS(off)}}}\left(1 - \frac{u_{\mathrm{GS}}}{U_{\mathrm{GS(off)}}}\right) = -\frac{2}{U_{\mathrm{GS(off)}}}\sqrt{I_{\mathrm{DSS}}\, i_{\mathrm{D}}}$$

在小信号作用时，可用 I_{DQ} 代替上式中的 i_{D}，得

$$g_{\mathrm{m}} = -\frac{2}{U_{\mathrm{GS(off)}}}\sqrt{I_{\mathrm{DSS}}\, I_{\mathrm{DQ}}} \tag{2.7.5}$$

同理，对于增强型 FET，有

$$g_m = \frac{2}{U_{GS(th)}} \sqrt{I_{DO} \, I_{DQ}} \tag{2.7.6}$$

◆ 2.7.3 FET 放大电路

场效应管(FET)与双极型晶体管(BJT)类似,也是组成模拟电子电路常用的放大元件。这两种元件既有相同之处,又存在许多不同的特点,如表 2.7.4 所示。了解两种放大元件的异同,并在学习了 BJT 放大电路的基础上,再来学习 FET 放大电路就比较容易了。

表 2.7.4　FET 与 BJT 的比较

	FET	BJT
类型	N 沟道和 P 沟道增强型和耗尽型	NPN 型和 PNP 型
对应电极	G-S-D	B-E-C
控制方式	电压控制	电流控制
导电方式	一种载流子参与导电	两种载流子均参与导电
温度稳定性	较好	较差
噪声系数	低	高
放大参数	低频跨导 g_m 电路增益较小	电流放大系数 β 电路增益较高
输入电阻	较高	较低
制造工艺	简单,封装密度高	较复杂

与 BJT 放大电路类似,FET 放大电路有共源(CS)、共漏(CD)、共栅(CG)三种组态,其分析方法也是先画电路的直流通路,分析电路的静态工作点,再画出电路的交流通路,用图解法或小信号等效电路法分析电路的交流特性。

与 BJT 放大电路不同的是,由于 FET 是一种电压控制器件,因此 FET 放大电路要求设置一个合适的静态偏置电压 U_{GSQ}。

因为共栅极放大电路应用较少,所以本节主要阐述共源极放大电路和共漏极放大电路的组成、静态分析和动态分析方法。

一、自偏压式共源极放大电路

1. 电路结构

图 2.7.17(a)所示为自偏压式共源极放大电路,放大元件采用 N 沟道 JFET;电容 C_1 和 C_2 为耦合电容,C_3 为旁路电容。将电容视作开路就可得直流通路,如图 2.7.17(b)所示;图 2.7.17(c)所示为交流通路,在交流通路中电容 C_1、C_2 和 C_3 视为短路。

2. 静态分析

可以采用近似估算法或图解法求场效应管放大电路的静态工作点。这里采用近似估算法求解。

在图 2.7.17(b)所示直流通路中,由于 FET 的栅极电流为 0,因而电阻 R_G 的电流为零,使栅极电位 U_{GQ} 为零。漏极电流 I_{DQ} 流过源极电阻 R_S 使源极电位 $U_{SQ} = I_{DQ} R_S$,因此栅源之间的静态偏置电压为

$$U_{GSQ} = U_{GQ} - U_{SQ} = 0 - I_{DQ} R_S = -I_{DQ} R_S \tag{2.7.7}$$

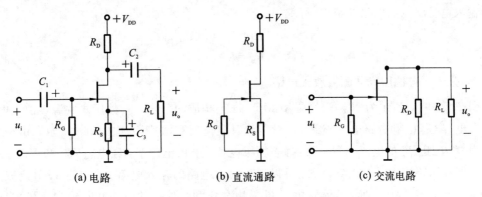

(a) 电路   (b) 直流通路   (c) 交流电路

图 2.7.17 自偏压式共源极放大电路

上式表明,图 2.7.17(a)所示电路在直流电源 V_{DD} 作用下,依靠源极电阻 R_S 上的电压使栅-源间获得一个负偏压,这种依靠自身获得偏置电压的电路称为自偏压式电路。

I_{DQ} 与 U_{GSQ} 应符合 JFET 的电流方程,即

$$I_{DQ} = I_{DSS}\left(1 - \frac{U_{GSQ}}{U_{GS(off)}}\right)^2 \tag{2.7.8}$$

联立式(2.7.7)和式(2.7.8),求解二元方程,就可得出 I_{DQ} 与 U_{GSQ}。然后根据图 2.7.17 (b)所示的输出回路,可求得漏源电压

$$U_{DSQ} = V_{DD} - I_{DQ}(R_D + R_S) \tag{2.7.9}$$

若求得的 $u_{DS} > u_{GS} - U_{GS(off)}$,则说明 MOS 管工作在恒流区,前面的分析正确;若 $u_{DS} < u_{GS} - U_{GS(off)}$,说明管子工作在可变电阻区,公式(2.7.8)不成立。

自偏压式电路仅适用于耗尽型 FET,增强型 FET 由于只有栅源电压先达到开启电压时才有漏极电流,因此不能用于自偏压式电路。

3. 动态分析

可以采用小信号等效电路法或图解法对场效应管放大电路进行动态分析。这里采用小信号等效电路法。

将图 2.7.17(c)所示交流通路中的场效应管用图 2.7.16 所示小信号模型代替,得到其小信号等效电路,如图 2.7.18 所示。

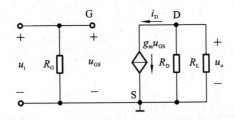

图 2.7.18 图 2.7.16 所示电路的小信号等效电路

由图 2.7.18 可得

$$u_i = u_{GS}$$

而

$$u_o = -i_D(R_D /\!/ R_L) = -g_m u_{GS}(R_D /\!/ R_L)$$

所以图 2.7.17 所示电路的电压放大倍数为

$$A_u = \frac{u_o}{u_i} = -g_m(R_D /\!/ R_L) \tag{2.7.10}$$

根据输入电阻和输出电阻的定义,可求得

$$R_\text{i} = R_\text{G} \tag{2.7.11}$$
$$R_\text{o} = R_\text{D} \tag{2.7.12}$$

二、分压－自偏压式共源极放大电路

图 2.7.19(a)所示为 N 沟道增强型 MOSFET 构成的分压－自偏压式共源极放大电路。将耦合电容 C_1、C_2 和旁路电容 C_3 断开,就得到其直流通路,如图 2.7.19(b)所示。由于栅极电流为零,电阻 R_G3 的电流为零,所以静态栅极电位 V_GQ 由电源 V_DD 经电阻 R_G1 和 R_G2 分压后确定。栅极回路接入一个大电阻 R_G3 可以提高放大电路的输入电阻。静态漏极电流流过电阻 R_S 产生一个自偏压,使静态偏置电压 U_GSQ 由分压和自偏压的结果共同确定,故称为分压－自偏压式放大电路。引入电阻 R_S 有利于稳定电路的静态工作点。这种偏置方法适合于由任何类型 FET 构成的放大电路。

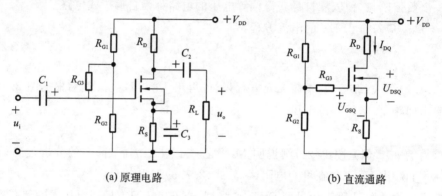

(a)原理电路　　　　　　　(b)直流通路

图 2.7.19　分压－自偏压式共源极放大电路

1. 静态分析

由图 2.7.19(b)所示直流通路分析放大电路的 Q 点。静态偏置电压 U_GSQ 由分压和自偏压的结果共同决定,即

$$U_\text{GSQ} = V_\text{GQ} - V_\text{SQ} = \frac{R_\text{G2}}{R_\text{G1}+R_\text{G2}} V_\text{DD} - I_\text{DQ} R_\text{S} \tag{2.7.13}$$

I_DQ 与 U_GSQ 应符合 MOS 管的电流方程,即

$$I_\text{DQ} = I_\text{DO}\left(\frac{U_\text{GSQ}}{U_\text{GS(th)}} - 1\right)^2 \tag{2.7.14}$$

联立式(2.7.11)和式(2.7.12),求解二元方程,就可得出 I_DQ 与 U_GSQ。然后根据图 2.7.19(b)所示的输出回路,可求得管压降

$$U_\text{DSQ} = V_\text{DD} - I_\text{DQ}(R_\text{D}+R_\text{S}) \tag{2.7.15}$$

若已知场效应管的转移特性曲线和输出特性曲线,也可采用图解法分析静态工作点,过程与晶体管放大电路的图解分析法相类似,此处不再赘述。

2. 动态分析

假设图 2.7.19(a)所示放大电路中的电容 C_1、C_2 和 C_3 均足够大,可画出其小信号等效电路,如图 2.7.20 所示。

由图 2.7.20 可知

$$u_\text{i} = u_\text{GS}$$

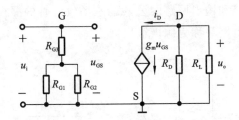

图 2.7.20　图 2.7.19(a)所示电路的小信号等效电路

而
$$u_o = -i_D(R_D \mathbin{/\mkern-6mu/} R_L) = -g_m u_{GS}(R_D \mathbin{/\mkern-6mu/} R_L)$$

令 $R_D' = R_D \mathbin{/\mkern-6mu/} R_L$，则电压放大倍数为

$$A_u = \frac{u_o}{u_i} = -g_m R_D' \qquad (2.7.16)$$

根据输入电阻和输出电阻的定义，可求得

$$R_i = R_{G3} + (R_{G1} \mathbin{/\mkern-6mu/} R_{G2}) \qquad (2.7.17)$$

$$R_o = R_D \qquad (2.7.18)$$

例 2.7.3　已知图 2.7.19(a)所示电路中各参数如下：$V_{DD} = 15$ V，$R_{G1} = 300$ kΩ，$R_{G2} = 150$ kΩ，$R_{G3} = 10$ MΩ，$R_S = 0.5$ kΩ，$R_D = 5$ kΩ，$R_L = 5$ kΩ，$U_{GS(th)} = 2$ V，$I_{DO} = 2$ mA。(1)估算静态工作点；(2)求电压放大倍数、输入电阻和输出电阻。

解　(1) 按式(2.7.13)～式(2.7.15)估算 Q 点。

$$\begin{cases} U_{GSQ} = \dfrac{R_{G2}}{R_{G1} + R_{G2}} \cdot V_{DD} - I_{DQ} R_S = 5 - 0.5 I_{DQ} \\[2mm] I_{DQ} = I_{DO}\left(\dfrac{U_{GSQ}}{U_{GS(th)}} - 1\right)^2 = 2\left(\dfrac{U_{GSQ}}{2} - 1\right)^2 \end{cases}$$

求得 U_{GSQ} 的两个解分别为 +4 V 和 -4 V，舍去负值，得出合理解为

$$U_{GSQ} = 4\ V,\ I_{DQ} = 2\ mA$$

$$U_{DSQ} = V_{DD} - I_{DQ}(R_D + R_S) = 4\ V$$

满足 $U_{DSQ} > U_{GSQ} - U_{GS(th)}$，说明管子工作在恒流区。

(2) 由式(2.7.6)求 g_m：

$$g_m = \frac{2}{U_{GS(th)}}\sqrt{I_{DO}\, I_{DQ}} = \frac{2}{2}\sqrt{2 \times 2}\ mS = 2\ mS$$

由式(2.7.16)求 A_u：

$$A_u = -g_m(R_D \mathbin{/\mkern-6mu/} R_L) = -5$$

由式(2.7.17)求 R_i

$$R_i = R_{G3} + (R_{G1} \mathbin{/\mkern-6mu/} R_{G2}) = 10.1\ M\Omega$$

由式(2.7.18)求 R_o：

$$R_o = R_D = 5\ k\Omega$$

与共射放大电路类似，共源放大电路具有一定的电压放大能力，且输出电压与输入电压反相，但其输入电阻远大于共射放大电路的输入电阻，常用作多级放大电路的输入级。

三、共漏极放大电路

共漏极放大电路如图 2.7.21(a)所示，图 2.7.21(b)是其小信号等效电路。从交流通路

看,该放大电路的输入回路和输出回路的公共端是场效应管的漏极。因为输出电压 u_o 从源极输出,所以共漏极放大电路又称为源极输出器。

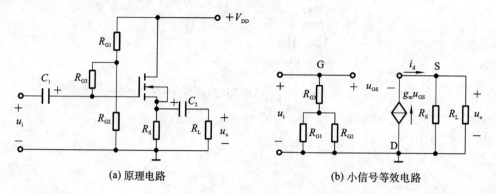

(a) 原理电路   (b) 小信号等效电路

图 2.7.21 共漏极放大电路

1. 静态分析

图 2.7.21(a)所示电路的静态分析方法与分压-自偏压式共源极放大电路的静态分析方法类似,此处不再赘述。

2. 动态分析

由图 2.7.21(b)可知

$$u_\text{o} = i_\text{D}(R_\text{S} /\!/ R_\text{L}) = g_\text{m} u_\text{GS}(R_\text{S} /\!/ R_\text{L})$$

而

$$u_\text{i} = u_\text{GS} + u_\text{o} = u_\text{GS} + g_\text{m} u_\text{GS}(R_\text{S} /\!/ R_\text{L})$$

令 $R_\text{S}' = R_\text{S} /\!/ R_\text{L}$,则电压放大倍数为

$$A_u = \frac{u_\text{o}}{u_\text{i}} = \frac{g_\text{m} R_\text{S}'}{1 + g_\text{m} R_\text{S}'} \tag{2.7.19}$$

根据输入电阻的定义,可求得

$$R_\text{i} = R_\text{G3} + (R_\text{G1} /\!/ R_\text{G2}) \tag{2.7.20}$$

采用"外加激励法"求输出电阻,电路如图 2.7.22 所示。

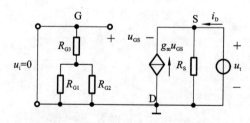

图 2.7.22 求共漏极放大电路的输出电阻

由图 2.7.22 可得

$$i_\text{t} = \frac{u_\text{t}}{R_\text{S}} - g_\text{m} u_\text{GS}$$

因 $u_\text{i} = 0$,故

$$u_\text{GS} = -u_\text{t}$$

则

$$i_\text{t} = \frac{u_\text{t}}{R_\text{S}} + g_\text{m} u_\text{t}$$

由此可得输出电阻

$$R_o = \frac{u_t}{i_t}\bigg|_{u_i=0, R_L=\infty} = \frac{1}{\frac{1}{R_S}+g_m} = R_S \mathbin{/\mkern-5mu/} \frac{1}{g_m} \qquad (2.7.21)$$

例 2.7.4 假设图 2.7.21(a)所示电路中各参数如下：$R_{G1}=R_{G2}=240\ \text{k}\Omega$，$R_{G3}=2\ \text{M}\Omega$，$R_S=0.75\ \text{k}\Omega$，$R_L=1\ \text{k}\Omega$，FET 在静态工作点处的 $g_m=11.3\ \text{mS}$。试求电压放大倍数、输入电阻和输出电阻。

解 由式(2.7.19)求 A_u

$$A_u = \frac{g_m R_S'}{1+g_m R_S'} = \frac{11.3\times(0.75\mathbin{/\mkern-5mu/}1)}{1+11.3\times(0.75\mathbin{/\mkern-5mu/}1)} \approx 0.83$$

由式(2.7.20)求 R_i

$$R_i = R_{G3}+(R_{G1}\mathbin{/\mkern-5mu/}R_{G2}) \approx 2.1\ \text{M}\Omega$$

由式(2.7.21)求 R_o

$$R_o = R_S \mathbin{/\mkern-5mu/} \frac{1}{g_m} = 0.75 \mathbin{/\mkern-5mu/} \frac{1}{11.3}\ \Omega \approx 0.08\ \Omega$$

与共集电极放大电路类似，共漏极放大电路具有电压跟随作用，但其电压跟随作用比共集电路差。

任务实施

一、绘制场效应管的输出特性曲线

在 Multisim 仿真软件中，运用 IV 特性分析仪，绘制出场效应管的输出特性曲线，深入理解场效应管输出特性曲线的概念和意义。

1. 绘制电路图

打开 Multisim 仿真软件，按照图 2.7.23 所示绘制出仿真电路。选择型号为 2N7000 的 N 沟道增强型 MOS 管进行测试。

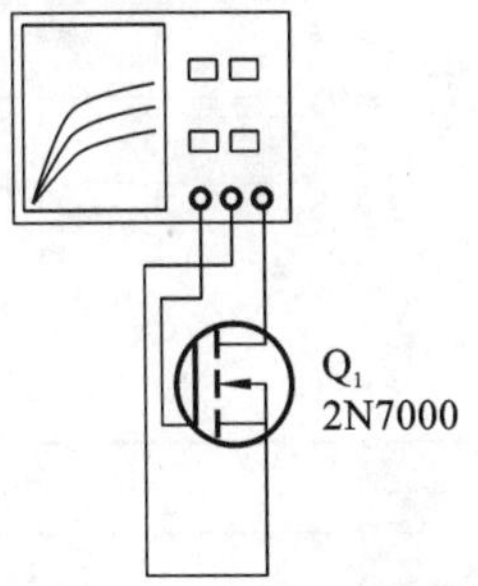

2. 电路仿真

图 2.7.23 MOSFET 输出特性测量电路

双击虚拟 IV 特性分析仪 XIV1，弹出 IV 分析仪界面，选择元器件类型为 NMOS。点击仿真参数按钮，弹出仿真参数对话框，如图 2.7.24 所示。设置管压降 u_{DS} 的范围为 0～12 V、增量为 100 mV；栅源电压 u_{GS} 的范围为 2～3 V、步数为 6。

单击运行按钮，得到六条输出特性曲线，如图 2.7.25 所示。利用测试标尺，可测出输出特性曲线上任意一点所对应的栅源电压 U_{GS}、漏源电压 U_{DS} 和漏极电流 I_D 的值。

在输出特性曲线的三个不同区域选择工作点，测出各工作点处的电压、电流值，如表 2.7.5所示。

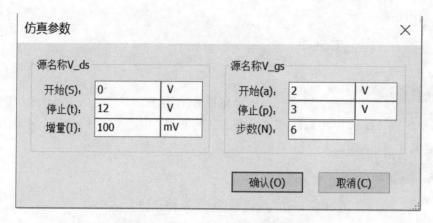

图 2.7.24　IV 分析仪仿真参数设置

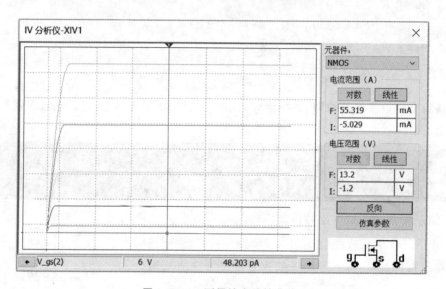

图 2.7.25　测得输出特性曲线

表 2.7.5　仿真结果

	恒流区				可变电阻区				截止区
U_{GS}/V	2.2	2.4	2.6	2.8	2.2	2.2	2.8	2.8	2
I_D/mA	2.015	8.056	18.119	32.199	0.868	1.501	3.589	7.024	48.203pA
U_{DS}/V	6	6	6	6	0.052	0.101	0.052	0.101	6

3. 仿真结果分析

由仿真结果可知,在恒流区,FET 的漏极电流 I_D 受栅源电压 U_{GS} 控制,而与漏源电压 U_{DS} 几乎无关。在可变电阻区内,FET 可看作受栅源电压 U_{GS} 控制的可变电阻,且电阻值随 U_{GS} 的增大而减小。在截止区内,漏极电流 I_D 的值很小,可忽略不计。

二、测量共源极放大电路

在 Multisim 仿真软件中搭建图 2.7.26 所示分压-自偏压式共源极放大电路,测量该放大电路的静态工作点和动态性能指标,进一步理解共源极放大电路的性能特点。

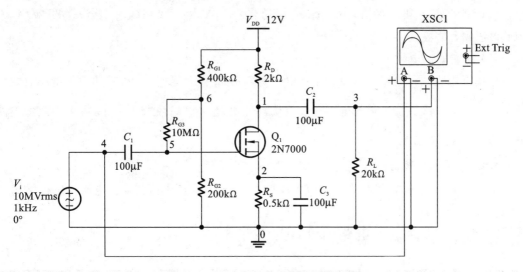

图 2.7.26　共源极放大电路测试电路

1. 绘制电路图

打开 Multisim 仿真软件,按照图 2.7.26 所示绘制出仿真电路,并设置电路中各元器件的参数。

2. 电路仿真

(1) 按前述方法对图 2.7.26 所示电路进行直流工作点分析,可得该电路的静态工作点为:$U_{GSQ}=V(5)-V(2)\approx2.26$ V、$I_{DQ}=3.47$ mA、$U_{DSQ}=V(1)-V(2)\approx3.31$ V。

(2) 测量电压放大倍数。

按前述方法进行电路仿真,获得输入和输出电压波形如图 2.7.27 所示。由图 2.7.27 可见,输出波形与输入波形基本一致,无失真。单击"停止"按钮,关闭仿真。拖动测试标尺 1

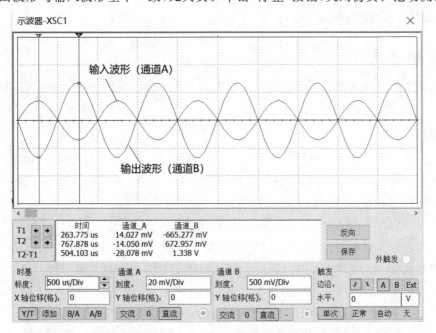

图 2.7.27　图 2.7.26 所示电路输入和输出电压波形

至输入信号波峰处,此处的输入电压幅值 $u_i = 14.027$ mV,输出电压幅值 $u_o = -665.277$ mV,因此电压放大倍数 $A_u = u_o/u_i \approx -47.4$。

(3) 测量输出电阻。

运用万用表测得电路的带负载输出电压有效值 $U_o = 480.145$ mV,空载输出电压有效值 $U_{oc} = 528.151$ mV。将测得的电压有效值代入公式 $R_o = \left(\dfrac{U_{oc}}{U_o} - 1\right)R_L$ 中,可求得放大电路的输出电阻 $R_o \approx 2$ kΩ。

3. 仿真结果分析

仿真结果表明,共源极放大电路有电压放大作用,且输出电压与输入电压相位相反。

任务 2.8 多级放大电路的设计与实践

任务目标

学习多级放大电路的耦合方式,以及动态性能分析方法。运用电路仿真软件进行助听器放大电路的分析和设计。

任务引导

单个晶体管组成的放大电路各有优缺点,往往不能完全满足实际应用中对增益、输入电阻、输出电阻等性能指标提出的要求。为此,常将三种基本组态的放大电路通过适当的方式级联起来,构成多级放大电路,以便发挥各自的优点,获得更好的性能。在实际的电子设备中,大都采用各种各样的多级放大电路。

◆ 2.8.1 多级放大电路的耦合方式

多级放大电路内部各级之间的连接方式称为耦合方式。常用的耦合方式有:阻容耦合、直接耦合、变压器耦合和光电耦合。

一、阻容耦合

将两个放大电路用隔直电容和后级电阻连接起来的方式,称为阻容耦合方式。图 2.8.1 所示为阻容耦合两级放大电路,T_1 管构成的共集放大电路为第一级(因其连接输入信号,又称输入级),T_2 管构成的共射放大电路为第二级(因其输出信号给负载,又称输出级),两级之间通过耦合电容 C_2 和电阻 R_{B2} 连接。

由于耦合电容对直流量相当于开路,故各级间的直流通路是断开的,因此,各级的静态工作点相互独立,互不影响。这样给分析、设计和调试工作带来很大的方便。各级电路静态工作点的调整和分析方法与前面所述单管放大电路的完全一样。

不过,由于耦合电容对低频信号呈现出很大电抗,低频信号在耦合电容上的压降很大,致使电压放大倍数大大下降,甚至根本不能放大,所以阻容耦合放大电路不能放大变化缓慢的信号和直流信号。

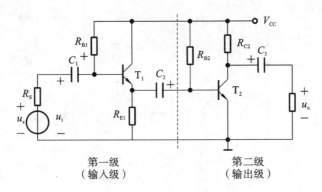

图 2.8.1　阻容耦合两级放大电路

另外,由于集成芯片中不能制作大容量电容,所以阻容耦合方式不能在集成放大电路中采用,而只能用于分立元件电路。

二、直接耦合

将前级放大电路的输出端通过导线、电阻或二极管直接接到后级放大电路的输入端的方式,称为直接耦合方式。在实用的直接耦合多级放大电路中常常将 NPN 型和 PNP 型管混合使用,如图 2.8.2 所示。

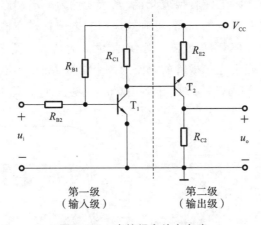

图 2.8.2　直接耦合放大电路

直接耦合放大电路既能放大交流信号,又能放大变化缓慢的信号和直流信号。而且直接耦合方式便于集成化,因此,集成放大电路几乎全采用直接耦合方式。

直接耦合放大电路由于前后级电路直接相连,各级静态工作点相互影响,所以,当调整电路的某一参数时,可能带来多级电路静态工作点的变化。这样导致分析、设计和调试工作比较麻烦。实际中,常利用电子设计自动化软件通过仿真调整好电路参数,再进行电路调试。

三、变压器耦合

变压器耦合方式是利用变压器能够将一次侧的交流信号传送到二次侧的特点,将变压器作为多级放大电路的耦合元件。图 2.8.3 所示为变压器耦合两级共射放大电路。变压器 Tr_1 将第一级的输出信号传送给第二级,变压器 Tr_2 将第二级的输出信号传送给负载 R_L。

由于变压器体积大、较笨重,且不能传送直流信号,因此具有与阻容耦合放大电路相似的优缺点,即各级电路的静态工作点相互独立;不能放大变化缓慢的信号和直流信号;不能

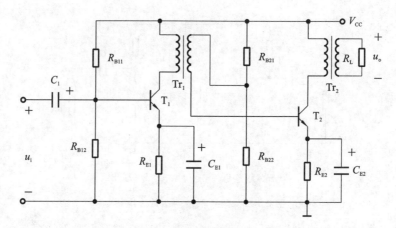

图 2.8.3　变压器耦合两级共射放大电路

应用于集成电路。

四、光电耦合

光电耦合方式是通过光电耦合器,以光信号为媒介实现电信号的传递的级间耦合方式。光电耦合器由发光元件(发光二极管)与光敏元件(光电三极管)组成,如图 2.8.4(a)所示。发光元件为输入回路,负责将电能转换成光能;光敏元件为输出回路,负责将光能再转换成电能,从而实现两部分电路的电气隔离,可有效地抑制电干扰。在输出回路中,用两只晶体管合理连接,等效成一只晶体管,构成复合管,以增大放大倍数。图 2.8.4(b)所示为光电耦合器的传输特性,描述了当发光二极管的电流为一个常量 I_D 时,集电极电流 i_C 与管压降 u_{CE} 之间的函数关系。由图 2.8.4(b)可知,当管压降 u_{CE} 足够大时,i_C 几乎仅取决于 I_D。

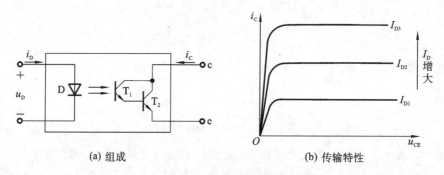

(a) 组成　　　　　　　　　　　　(b) 传输特性

图 2.8.4　光电耦合器

图 2.8.5 所示为光电耦合放大电路。当动态信号 $u_s = 0$ 时,输入回路有静态电流 I_{DQ},输出回路有静态电流 I_{CQ},从而确定出静态管压降 U_{CEQ}。有动态信号时,随着 i_D 的变化,i_C 将产生线性变化,u_{CE} 也将产生相应的变化,从而实现了电信号的传输和放大。

目前,市场上已有集成光电耦合放大电路,具有较强的放大能力,因其抗干扰能力强而得到越来越广泛的应用。

◆ 2.8.2　多级放大电路的性能指标

将多级放大电路中的每一级都等效成如图 2.4.2 所示的放大电路模型,可得多级放大电路的方框图,如图 2.8.6 所示。由图 2.8.6 可知,多级放大电路中,前级放大电路的开路

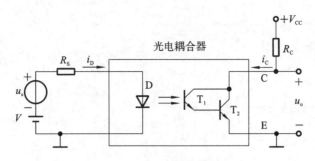

图 2.8.5　光电耦合放大电路

电压和输出电阻相当于后级电路的信号源电压和内阻,后级电路的输入电阻相当于前级电路的负载。

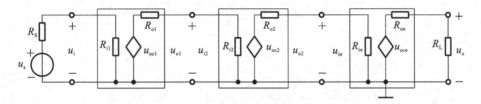

图 2.8.6　多级放大电路的方框图

一、电压放大倍数

从图 2.8.6 可以看出 $u_{o1} = u_{i2}$,$u_{o2} = u_{i3}$,$\cdots$,$u_{o(n-1)} = u_{in}$(其中 n 为多级放大电路的级数),因此,多级放大电路的电压放大倍数为

$$A_u = \frac{u_o}{u_i} = \frac{u_{o1}}{u_i} \frac{u_{o2}}{u_{i2}} \cdots \frac{u_o}{u_{in}} = A_{u1} A_{u2} \cdots A_{un} \tag{2.8.1}$$

即多级放大电路的电压放大倍数等于组成它的各级放大电路电压放大倍数之积。值得注意的是,在计算各级放大电路电压放大倍数时,应考虑后级电路的输入电阻对前级电压放大倍数的影响。

二、输入电阻和输出电阻

从图 2.8.6 可以看出,多级放大电路的输入电阻为第一级(输入级)的输入电阻,即 $R_i = R_{i1}$。求解时应注意,共集放大电路的输入电阻与其负载(即后级电路的输入电阻)有关。

多级放大电路的输出电阻为最末级(输出级)的输出电阻,即 $R_o = R_{on}$。求解时应注意,共集放大电路的输出电阻与其信号源内阻(即前级电路的输出电阻)有关。

例 2.8.1　阻容耦合两级放大电路如图 2.8.7 所示。若两晶体管 β 均为 50,U_{BEQ} 均为 0.7 V。(1)计算前、后级放大电路的静态工作点。(2)求电路的电压放大倍数、输入电阻和输出电阻。

解　(1) 两级放大电路的静态工作点可分别计算。

第一级是射极输出器,有

$$I_{B1} = \frac{V_{CC} - U_{BEQ}}{R_{B1} + (1+\beta) R_{E1}} = \frac{12 - 0.7}{600 + (1+50) \times 10} \text{ mA} \approx 10.2 \ \mu\text{A}$$

$$I_{E1} = (1+\beta) I_{B1} = (1+50) \times 10.2 \ \mu\text{A} \approx 0.52 \text{ mA}$$

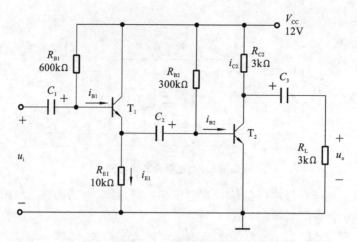

图 2.8.7　例 2.8.1 电路

$$U_{CE1} = V_{CC} - I_{E1} R_{E1} = (12 - 0.52 \times 10) \text{ V} = 6.8 \text{ V}$$

第二级是基本共射放大电路,有

$$I_{B2} = \frac{V_{CC} - U_{BEQ}}{R_{B2}} = \frac{12 - 0.7}{300} \text{ mA} \approx 37.7 \ \mu\text{A}$$

$$I_{C2} = \beta I_{B2} = 50 \times 37.7 \ \mu\text{A} \approx 1.89 \text{ mA}$$

$$U_{CE2} = V_{CC} - I_{C1} R_{C2} = 12 - 1.89 \times 3 = 6.3 \text{ V}$$

(2) 求电压放大倍数、输入电阻和输出电阻。

$$r_{be1} = 200 + (1 + \beta) \times \frac{26}{I_{E1}} = 2.75 \text{ k}\Omega$$

$$r_{be2} = 200 + \beta \frac{26}{I_{C2}} \approx 2.64 \text{ k}\Omega$$

多级放大电路的输入电阻为第一级的输入电阻,即

$$R_i = R_{i1} = R_{B1} \ // \ [r_{be1} + (1 + \beta) R'_{L1}]$$

上式中 $R'_{L1} = R_{E1} \ // \ R_{i2} = R_{E1} \ // \ (R_{B2} \ // \ r_{be2}) \approx 2.07 \text{ k}\Omega$,代入上式,得

$$R_i = R_{i1} = R_{B1} \ // \ [r_{be1} + (1 + \beta) R'_{L1}] \approx 91.76 \text{ k}\Omega$$

多级放大电路的输出电阻为最末级的输出电阻,即

$$R_o = R_{C2} = 3 \text{ k}\Omega$$

多级放大电路的电压放大倍数等于组成它的各级放大电路电压放大倍数之积。第一级的电压放大倍数为

$$A_{u1} = \frac{(1 + \beta) R'_{L1}}{r_{be1} + (1 + \beta) R'_{L1}} = \frac{(1 + 50) \times 2.07}{2.75 + (1 + 50) \times 2.07} \approx 0.97$$

第二级的电压放大倍数为

$$A_{u2} = -\frac{\beta(R_{C2} \ // \ R_L)}{r_{be2}} = -\frac{50 \times (3 \ // \ 3)}{2.64} \approx -28.4$$

总电压放大倍数为

$$A_u = A_{u1} \times A_{u2} = 0.97 \times (-28.4) \approx -27.5$$

由分析结果可知,共集-共射组态多级放大电路输入电阻大,且有较好的电压放大作用。

任务实施

一、测量共射-共集放大电路

在 Multisim 仿真软件中搭建图 2.8.8 所示共射-共集电放大电路,测量该放大电路的静态工作点和动态性能指标。通过电路仿真分析,了解共射-共集放大电路的性能特点。

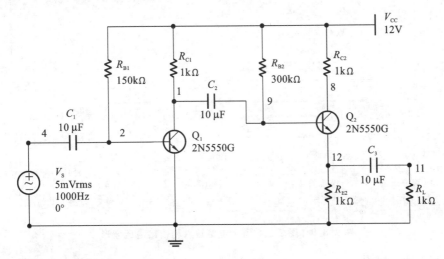

图 2.8.8　共射-共集放大电路

1. 绘制电路图

打开 Multisim 仿真软件,按照图 2.8.8 所示绘制出仿真电路,并设置电路中各元器件的参数。

2. 电路仿真

(1) 按前述方法对图 2.8.8 所示电路进行直流工作点分析,可得晶体管 Q_1 的静态工作点为:$U_{BE1Q} \approx 0.72$ V、$I_{B1Q} = 75.2$ μA、$I_{C1Q} = 7.89$ mA、$U_{CE1Q} = 4.11$ V;晶体管 Q_2 的静态工作点为:$U_{BE2Q} \approx 0.68$ V、$I_{B2Q} = 25.79$ μA、$I_{C2Q} = 3.55$ mA、$U_{CE2Q} = 4.87$ V。可见,静态工作点位置合适。

(2) 观察输入和输出信号波形。

运用示波器观察输入和输出信号波形。设置示波器参数,将时基标度设为 500 μs/Div;通道 A 刻度设为 10 mV/Div,通道 B 刻度设为 500 mV/Div;触发方式选为"单次",可以获得输入和输出电压波形如图 2.8.9 所示。由于静态工作点位置合适,因此输出波形与输入波形基本无失真。拖动测试标尺 2 至波峰处,此处的输入电压幅值 $u_i = 6.986$ mV,输出电压幅值 $u_o = -1.100$ V,因此电压放大倍数 $A_u = u_o/u_i \approx -157.46$。

(3) 测量输入电阻。

在图 2.8.8 所示电路的输入回路接入两块万用表,分别测量输入电流的有效值和输入电压的有效值。单击"运行"按钮,开启仿真,测得输入电压的有效值 $U_i = 5$ mV,输入电流的有效值 $I_i = 11.996$ μA,则输入电阻 $R_i = U_i/I_i \approx 416.8$ Ω。

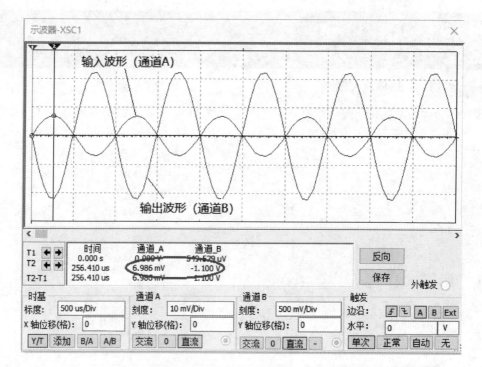

图 2.8.9　图 2.8.8 所示电路输入和输出电压波形

（4）测量输出电阻。

运用万用表测得电路的带负载输出电压有效值 $U_o = 791.749$ mV，空载输出电压有效值 $U_{oc} = 809.109$ mV。将测得的电压有效值代入公式 $R_o = \left(\dfrac{U_{oc}}{U_o} - 1\right) R_L$ 中，可求得放大电路的输出电阻 $R_o \approx 21.9 \ \Omega$。

（5）测量通频带。

运用"交流分析"功能，测得图 2.8.8 所示电路幅频特性曲线如图 2.8.10 所示。由图 2.8.10 所示测量结果可知，图 2.8.8 所示电路的中频电压放大倍数幅值为 159.7，上限截止频率 $f_H \approx 8.69$ MHz，下限截止频率 $f_L \approx 38.6$ Hz，则通频带 BW $= f_H - f_L \approx 8.69$ MHz。

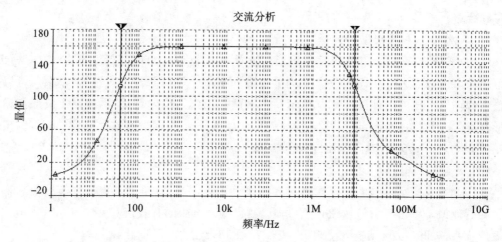

图 2.8.10　图 2.8.8 所示电路幅频特性曲线

3. 仿真结果分析

仿真结果表明,共射-共集放大电路是反向电压放大电路,由于输入级是共射组态,输出级是共集组态,因此输入电阻较小,输出电阻也较小。多级放大电路的通频带宽小于构成它的任何一级单级放大电路。

二、测量助听器放大电路

在 Multisim 仿真软件中搭建晶体管助听器放大电路,如图 2.8.11 所示,测量该电路的静态工作点和动态性能指标。

图 2.8.11 所示电路实际上是由晶体管 $Q_1 \sim Q_3$ 构成的一个多级放大电路。晶体管 Q_1 与电阻 R_1、R_2 以及电容 C_1、C_2 组成阻容耦合共射放大电路,起前置电压放大作用。晶体管 Q_2、Q_3 组成了两级直接耦合式共射-共集放大电路,其中 PNP 型晶体管 Q_3 接成共集电极组态,使得放大器的输出阻抗较低,以便与 8 Ω 低阻耳塞式耳机相匹配。电位器 R_P 用来调节放大电路的放大倍数,即调节助听器音量。C_4 为旁路电容,其主要作用是旁路掉输出信号中形成噪声的各种谐波成分,以改善耳塞机的音质。C_3 为滤波电容器,主要用来减小直流电源的交流内阻,可有效防止电池快报废时电路产生的自激振荡,并使耳塞机发出的声音更加清晰响亮。S_1 为电源开关。

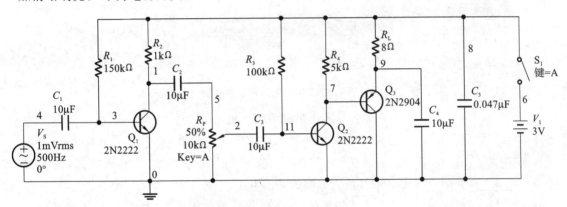

图 2.8.11 晶体管助听器放大电路

1. 绘制电路图

打开 Multisim 仿真软件,按照图 2.8.11 所示绘制出仿真电路,并设置电路中各元器件的参数。信号源 V_s 代替实际助听器中的麦克风,为放大电路提供输入信号;8 Ω 电阻 R_L 代替受话器,即耳塞式耳机。

2. 电路仿真

(1) 测量静态工作点。

按前述方法对图 2.8.11 所示电路进行直流工作点分析,可得晶体管 Q_1 的静态工作点为:$U_{BE1Q}=0.65$ V、$I_{B1Q}=15.7$ μA、$I_{C1Q}=1.60$ mA、$U_{CE1Q}=1.40$ V;晶体管 Q_2 的静态工作点为:$U_{BE2Q}=0.65$ V、$I_{B2Q}=23.4$ μA、$I_{C2Q}=2.45$ mA、$U_{CEQ2}=1.45$ V;晶体管 Q_3 的静态工作点为:$U_{EB3Q}=0.82$ V、$I_{B3Q}=2.13$ mA、$I_{E2Q}=90.78$ mA、$U_{ECQ3}=2.27$ V。可见,静态工作点位置合适。

(2) 观察输入和输出信号波形。

运用示波器观察输入和输出电压波形。设置示波器参数,将时基标度设为 1 ms/Div;通道 A 刻度设为 2 mV/Div,通道 B 刻度设为 100 mV/Div;触发方式选为"单次",可以获得输入和输出电压波形如图 2.8.12 所示。由于静态工作点位置合适,因此输出波形与输入波形基本一致,无失真。

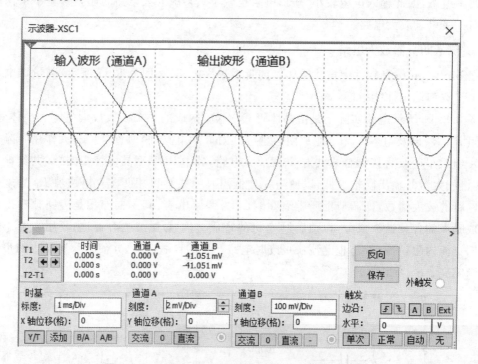

图 2.8.12　图 2.8.11 所示电路输入和输出电压波形

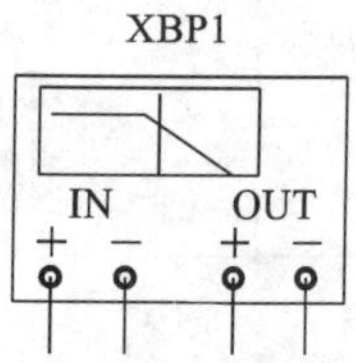

XBP1

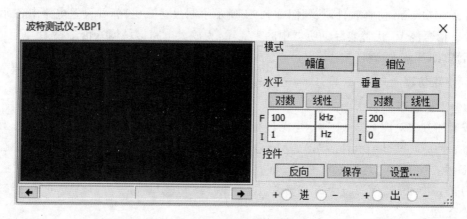

图 2.8.13　波特测试仪

（3）测量通频带和中频电压增益。

放置波特测试仪（仪表区第六个仪器）至电路中,如图 2.8.13 所示。将波特测试仪输入端（IN）接放大电路的输入电压,输出端（OUT）接放大电路的输出电压。

双击波特测试仪,弹出波特测试仪界面,如图 2.8.14 所示。选择模式为"幅值";水平坐标为"对数"坐标,频率范围为 1 Hz～100 kHz;垂直坐标为"线性"坐标,幅值范围为 0～200。

图 2.8.14　波特测试仪界面

单击运行按钮,得到图 2.8.11 所示电路幅频特性曲线,如图 2.8.15 所示。拖动测试标尺,则在仪器界面下部会显示相应的频率和幅值。可测得图 2.8.11 所示电路的中频电压放大倍数幅值为 154.4,下限频率 $f_L \approx 12$ Hz,上限频率 $f_H \approx 2445$ Hz。

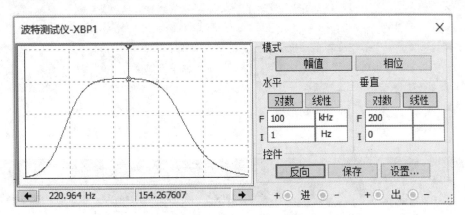

图 2.8.15　图 2.8.11 所示电路幅频特性曲线

3. 仿真结果分析

仿真结果表明,由晶体管构成的多级放大电路具有较强的信号放大作用,失真较小;输出电阻小,带负载能力强;通频带满足音频放大电路需求,可以用作助听器的放大器。

本章小结

(1) 晶体三极管分为 NPN 型和 PNP 型,内部包含两个 PN 结:发射结和集电结,外部引出三个电极:基极(b)、发射极(e)和集电极(c)。工作时有两种载流子参与导电,因此被称为双极型晶体管(BJT)。

(2) BJT 的输出特性曲线都可以分为三个工作区域:放大区、饱和区和截止区。当满足发射结正偏且集电结反偏的外部条件时,BJT 工作在放大区,具有电流放大作用,即基极电流的微小变化会引起集电极电流的较大变化,故 BJT 是电流控制器件。

(3) 利用 BJT 的电流放大作用可构成放大电路,其组成原则是:能放大、不失真、能传输。正常工作时,放大电路处于交、直流共存的状态。放大电路的分析应遵循"先静态,后动态"的原则。

(4) 放大电路的静态分析需利用直流通路进行,静态分析的目的是求出静态工作点 Q。静态分析有两种方法:估算法和图解法。Q 点不但影响电路输出信号是否失真,而且与动态性能密切相关。只有静态工作点合适,动态分析才有意义。

(5) 放大电路的动态分析需利用交流通路进行,动态分析的目的是求出动态性能指标,包括:放大倍数、输入电阻、输出电阻、最大不失真输出电压等。动态分析也有两种方法:图解法和小信号等效电路法。

(6) 静态工作点的合理设置和稳定至关重要。温度是静态工作点不稳定的主要因素。通常在放大电路中采取多种措施来稳定静态工作点。分压式静态工作点稳定电路通过引入直流负反馈来稳定静态工作点,是分立元件电路中最常用的静态工作点稳定电路。

(7) BJT 组成的基本放大电路有三种组态:共射、共集和共基。它们的工作原理和分析方法基本相同,但性能指标有较大的差异。

(8) 多级放大电路是由单管放大电路级联而成。级间连接可采用阻容耦合、直接耦合、变压器耦合和光电耦合等方式。多级放大电路的静态和动态分析方法与单管放大电路类似，只是需要考虑不同的耦合方式带来的级间影响(直流通路是否独立、交流通路中后级对前级的负载效应)。

(9) FET 有 JFET 和 MOSFET 两种。FET 是一种电压控制电流型器件，改变其栅源电压就可以改变其漏极电流。由于工作时只有一种载流子参与导电，因此又称为单极型晶体管。FET 组成的基本放大电路也有三种组态：共源、共栅和共漏，分别与共射、共基和共集三种组态的性能和作用类似。FET 放大电路的偏置电路主要有自给偏置电路和分压式偏置电路两种。其分析方法与 BJT 放大电路基本相同。

习题 2

【填空题】

2.1 BJT 从结构上看可以分成_____和_____两种类型，它们工作时有_____和_____两种载流子参与导电。

2.2 BJT 的三个工作区分别是_____区、_____区和_____区。在放大电路中，BJT 通常工作在_____区。

2.3 BJT 工作在放大区的偏置条件是发射结_____、集电结_____。

2.4 用变大、变小或不变填空：温度升高时，BJT 的电流放大系数 β _____，反向饱和电流 I_{CBO} _____，正向结电压 U_{BE} _____。

2.5 BJT 的穿透电流 I_{CEO} 是集－基反向饱和电流 I_{CBO} 的_____倍。在选用管子时，一般希望 I_{CEO} 尽量_____。

2.6 某 BJT 的极限参数 $P_{CM}=150$ mW，$I_{CM}=100$ mA，$U_{(BR)CED}=30$ V。若它的工作电压 $U_{CE}=10$ V，则工作电流 I_C 不得超过_____ mA；若工作电压 $U_{CE}=1$ V，则工作电流 I_C 不得超过_____ mA；若工作电流 $I_C=1$ mA，则工作电压 U_{CE} 不得超过_____ V。

2.7 共射放大电路的特点是_____较大，共集放大电路的特点是_____较大，共基放大电路的特点是_____较大。

2.8 场效应管从结构上分成_____和_____两大类型，它们的导电过程仅仅取决于载流子的运动。

【选择题】

2.9 BJT 的表示符号中，箭头方向表示(　　)。

A.发射结由 P 指向 N 　　　　　　　　B.集电结 P 指向 N

C.发射结由 N 指向 P 　　　　　　　　D.集电结由 N 指向 P

2.10 BJT 工作时参与导电的是(　　)。

A.多子　　　　　B.少子　　　　　C.多子和少子　　　　　D.多子或少子

2.11 BJT 在放大状态工作时的外部条件是(　　)。

A.发射结正偏，集电结正偏 　　　　　B.发射结正偏，集电结反偏

C.发射结反偏，集电结反偏 　　　　　D.发射结反偏，集电结正偏

2.12 (多选)下列各式中，BJT 的电流分配关系正确的是(　　)。

A. $I_C=I_B+I_E$ B. $I_E=I_B+I_C$ C. $I_C=\beta I_B+I_{CEO}$ D. $I_C=\beta I_B+I_{CBO}$

2.13 处于放大状态的 BJT,测得其三个电极的电位分别为 1.3 V、2 V 和 6 V,该 BJT 的类型是（　　）。

A. NPN 型硅管   B. PNP 型硅管   C. NPN 型锗管   D. PNP 型锗管

2.14 测得电路中 PNP 管 e、b、c 的电位分别为 2.6 V、2 V、2.4 V,则该管的工作状态是（　　）。

A. 饱和   B. 截止   C. 放大   D. 损坏

2.15 下列选项中,不属于 BJT 的参数的是（　　）。

A. 电流放大系数 β B. 最大整流电流 I_F

C. 集电极最大允许电流 I_{CM} D. 集电极最大允许耗散功率 P_{CM}

2.16 $P_C>P_{CM}$ 的区域称为 BJT 的（　　）。

A. 过流区   B. 过压区   C. 过损区   D. 击穿区

2.17 某 BJT 的 $I_{CM}=20$ mA,$U_{(BR)CEO}=15$ V,$P_{CM}=100$ mW。当（　　）时,BJT 可以安全工作。

A. $I_C=10$ mA,$U_{CE}=15$ V   B. $I_C=40$ mA,$U_{CE}=2$ V

C. $I_C=15$ mA,$U_{CE}=10$ V   D. $I_C=10$ mA,$U_{CE}=8$ V

2.18 当温度升高时,BJT 的参数变化情况是（　　）。

A. β 增加、I_{CEO} 和 U_{BE} 减小   B. β 和 I_{CEO} 增加、U_{BE} 减小

C. β 和 U_{BE} 减小、I_{CEO} 增加   D. β、I_{CEO} 和 U_{BE} 都增加

2.19 根据本书约定,下列表达放大电路电流、电压的关系式中,正确的是（　　）。

A. $u_{be}=U_{BEQ}+u_{BE}$ B. $i_C=I_{CQ}+i_c$ C. $I_{BQ}=i_B+i_b$ D. $U_{ce}=U_{CEQ}+u_{ce}$

2.20 在基本共射放大电路中,基极偏置电阻 R_b 的作用是（　　）。

A. 限制基极电流使晶体管工作在放大区,并防止输入信号被短路

B. 把基极电流的变化转换为输入电压的变化

C. 保护信号源

D. 防止输出信号被短路

2.21 在基本共射放大电路中,（　　）可以把放大的电流转换为电压输出。

A. R_b B. R_c C. C_1 D. C_2

2.22 在由 NPN 晶体管组成的基本共射放大电路中,当输入信号为正弦电压时,输出电压波形出现了底部削平的失真,这种失真是（　　）。

A. 饱和失真   B. 截止失真   C. 交越失真   D. 频率失真

2.23 在由 PNP 晶体管组成的基本共射放大电路中,当输入信号为正弦电压时,输出电压波形出现了顶部削平的失真,这种失真是（　　）。

A. 饱和失真   B. 截止失真   C. 交越失真   D. 频率失真

2.24 （　　）是衡量放大电路对信号的放大能力。

A. R_i B. R_o C. A_u D. BW

2.25 在基本共射放大电路中,负载电阻 R_L 减小时,输出电阻 R_o 将（　　）。

A. 增大   B. 减少   C. 不变   D. 不能确定

2.26 对于基本共射放大电路,R_b 减小时,输入电阻 R_i 将（　　）。

A. 增大   B. 减少   C. 不变   D. 不能确定

2.27 在基本共射放大电路中,信号源内阻 R_S 减小时,输入电阻 R_i 将（　　）。

A. 增大   B. 减少   C. 不变   D. 不能确定

2.28 有两个放大倍数相同、输入和输出电阻不同的放大电路 A 和 B,对同一个具有内阻的信号源电压进行放大。在负载开路的条件下测得 A 的输出电压小。这说明 A 的（　　）。

    A.输入电阻大　　　　　B.输入电阻小　　　　　C.输出电阻大　　　　　D.输出电阻小

2.29 某放大电路在负载开路时输出电压为 4 V,接入 3 kΩ 的负载后输出电压降为 3 V。该放大电路的输出电阻为（　　）。

    A.10 kΩ　　　　　B.2 kΩ　　　　　C.1 kΩ　　　　　D.0.5 kΩ

2.30 给 BJT 放大电路输入中频正弦信号,用示波器观察其输入和输出波形,若是共射放大电路,两者应（　　）。

    A.同相　　　　　B.反相　　　　　C.不确定

2.31 在 BJT 放大电路的三种组态中,输入电阻最大的是（　　）。

    A.共射放大电路　　　　　B.共基放大电路　　　　　C.共集放大电路　　　　　D.不能确定

2.32 在 BJT 放大电路的三种组态中,输入电阻最小的是（　　）。

    A.共射放大电路　　　　　B.共基放大电路　　　　　C.共集放大电路　　　　　D.不能确定

2.33 单管 BJT 放大电路中,带负载能力最强的是（　　）。

    A.共射放大电路　　　　　B.共基放大电路　　　　　C.共集放大电路　　　　　D.不能确定

2.34 共射放大电路（　　）。

    A.能放大电压不能放大电流　　　　　　　　　　B.能放大电流不能放大电压

    C.既能放大电压也能放大电流　　　　　　　　　D.能放大电压和功率,不能放大电流

2.35 在电路中我们可以利用（　　）实现高内阻信号源与低阻负载之间较好的配合。

    A.共射电路　　　　　B.共基电路　　　　　C.共集电路　　　　　D.共射-共基电路

2.36 以下电路中,可用作电压跟随器的是（　　）。

    A.差分放大电路　　　　　B.共基电路　　　　　C.共射电路　　　　　D.共集电路

2.37 在三种基本放大电路中,电压增益最小的是（　　）。

    A.共射电路　　　　　B.共基电路　　　　　C.共集电路　　　　　D.共射-共基电路

2.38 在三种基本放大电路中,电流增益最小的放大电路是（　　）。

    A.共射电路　　　　　B.共基电路　　　　　C.共集电路　　　　　D.共射-共基电路

2.39 集成电路中经常采用的一种耦合方式是（　　）耦合。

    A.阻容　　　　　B.变压器　　　　　C.直接　　　　　D.光电

2.40 两个相同的单级共射放大电路,空载电压增益均为 30。现将它们级联后组成一个两级放大电路,则总的电压增益（　　）。

    A.等于 60　　　　　B.等于 900　　　　　C.小于 900　　　　　D.大于 900

2.41 若三级放大电路的 $A_{u1} = A_{u2} = 30$ dB,$A_{u3} = 20$ dB,则其总电压增益为（　　）dB,折合为（　　）倍。

    A.80,100　　　　　B.18000,100　　　　　C.80,10000　　　　　D.18000,10000

2.42 下列对 FET 的描述中,不正确的是（　　）。

    A.具有输入电阻高,热稳定性好等优点;

    B.两种主要类型是 MOSFET 和 JFET;

    C.工作时多子、少子均参与导电;

    D.可以构成共源、共栅、共漏这几种基本组态的放大器。

2.43 FET 的转移特性 $i_D \sim u_{GS}$,符合以下什么规律？（　　）

    A.平方　　　　　B.指数　　　　　C.线性　　　　　D.对数

2.44 N 沟道 JFET 中参与导电的载流子是（   ）。

A. 自由电子　　　　B. 空穴　　　　　　C. 自由电子和空穴　　D. 带电离子

2.45 在放大电路中，FET 应工作在输出特性的（   ）。

A. 可变电阻区　　　B. 截止区　　　　　C. 恒流区　　　　　　D. 击穿区

2.46 表征 FET 放大作用的重要参数是（   ）。

A. 电流放大系数 β　　B. 跨导 $g_\mathrm{m}=\Delta i_\mathrm{D}/\Delta u_\mathrm{GS}$　C. 开启电压 $U_\mathrm{GS(th)}$　D. 直流输入电阻 R_GS

2.47 当场效应管的漏极直流电流 I_D 从 2 mA 变为 4 mA 时，它的低频跨导 g_m 将（   ）。

A. 增大　　　　　　B. 不变　　　　　　C. 减小

【判断题】

2.48 BJT 在集电极和发射极互换使用时，仍有较大的电流放大作用。　　　　（　　）

2.49 在共射极输出特性曲线的放大区，u_CE 对 i_C 的控制作用很强。　　　（　　）

2.50 BJT 的输入电阻 r_be 是一个动态电阻，故它与静态工作点无关。　　　（　　）

2.51 在基本共射放大电路中，若 BJT 的 β 增大一倍，则电压放大倍数也相应地增大一倍。（　　）

2.52 共集大电路的电压放大倍数总是小于 1，故不能用来实现功率放大。　　（　　）

2.53 测得某 BJT 的 $U_\mathrm{BE}=0.7$ V，$I_\mathrm{B}=20$ μA，因此 $r_\mathrm{be}=0.7$ V/20 μA=35 kΩ。（　　）

2.54 阻容耦合放大电路只能放大交流信号，不能放大直流信号。　　　　　（　　）

2.55 直接耦合放大电路只能放大直流括号，不能放大交流信号。　　　　　（　　）

2.56 直接耦合放大电路的零点漂移很小，所以应用很广泛。　　　　　　　（　　）

2.57 在集成电路中制造大电容很困难，因此阻容耦合方式在线性集成电路中几乎无法采用。

（　　）

2.58 在多级放大电路中，后级的输入电阻是前级的负载，而前级的输出电阻也可视为后级的信号源内阻。　　　　　　　　　　　　　　　　　　　　　　　　　　　　　（　　）

2.59 通常的 JFET 管在漏极和源极互换使用时，仍有正常的放大作用。　　（　　）

【分析题】

2.60 测得放大电路中两只 BJT 的两个电极的电流如图题 2.60 所示。在圆圈中画出管子，标出第三个电极的电流值和方向，并分别求出它们的电流放大系数 β。

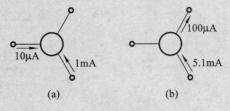

图题 2.60

2.61 测得放大电路中六只 BJT 的直流电位如图题 2.61 所示。在圆圈中画出管子，并说明它们是硅管还是锗管。

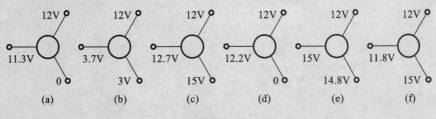

图题 2.61

2.62 分别判断图题2.62所示各电路中晶体管是否有可能工作在放大状态。

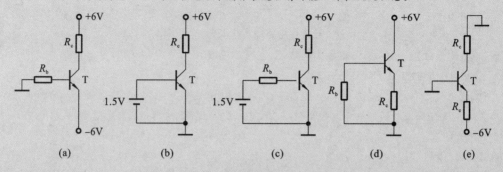

图题 2.62

2.63 电路如图题2.63所示,BJT导通时$U_{BE}=0.7$ V,$\beta=50$。试分析V_{BB}分别为0 V、1 V、3 V三种情况下,BJT工作状态及输出电压u_o的值。

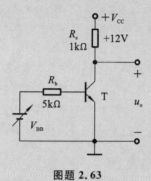

图题 2.63

2.64 分别分析图题2.64所示各电路是否有可能放大正弦波信号。

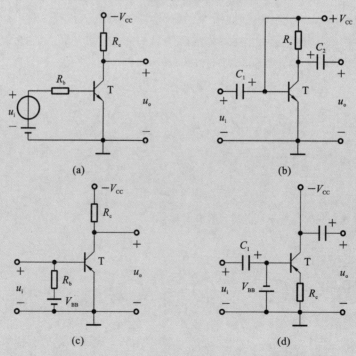

图题 2.64

2.65 画出图题 2.65 所示各电路的直流通路和交流通路。设所有电容对交流信号均可视为短路。

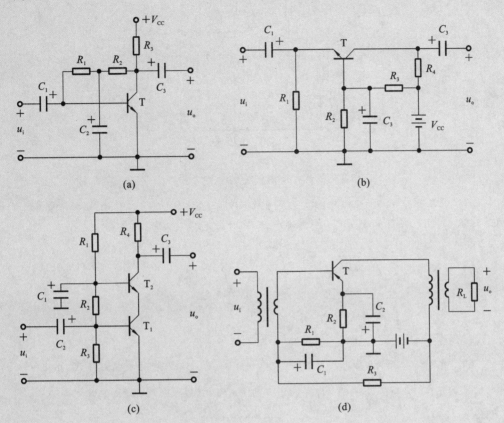

图题 2.65

2.66 电路如图题 2.66(a) 所示，图题 2.66(b) 是 BJT 的输出特性，静态时 $U_{BEQ} = 0.7$ V。利用图解法分别求出 $R_L = \infty$ 和 $R_L = 3$ kΩ 时的静态工作点和最大不失真输出电压 U_{om}（有效值）。

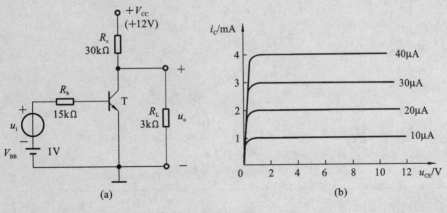

图题 2.66

2.67 电路如图题 2.67 所示，BJT 的 $\beta = 80$，$r_{bb'} = 200$ Ω。分别计算 $R_L = \infty$ 和 $R_L = 3$ kΩ 时的 Q 点、$\dot{A}_u$、R_i、R_o 和 $\dot{A}_{us}$。

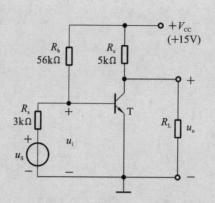

图题 2.67

2.68　在图题 2.68 所示电路中,由于电路参数不同,在信号源电压为正弦波时,测得输出波形如图题 2.68(a)、(b)、(c)所示,试分别说明电路产生了何种失真,如何消除。

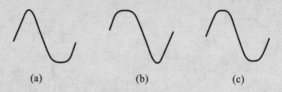

(a)　　　　　(b)　　　　　(c)

图题 2.68

2.69　图题 2.69 所示电路中,BJT 的 $\beta=100$,$r_{be}=1\ \text{k}\Omega$。(1)若测得静态管压降 $U_{CEQ}=6\ \text{V}$,试估算电阻 R_b 的值;(2)若测得 $\dot{U}_i$ 和 $\dot{U}_o$ 的有效值分别为 $1\ \text{mV}$ 和 $100\ \text{mV}$,则负载电阻 R_L 的值为多少?

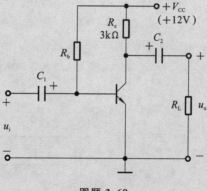

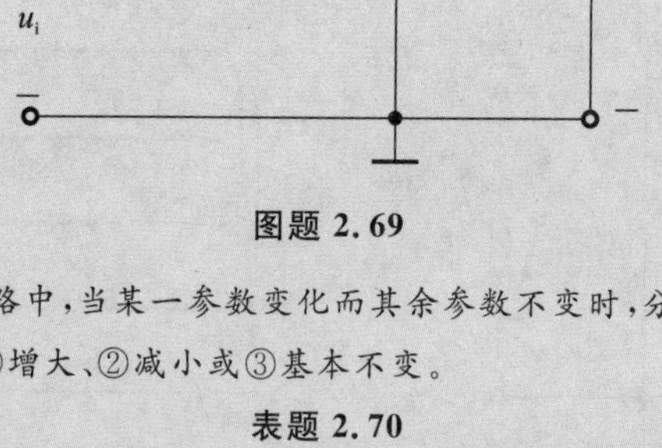

图题 2.69

2.70　图题 2.69 所示电路中,当某一参数变化而其余参数不变时,分析电路 Q 点和动态性能指标的变化,在表题 2.70 中填入①增大、②减小或③基本不变。

表题 2.70

参数变化	I_{BQ}	U_{CEQ}	$|\dot{A}_u|$	R_i	R_o
R_b 增大					
R_c 增大					
R_L 增大					

2.71 电路如图题 2.71 所示,晶体管的 $\beta=100$, $r_{bb'}=100\ \Omega$。(1)求电路的 Q 点;(2)求 $\dot{A}_u$、R_i 和 R_o。

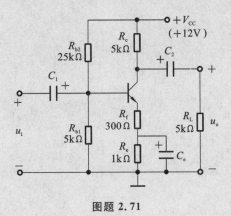

图题 2.71

2.72 设图题 2.72 所示电路的输入电压为正弦波。试求 $A_{u1}=u_{o1}/u_i$ 和 $A_{u2}=u_{o2}/u_i$。

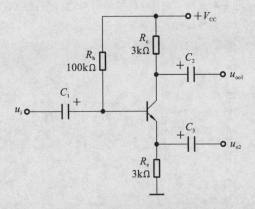

图题 2.72

2.73 电路如图题 2.73 所示,BJT 的 $\beta=80$, $r_{be}=1\ k\Omega$。(1)求出 Q 点;(2)分别求出 $R_L=\infty$ 和 $R_L=3\ k\Omega$ 时电路的 $\dot{A}_u$ 和 R_i;(3)求出 R_o。

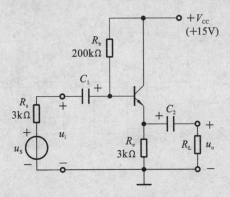

图题 2.73

2.74　电路如图题 2.74 所示,晶体管的 $\beta=60$,$r_{bb'}=200\ \Omega$。(1)求解 Q 点、$\dot{A}_u$、R_i 和 R_o;(2)设 $U_s=10\ \mathrm{mV}$(有效值),求 U_i 和 U_o 的有效值;(3)若 C_3 开路,则 U_i 和 U_o 会发生何种变化。

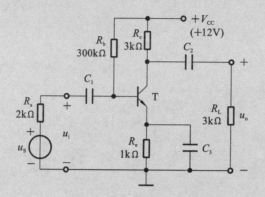

图题 2.74

2.75　两个单管放大电路分别如图题 2.75(a)、(b)所示,假设图题 2.75(a)为电路Ⅰ,图题 2.75(b)为电路Ⅱ。由电路Ⅰ、Ⅱ组成的多级放大电路如图题 2.75(c)、(d)、(e)所示,它们均正常工作。试分析图题 2.75(c)、(d)、(e)所示电路中:(1)哪些电路的输入电阻较大;(2)哪些电路的输出电阻较小;(3)哪个电路的电压放大倍数最大。

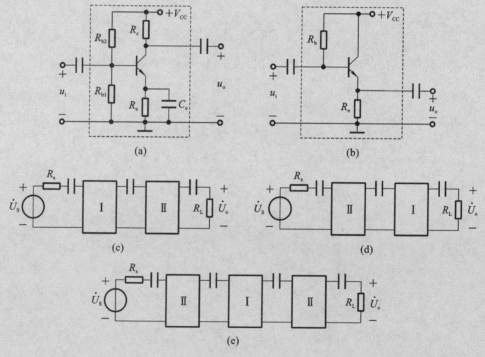

图题 2.75

2.76　判断图题 2.76 所示各两级放大电路的组态。设图中所有电容对于交流信号均可视为短路。

2.77　电路如图题 2.76(a)、(b)所示,晶体管的 β 均为 150,r_{be} 均为 $2\ \mathrm{k}\Omega$,Q 点合适。求解 $\dot{A}_u$、R_i 和 R_o。

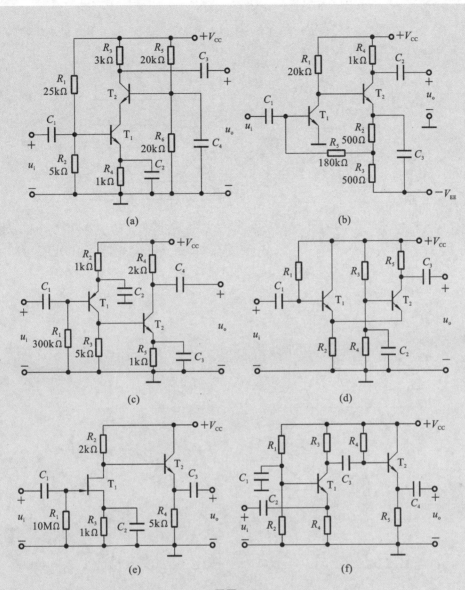

图题 2.76

2.78 分别判断图题 2.78 所示各电路中的 FET 是否有可能工作在恒流区。

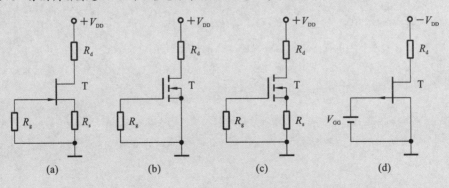

图题 2.78

2.79 电路如题 2.79(a)所示,FET 的输出特性如图题 2.79(b)所示,分析当 u_i 分别为 4 V、8 V 和 12 V 三种情况下,FET 的工作区域。

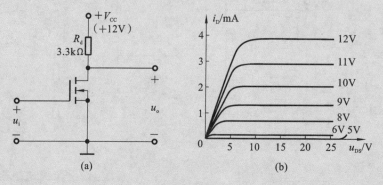

图题 2.79

2.80 分析图题 2.80 所示各电路是否有可能放大正弦波电压。

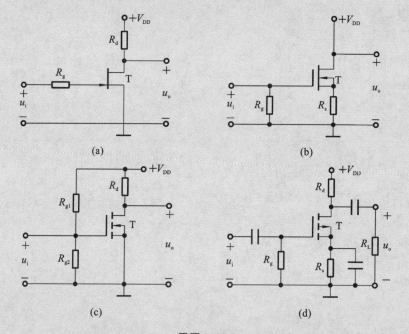

图题 2.80

2.81 已知图题 2.81(a)所示电路中,FET 的转移特性和输出特性分别如图题 2.81(b)、(c)所示。 (1)利用图解法求 Q 点;(2)利用等效电路法求解 $\dot{A}_u$、R_i 和 R_o。

2.82 已知图题 2.82(a)所示电路中,FET 的转移特性如图题 2.82(b)所示。求解电路的 Q 点和 $\dot{A}_u$。

2.83 电路如图题 2.83 所示,已知场效应管的低频跨导为 g_m,试写出 $\dot{A}_u$、R_i 和 R_o 的表达式。

2.84 设图题 2.84 所示各电路的静态工作点均合适,分别画出它们的交流等效电路,并写出 A_u、R_i 和 R_o 的表达式。

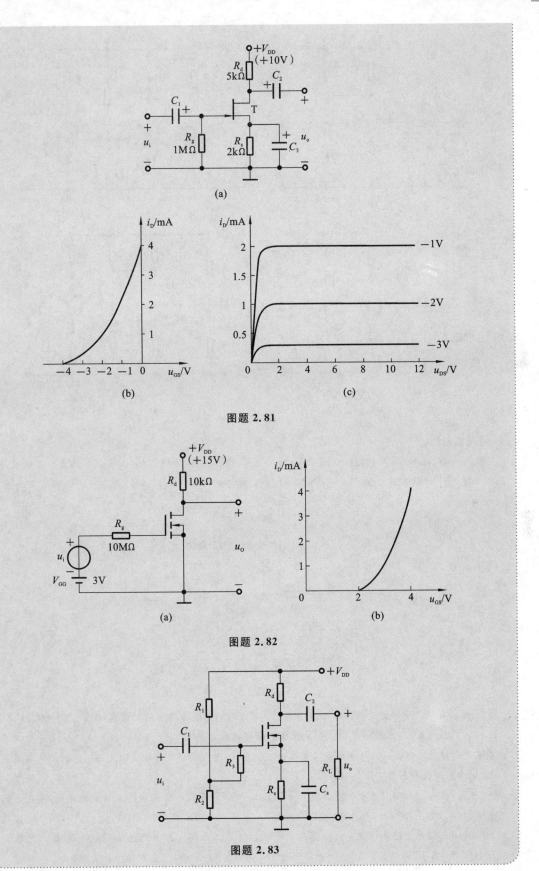

图题 2.81

图题 2.82

图题 2.83

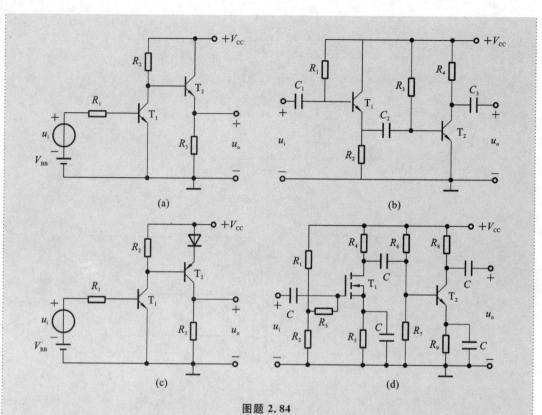

图题 2.84

【仿真题】

2.85　在 Multisim 中构建如图题 2.85 所示电路,BJT 选用 2N2222A。用直流电压表分别测量下列情况下 BJT 的集电极电位。(1)正常情况;(2)R_{b1} 短路;(3)R_{b1} 开路;(4)R_{b2} 开路;(5)R_c 短路。

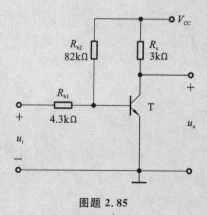

图题 2.85

2.86　在 Multisim 仿真软件中搭建一个图 2.2.5 所示的基本共射放大电路,BJT 选用 2N2222A,$V_{CC} = 10$ V,$R_B = 430$ kΩ,$R_C = 3$ kΩ,$R_L = 10$ kΩ,耦合电容均为 50 μF。(1)运用直流工作点分析功能测量电路的静态工作点;(2)给电路输入正弦波,利用示波器观察输入和输出的波形;(3)测量电压放大倍数、输入电阻和输出电阻。

2.87　在 Multisim 仿真软件中搭建一个图 2.5.2(a)所示的分压式静态工作点稳定电路,BJT 选用 2N2222A,$R_{B1} = 100$ kΩ,$R_{B2} = 33$ kΩ,$R_E = 2.5$ kΩ,$R_C = 5$ kΩ,$R_L = 10$ kΩ,$V_{CC} = 15$ V,耦合电容均为 50 μF。(1)运用直流工作点分析功能测量电路的静态工作点;(2)测量电压放大倍数、输入电阻和输出电阻;(3)在 R_E 两端并联 100 μF 的旁路电容 C_E,分析 Q 点和动态性能指标的变化。

2.88 在 Multisim 仿真软件中搭建一个图 2.6.1(a)所示的共集电极放大电路,BJT 选用 2N2222A,$V_{CC}=10$ V,$R_B=240$ kΩ,$R_E=5.6$ kΩ,$R_L=5.6$ kΩ,耦合电容均为 50 μF。(1)运用直流工作点分析功能测量电路的静态工作点;(2)给电路输入正弦波,利用示波器观察输入和输出的波形;(3)测量电压放大倍数、输入电阻和输出电阻。

2.89 测试 N 沟道结型场效应管 2N5911 的转移特性,测出其夹断电压和饱和漏极电流的值。

2.90 在 Multisim 仿真软件中搭建一个图 2.7.17(a)所示的自偏压式共源极放大电路,JFET 选用 2N5911,$V_{DD}=10$ V,$R_G=1$MΩ,$R_D=R_S=2.5$ kΩ,$R_L=10$ kΩ,电容均为 50 μF。(1)运用直流工作点分析功能测量电路的静态工作点;(2)给电路输入正弦波,利用示波器观察输入和输出的波形;(3)测量电压放大倍数和输出电阻。

项目3

心电信号放大器的设计与实践

项目内容与目标

心电图(electro cardio graph,ECG)是临床疾病诊断中常用的辅助手段。心电数据采集系统是心电图仪的关键部件。人体心电信号的幅值为 $20~\mu V \sim 5~mV$,频带宽度为 $0.05 \sim 100~Hz$,心电信号源阻抗为 $1 \sim 50~k\Omega$,信号十分微弱。由于心电信号中通常混杂有其他生物电信号,而且人体外还有以 $50~Hz$ 工频干扰为主的电磁干扰,使得心电噪声背景较强,测量条件比较复杂。为了不失真地检测出有临床价值的干净心电信号,往往要求心电数据采集系统具有高稳定性、高输入阻抗、高共模抑制比、低噪声及强抗干扰能力等性能。而集成运算放大器具有以上各性能特点,是设计心电图仪的最佳器件。

本项目的目标是认识和了解集成运算放大器的组成,并运用集成运算放大器设计一个心电信号放大器电路。主要内容包括:集成运算放大器的认识、差分放大电路的分析与实践、负反馈放大电路的分析与实践、有源滤波器的分析与实践,以及心电信号采集电路的设计与实践。

任务 3.1 集成运算放大器的认识

任务目标

学习集成运算放大器的组成结构、主要参数和传输特性曲线。熟悉集成运放的组成及结构特点和主要参数。通过电路仿真深入理解集成运算放大器的传输特性。

任务引导

集成运算放大器实质上是一个具有高电压放大倍数的多级直接耦合放大电路。最初多用于各种模拟信号的运算,故称集成运算放大器,简称集成运放,外形如图 3.1.1 所示。从 20 世纪 60 年代发展至今已经历了四代产品,类型和品种相当丰富。

图 3.1.1 集成运算放大器外形

◆ 3.1.1 集成运算放大器的组成和符号

一、集成运算放大器的组成

集成运算放大器的分类和品种很多,但在结构上基本一致,其内部通常包含四个基本组成部分:输入级、中间级、输出级以及偏置电路,每个部分的功能如图 3.1.2 所示。

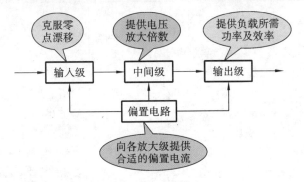

图 3.1.2 集成运算放大器的组成

二、集成运算放大器的符号

由于集成运放的输入级通常由差分放大电路组成,因此一般具有两个输入端和一个输出端。集成运算放大器的符号和端口功能如图 3.1.3 所示,还有一种也经常使用的国标符号如图 3.1.4(a)所示。若只研究集成运放对输入信号的放大问题,而不考虑失调因素对电路的影响,则可以用简化的低频等效电路,如图 3.1.4(b)所示。从运放输入端看进去,等效为一个电阻 r_{id};从输出端看进去,等效为一个电压 u_i(即 $u_+ - u_-$)控制的电压源 $A_{od}u_i$,内阻为 r_o。

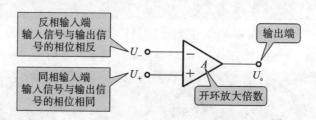

图 3.1.3 集成运算放大器的符号和端口功能

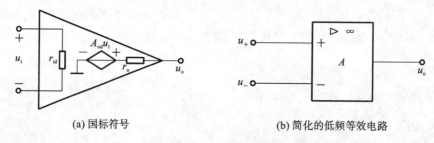

(a) 国标符号 (b) 简化的低频等效电路

图 3.1.4 集成运算放大器的国标符号和简化的低频等效电路

◆ 3.1.2 集成运算放大器的性能指标和特点

一、集成运算放大器的性能指标

为了描述集成运放的性能,提出了许多项技术指标,表 3.1.1 中列出的是常用的、主要的技术指标。

表 3.1.1 集成运算放大器的主要技术指标

参 数 名 称		定 义	意 义
常用特性参数	开环差模电压放大倍数 A_{od}	$A_{od} = 20\lg \left| \dfrac{\Delta U_o}{\Delta U_- - \Delta U_+} \right|$ 单位为分贝	A_{od} 是决定运放精度的重要因素,理想情况下希望 A_{od} 为无穷大
	共模抑制比 K_{CMR}	$K_{CMR} = 20\lg \left| \dfrac{A_{od}}{A_{oc}} \right|$ 单位为分贝	K_{CMR} 用以衡量集成运放抑制温漂的能力
	差模输入电阻 r_{id}	$r_{id} = \dfrac{\Delta U_{id}}{\Delta I_{id}}$	r_{id} 用以衡量集成运放向信号源索取电流的大小。r_{id} 越大从信号源索取的电流越小
	输出电阻 r_{od}		几十欧甚至几百欧

续表

参数名称	定义	意义
输入失调电压 U_{io}	为了使输出电压为零,在输入端所需要加的补偿电压 $$U_{io} = \frac{U_o\mid_{U_i=0}}{A_{od}}$$	U_{io} 是表征运放内部电路对称性的指标,反映温漂的大小,其值一般在 $1 \sim 10$ mV
输入失调电压温漂 α_{Uio}	$$\alpha_{Uio} = \frac{dU_{io}}{dT}$$	α_{Uio} 表示失调电压在规定工作范围内的温度系数,是衡量运放温漂的重要指标
输入失调电流 I_{io}	当输出电压等于零时 $$I_{io} = \mid I_{B1} - I_{B2} \mid$$	I_{io} 用以描述差分对管输入电流的不对称情况,一般为 1 nA~ 0.1 μA
输入失调电流温漂 α_{Iio}	$$\alpha_{Iio} = \frac{dI_{io}}{dT}$$	α_{Iio} 代表输入失调电流的温度系数。一般为每度几纳安,高质量的只有每度几十皮安
输入偏置电流 I_{iB}	当输入电压为零时 $$I_{iB} = \frac{1}{2}\mid I_{B1} + I_{B2} \mid$$	I_{iB} 越小,信号源内阻对集成运放静态工作点的影响越小。一般为 10nA ~ 1 mA。通常集成运放的 I_{iB} 越大,其 I_{iO} 越大
最大共模输入电压 U_{icm}	集成运放输入端所能承受的最大共模电压	超过此值,集成运放的性能将显著恶化,还有可能无法正常工作或损坏
最大差模输入电压 U_{idm}	集成运放反相输入端与同相输入端之间能够承受的最大电压	
-3 dB 带宽 f_H	A_{od} 下降 3 dB 时的频率	反映集成运放频率响应相关的特性
单位增益带宽 BW$_G$	A_{od} 降至 0 dB 时的频率	

(左侧合并列: 输入失调参数 / 极限参数)

二、理想运放的性能指标

分析集成运放构成的电路时,都将集成运放看成理想元件,即理想的集成运算放大器。在分析运放应用电路的工作原理和输入输出关系时,运用理想运放的概念,有利于抓住事物的本质,忽略次要因素,简化分析的过程。实际的集成运放非常接近理想的运放,用理想运放代替实际运放分析计算所带来的误差一般都不大,可以不予考虑。除特殊说明,我们后面的分析都将集成运放理想化。理想化的集成运放应满足以下条件:

(1) $A_{od} = \infty$;

(2) $r_{id} = \infty$;

(3) $r_{od} = 0$;

(4) $K_{CMR} = \infty$;

(5) $f_H = \infty$;

(6) U_{io}、I_{io} 及其温漂均为零,且无任何内部噪声。

三、集成运算放大器的特点

(1) 同一片内元件参数与其标称值之间的绝对误差较大,但元件参数的比值有良好精度，温度均匀性好。

（2）电阻元件由硅半导体的体电阻组成，阻值为几十欧，甚至几十千欧。高阻值电阻由恒流源代替。

（3）电容用结电容或 SiO_2 介质电容，容量小，集成电路中大都采用直接耦合电路。

（4）三极管多用硅管，二极管多用三极管的发射结。

（5）多用复合结构和组合电路。

四、各类集成运放的性能特点

通用型集成运放已经历了四代的更替，各项技术指标不断得到改进。除了通用型集成运放以外，还有专门为适应某些特殊需要而设计的专用型运放，表 3.1.2 列出了几种常用的专用型运放的性能特点。

表 3.1.2　各类集成运放的性能特点

集成运放类型	性 能 特 点
高精度型	漂移和噪声很低，开环增益和共模抑制比很高，误差小
低功耗型	静态功耗一般比通用型低 1～2 个数量级（不超过毫瓦级），要求电压很低，有较高的开环差模增益和共模抑制比
高阻型	通常利用场效应管组成差分输入级，输入电阻高达 10^{12} Ω。 高阻型运放可用在测量放大器、采样-保持电路、带通滤波器、模拟调节器以及某些信号源内阻很高的电路中
高速型	大信号工作状态下具有优良的频率特性，转换速率可达每微秒几十伏，甚至每微秒几百伏，最高可达 1000 V/μs，单位增益带宽可达 10 MHz，甚至几百兆欧。 常用在 A/D 和 D/A 转换器、有源滤波器、高速采样－保持电路、模拟乘法器和精度比较器等电路中
高压型	输出电压动态范围大，电源电压高，功耗大
大功率型	可提供较高的输出电压、较大的输出电流，负载上可得到较大的输出功率

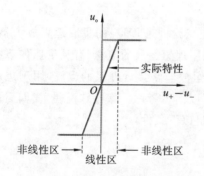

图 3.1.5　集成运放的传输特性

3.1.3　集成运算放大器的电压传输特性

一、集成运放的电压传输特性

传输特性就是放大电路输出信号（电流或电压）随输入信号变化的函数关系。集成运放的两个输入端分别为同相输入端和反相输入端，如图 3.1.3 所示。集成运放的输出电压与输入电压（即同相输入端与反相输入端之间的差值电压）之间的关系称为电压传输特性（如图 3.1.5 所示），即

$$u_o = f(u_+ - u_-) \qquad (3.1.1)$$

从特性曲线可以看出，集成运放具有线性区（也称为放大区）和非线性区（也称为饱和区）。在线性区，输出电压随着输入电压的变化而变化；在非线性区，输出电压只有两种情况：$+U_{oPP}$（正饱和电压）或 $-U_{oPP}$（负饱和电压）。

二、理想运放的两个工作区

1. 线性区

由于集成运放的开环差模放大倍数很大,而开环放大倍数受温度的影响极大,因此都要接深度负反馈,使其净输入信号减小,这样才能让集成运放工作在线性区。工作在线性区的集成运放有以下两个特点:

(1) 理想集成运放的同相输入端和反相输入端电位相等,称为"虚短",即

$$u_+ = u_- \tag{3.1.2}$$

(2) 流入集成运放两个输入端的电流为零,称为"虚断",即

$$i_+ = i_- = 0 \tag{3.1.3}$$

2. 非线性区

由于集成运放的开环放大倍数很大,当它工作在开环状态时(未接入深度负反馈或加入正反馈),只要有差模信号输入,哪怕是十分微小的信号都会使输出达到饱和值,使集成运放工作在非线性区。非线性区的集成运放有以下两个特点:

(1) 当 $u_+ > u_-$ 时,$u_o = +U_{oPP}$;

当 $u_+ < u_-$ 时,$u_o = -U_{oPP}$。

(2) 具有"虚断"的特点,即 $i_+ = i_- = 0$。

  任务实施

◆ 理想运算放大器的特性

在 Multisim 仿真软件中搭建一个如图 3.1.6 所示的理想运放工作电路,观察运放的两个输入端和输出端,体会理想运放的性能特点。

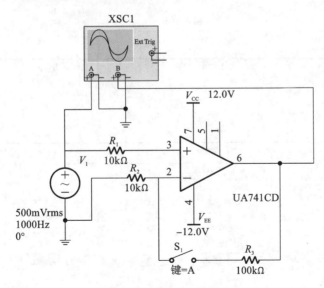

图 3.1.6   集成运放测试电路

1. 绘制电路图

打开 Multisim 仿真软件,按照图 3.1.6 所示绘制出仿真电路图,电路中各元器件的名称及存储位置见表 3.1.3。

表 3.1.3　元器件的名称及存储位置

元器件名称	所在库	所属系列
集成运放 UA741CD	Analog	OPAMP
直流电压源 V_{CC}、V_{EE}	Sources	POWER_SOURCES
电阻	Basic	RESISTOR
开关	Basic	SWITCH
地线 GROUND	Sources	POWER_SOURCES
交流电压源 AC_POWER	Sources	POWER_SOURCES
示波器 XSC1	仪器仪表区	
探针	工具栏	

2. 电路仿真

设置开关 S_1 为打开状态,单击"运行"按钮,开启仿真。双击示波器,将时基标度设为 1 ms/Div,显示方式设为 Y/T;通道 A 刻度设为 1 V/Div,Y 轴位移设为 0 格,耦合方式设为交流;通道 B 刻度设为 10 V/Div,Y 轴位移设为 0 格,耦合方式设为交流。示波器中显示输入信号(A 通道)和输出信号(B 通道)波形,如图 3.1.7 所示。将显示方式设为 B/A,即可得运放的传输特性曲线,如图 3.1.8 所示,分成线性和非线性两部分。

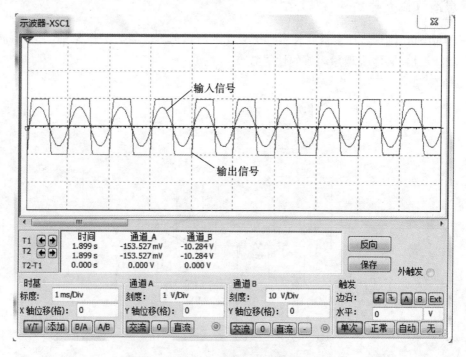

图 3.1.7　开关 S_1 打开时电路仿真波形图

单击"停止"按钮,关闭仿真,然后将开关 S_1 设置为关闭,再次运行电路。将示波器 A、B

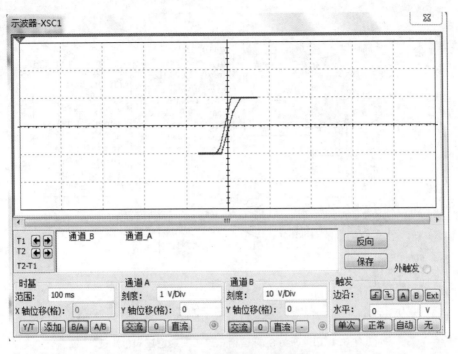

图 3.1.8 集成运放传输特性

通道的 Y 轴位移分别设为 1 格和 -1 格,其他参数不变,可得如图 3.1.9 所示的波形。输出电压比输入电压大,且成线性放大关系。

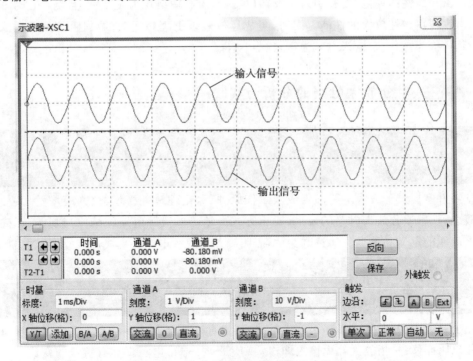

图 3.1.9 开关 S_1 闭合时电路仿真波形图

关闭仿真,接着在工具栏中选择探针工具,用于测量运放两个输入端的电压和电流值。再次运行电路,可以看到探针中显示的数值,如图 3.1.10 所示。可见,两个输入端的电流值非常小,几乎为零,而电压值基本相等。

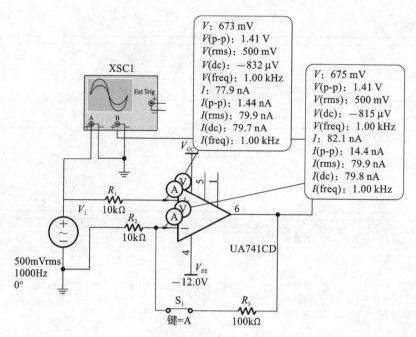

图 3.1.10　开关 S_1 闭合时电路输入端电压和电流值

3. 仿真结果分析

由仿真结果可知,当输入信号幅度较大时,在开环状态,输入为正弦波,输出为近似方波,表现出非线性的性能;而在引入负反馈以后,输入和输出均为正弦波,且输出信号比输入信号大,表现出线性放大的性能。同时,集成运放表现出理想运放的属性,即两个输入端的电压相等,称为"虚短";输入电流为零,称为"虚断"。

 任务 3.2　差分放大电路的分析与实践

 任务目标

学习并掌握差分放大电路的组成及工作原理;深刻理解差模增益、共模增益、共模抑制比的概念;熟悉差分放大电路的输入、输出方式。学习电流源电路的结构与功能,正确理解各种电流源的定义和种类。通过电路仿真,明确差分放大电路在集成运算放大器中的作用。

任务引导

在项目 2 中,我们学习了多级放大电路,其中直接耦合方式容易产生零点漂移现象。零点漂移也叫漂移,是指放大器无输入即输入端短路时,输出电压仍然有缓慢的变化。在直接耦合放大器中,前级漂移将被逐级放大,会影响放大电路的性能。由温度变化引起的半导体器件参数的变化,是产生零点漂移的主要原因,因而零点漂移也称为温度漂移,简称温漂。

抑制温度漂移的方法有以下几种。

(1)在电路中引入直流负反馈,例如典型的静态工作点稳定电路中的 R_e 所起的作用。

（2）采用温度补偿的方法利用热敏元件来抵消放大管的变化。

（3）采用特性相同的管子，使它们的温漂相互抵消，构成"差分式放大电路"。

◆ 3.2.1 差模信号和共模信号的概念

差分放大电路是一个双口网络，每个端口有两个端子，可以输入两个信号，输出两个信号。其端口结构示意图如图 3.2.1 所示。

注意：普通放大电路也可以看成是一个双口网络，但每个端口都有一个端子接地。因此，只能输入一个信号，输出一个信号。

大小相等、极性相反的信号称为差模信号，而大小相等、极性相同的信号称为共模信号。在差分放大电路的两个输入端加上任意大小、任意极性的输入电压 u_{i1} 和 u_{i2}，都可以将它们认为是某个差模输入电压和某个共模输入电压的组合。其中差模输入电压 u_{id} 和共模输入电压 u_{ic} 的值分别为

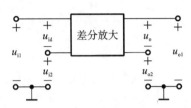

图 3.2.1 差分放大电路输入输出结构示意图

差模信号

$$u_{id} = u_{i1} - u_{i2} \qquad (3.2.1)$$

共模信号

$$u_{ic} = \frac{1}{2}(u_{i1} + u_{i2}) \qquad (3.2.2)$$

u_{id} 加在两管输入端之间，因此，对单管而言，每管的差模输入电压仅为 $u_{id}/2$；而 u_{ic} 加在每个管子的输入端，故两个输入端上的共模电压相等，均为 u_{ic}。

◆ 3.2.2 差分放大电路

一、电路结构

差分放大电路是构成多级直接耦合放大电路的基本单元电路，通常作为输入级使用。差分放大电路是由典型的工作点稳定电路演变而来。将两个完全对称的共射级电路组合，可以得到基本的差分放大电路，如图 3.2.2 所示。电路有两个输入端和两个输出端，电路结构对称，在理想的情况下，两晶体管的特性及对应电阻元件的参数值都相等，静态工作点相同。

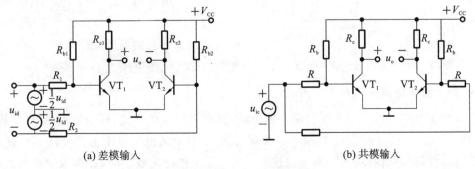

(a) 差模输入 (b) 共模输入

图 3.2.2 基本差分放大电路结构

二、性能分析

静态时，$u_{i1} = u_{i2} = 0$，则 $u_o = U_{C1} - U_{C2} = 0$。温度变化时，$U_{C1}$ 和 U_{C2} 变化一致，u_o 保持不变。对称差分放大电路对两管所产生的同向漂移都有抑制作用。

动态分析时，假设每一边单管放大电路的电压放大倍数为 A_{u1}。在差模信号作用下，两管集电极输出电压变化量分别为

$$\Delta u_{C1} = \frac{1}{2} A_{u1} \Delta u_{id} \tag{3.2.3}$$

$$\Delta u_{C2} = -\frac{1}{2} A_{u2} \Delta u_{id} \tag{3.2.4}$$

则放大电路输出电压的变化量为

$$\Delta u_o = \Delta u_{C1} - \Delta u_{C2} \tag{3.2.5}$$

所以差模电压放大倍数为

$$A_d = \frac{\Delta u_o}{\Delta u_{id}} = A_{u1} \tag{3.2.6}$$

基本差分放大电路只对差模输入信号进行放大，而不对共模信号进行放大。在双端输出的情况下，放大电路的差模电压放大倍数等于一个单级共射放大电路的电压放大倍数。

在理想对称的条件下，如果共模信号能够模拟温度的变化，则不难看出，无论温度怎么变化，输出端皆为零，从而达到了抑制输出信号电压零点漂移的目的。

三、长尾式差分放大电路

前面介绍的基本差分放大电路中，依靠电路对称，利用两个放大电路的输出之差，抑制了零点漂移电压的输出，但是并没有消除单级放大电路本身的零漂。为了进一步减小或消除零漂，提高抑制零点漂移的效果，需要在基本差分放大电路的基础上进行改进，减小单级放大电路自身的零点漂移。

在基本差分放大电路的发射极接入一个发射极电阻 R_e，以便引入电流负反馈，稳定输入电压，减小零漂。发射极电阻 R_e 犹如在基本差分电路中多了一条尾巴，R_e 越大，稳定性越

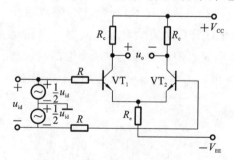

图 3.2.3 长尾式差分放大电路

好，相当于尾巴越长，故称为长尾式差分电路。发射极电阻 R_e 越大，对共模信号的反馈作用越强，抑制零漂的效果越好，但同时，R_e 上的直流压降也越大，三极管放大的动态范围越小。解决办法是增加一个负电源 V_{EE}，用以增加三极管的动态范围。电路如图 3.2.3 所示，由于 R_e 上流过两倍的集电极变化电流，其稳定能力比射极偏置电路更强。

四、差分放大电路的四种工作方式

差分放大电路有两个输入端和两个输出端，故有四种工作方式，即双端输入-双端输出、双端输入-单端输出、单端输入-双端输出和单端输入-单端输出。当输出信号从其中任一个集电极输出时，称为单端输出。当输出信号从两个集电极之间输出时，称为双端输出。在单端输入时，即输入端有一端接地，输入的差模信号将被对半分配到两侧的输入端，相当于双

端输入;可以说单端输入等同于双端输入。故只用区分输出方式,差分放大器的主要性能如表 3.2.1 所示。

表 3.2.1　差分放大器的主要性能

双端输出差分放大器		单端输出差分放大器	

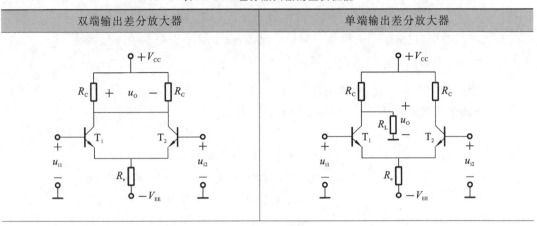

$$I_{EQ} = \frac{V_{EE} - U_{BEQ}}{R_{EE}}, I_{CQ1} = I_{CQ2} \approx \frac{I_{EQ}}{2}$$

差模性能	共模性能	差模性能	共模性能
$R_{id} = 2R_{i1} = 2r_{be}$	$R_{ic} = \frac{1}{2}\left[r_{be} + 2(1+\beta)R_e \right]$	$R_{id} = 2R_{i1} = 2r_{be}$	$R_{ic} = \frac{1}{2}\left[r_{be} + 2(1+\beta)R_e \right]$
$R_{od} = 2R_{o1} \approx 2R_C$	$R_{od} = 2R_{o1} \approx 2R_C$	$R_{od1} = R_{o1} \approx R_C$	$R_{oc} = R_{o1} \approx R_C$
$A_d = A_{u1} = -\dfrac{\beta\left(R_C /\!/ \frac{R_L}{2}\right)}{r_{be}}$	$A_c \to 0$	$A_{d1} = -A_{d2} = \frac{1}{2}A_{u1} = -\dfrac{\beta\left(R_C /\!/ \frac{R_L}{2}\right)}{2r_{be}}$	$A_{c1} = A_{c2} = A_{u1} \approx -\dfrac{\beta\left(R_C /\!/ \frac{R_L}{2}\right)}{2R_e}$
$K_{CMR} = \left|\dfrac{A_d}{A_c}\right| \to \infty$		$K_{CMR} = \left|\dfrac{A_{d1}}{A_{c1}}\right| \approx \dfrac{\beta R_e}{r_{be}}$	
$u_o = u_{o1} - u_{o2} = A_d u_{id}$		$u_{o1} = u_{oc1} + u_{od1} = A_{c1} u_{ic} + A_{d1} u_{id}$ $u_{o2} = u_{oc2} + u_{od2} = A_{c2} u_{ic} + A_{d2} u_{id}$	
抑制零漂的原理: (1) 利用电路的对称性; (2) 利用 R_e 的共模负反馈作用		抑制零漂的原理: 利用 R_e 的共模负反馈作用	

结论:

(1) 双端输出时,A_d 与单管 A_u 基本相同;单端输出时,A_d 约为双端输出时的一半。双端输出时，$R_o = 2R_c$；单端输出时，$R_o = R_c$。

（2）双端输出时，理想情况下，$K_{CMR} \to \infty$；单端输出时，共模抑制比不如双端输出高。

（3）单端输出时，可以选择从不同的三极管输出，而使输出电压与输入电压反相或同相。

（4）单端输出时，由于引入很强的共模负反馈，两个管子仍基本工作在差分状态。

五、差分放大器的半电路分析法

由于电路两边完全对称，因此差分放大器分析的关键，就是如何分别在差模输入和共模输入时，画出半电路的交流通路，进而确定其各项性能指标。

画半电路交流通路的关键在于如何处理公共元件（R_e、R_L）。

$$\text{电阻 } R_e \begin{cases} \text{差模输入时视为短路。} \\ \text{共模输入时等效为 } 2R_e\text{。} \end{cases}$$

$$\text{负载 } R_L \begin{cases} \text{差模输入} \begin{cases} \text{单端输出时，每管负载为 } R_L\text{。} \\ \text{双端输出时，每管负载为 } R_L/2\text{。} \end{cases} \\ \text{共模输入} \begin{cases} \text{单端输出时，每管负载为 } R_L\text{。} \\ \text{双端输出时，负载 } R_L \text{ 相当于开路。} \end{cases} \end{cases}$$

六、差分放大器的调零

实际的差分放大器，电路不可能做到完全对称。电路的不对称性将给电路带来运算误差，减小失调的方法是采用调零电路。但应注意，调零电路不能克服失调温漂的影响。图 3.2.4 给出了两种常用的调零电路，其中，图 3.2.4(a) 为发射极调零电路，图 3.2.4(b) 为集电极调零电路。

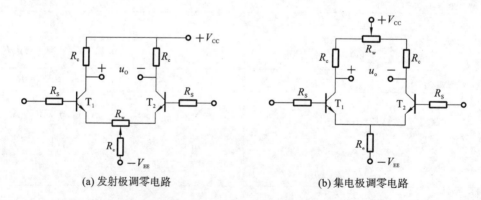

(a) 发射极调零电路　　　　　　　(b) 集电极调零电路

图 3.2.4　差分放大器的调零电路

　例 3.2.1　具有发射极调零电位器 R_w 的差分放大电路如图 3.2.4(a) 所示。已知 $V_{CC} = V_{EE} = 12$ V，三极管的 $\beta = 50$，$R_c = 30$ kΩ，$R_e = 27$ kΩ，$R_s = 10$ kΩ，$R_w = 500$ Ω，当 R_w 置中点位置时，试分析电路：

（1）估算放大电路的静态工作点 Q；

（2）假设双端输出负载 $R_L = 20$ kΩ，估算差模电压放大倍数 A_d；

（3）估算差模输入电阻 R_{id} 和输出电阻 R_o。

解　　（1）静态时，R_e 上流过 2 倍的射极电流，根据三极管的基极回路可得

$$I_{BQ}R_s + U_{BEQ} + I_{EQ}(2R_e + 0.5R_w) = V_{EE}$$

$$I_{BQ} = \frac{V_{EE} - U_{BEQ}}{R_s + (1+\beta)(2R_e + 0.5R_w)}$$

$$= \frac{12 - 0.7}{10 + 51 \times (2 \times 27 + 0.5 \times 0.5)} \text{ mA}$$

$$\approx 0.004 \text{ mA} = 4 \text{ } \mu A$$

则

$$I_{CQ} \approx \beta I_{BQ} = 50 \times 0.004 \text{ mA} = 0.2 \text{ mA}$$

$$U_{CQ} = V_{CC} - I_{CQ}R_c = (12 - 0.2 \times 30) \text{ V} = 6 \text{ V}$$

$$U_{BQ} = -I_{BQ}R_s = -(0.004 \times 10) \text{ V} = -0.04 \text{ V} = -40 \text{ mV}$$

（2）动态分析时，先画出放大电路的交流通路，如图 3.2.5 所示。长尾电阻 R_e 引入一个共模负反馈，对差模电压放大倍数 A_d 无影响。调零电位器 R_w 中只流过一个三极管的电流，且设置在中点。

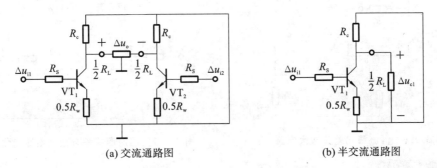

(a) 交流通路图   (b) 半交流通路图

图 3.2.5　例 3.2.1 图

由图 3.2.5 可得

$$\Delta u_{i1} = (R_s + r_{be})i_b + 0.5R_w i_e$$

$$\Delta u_{c1} = \beta i_b \left(R_c \text{ // } \frac{1}{2}R_L\right)$$

则差模电压放大倍数为

$$A_d = -\frac{\beta\left(R_c \text{ // } \frac{1}{2}R_L\right)}{R_s + r_{be} + (1+\beta)\dfrac{R_w}{2}}$$

其中

$$R_c \text{ // } \frac{1}{2}R_L = \frac{30 \times \dfrac{20}{2}}{30 + \dfrac{20}{2}} \text{ k}\Omega = 7.5 \text{ k}\Omega$$

$$r_{be} = r_{bb'} + (1+\beta)\frac{26(\text{mV})}{I_{EQ}} = (300 + 51 \times \frac{26}{0.2}) \text{ } \Omega = 6.93 \text{ k}\Omega$$

则

$$A_d = -\frac{50 \times 7.5}{10 + 6.93 + 51 \times 0.5 \times 0.5} = -12.6$$

（3）$R_{id} = 2\left[R_s + r_{be} + (1+\beta)\dfrac{R_w}{2}\right] = 2 \times (10 + 6.93 + 51 \times 0.5 \times 0.5) \text{ k}\Omega \approx 59.4 \text{ k}\Omega$

$$R_o = 2R_c = 2 \times 30 \text{ k}\Omega = 60 \text{ k}\Omega$$

差分放大器可采用各种改进型电路。例如，为提高其共模抑制能力，可用电流源取代电阻 R_e；为改变其输入、输出电阻及放大性能，差分放大器的每一边电路均可采用组合电路的形式。

七、恒流源式差分放大电路

用恒流三极管代替阻值很大的长尾电阻 R_e，既可有效抑制零漂，又不要求过高的 V_{EE} 值，且便于集成。恒流源式差分放大电路如图 3.2.6 所示，恒流管 VT_3 的基极电位由电阻 R_{b1}、R_{b2} 分压后得到，基本上不受温度变化的影响，因此发射极和集电极的电流基本保持稳定。而两个放大管的发射极电流之和近似等于恒流管的集电极电流，当温度发生变化时，这两个电流不会变化，所以接入恒流管后，抑制了共模信号的变化。为了简化表示，常常不画恒流管的具体电流，而是用一个恒流源符号来表示，恒流源式差分放大电路简化表示法如图 3.2.7 所示。

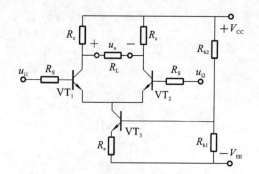

图 3.2.6　恒流源式差分放大电路　　　　图 3.2.7　恒流源式差分放大电路简化表示法

例 3.2.2　在图 3.2.8 所示的恒流源式差分放大电路中，已知 $V_{CC}=V_{EE}=12$ V，三极管的 $\beta=50$，$R_c=100$ kΩ，$R_e=33$ kΩ，$R_s=10$ kΩ，$R_w=100$ Ω，稳压管的 $U_Z=6$ V，$R_1=3$ kΩ，当 R_w 置中点位置时，试分析电路：

（1）估算放大电路的静态工作点 Q；

（2）估算差模电压放大倍数 A_d。

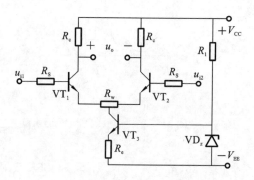

图 3.2.8　例 3.2.2 图

解　（1）静态分析通常从确定恒流三极管的电流开始。由图 3.2.8 可得

$$I_{CQ3} \approx I_{EQ3} = \frac{U_Z - U_{BEQ3}}{R_e} = \frac{6-0.7}{33} \text{ mA} \approx 0.16 \text{ mA} = 160 \text{ } \mu A$$

那么　　　　　　　　$$I_{CQ} \approx \frac{1}{2}I_{CQ3} = 80 \text{ } \mu A$$

$$U_{CQ} = V_{CC} - I_{CQ1}R_{C1} = (12-0.08\times100) \text{ V} = 4 \text{ V}$$

$$I_{BQ} \approx \frac{I_{CQ}}{\beta} = \frac{80}{50}\ \mu A = 1.6\ \mu A$$

$$U_{BQ} = -I_{BQ}R_s = -(1.6 \times 10)\ mV = 16\ mV$$

（2）由于恒流源相当于一阻值很大的长尾电阻，作用也是引入一个共模负反馈，所以恒流源式差分放大电路的交流通路与长尾式电路的交流通路相同。因此两者的差模电压放大倍数、差模输入电阻和输出电阻均相同。

故估算差模电压放大倍数 A_d 的结果与例 3.2.1 一致，为

$$A_d = -\frac{\beta R_c}{R_s + r_{be} + (1+\beta)\dfrac{R_w}{2}}$$

其中

$$r_{be} = r_{bb'} + (1+\beta)\frac{26(mV)}{I_{EQ}} = \left(300 + 51 \times \frac{26}{0.08}\right)\Omega \approx 16.9\ k\Omega$$

所以

$$A_d = -\frac{50 \times 100}{10 + 16.9 + 51 \times 0.5 \times 0.2} \approx -156$$

◆ ### 3.2.3　电流源电路

一、几种常用的电流源电路

电流源电路是广泛应用于集成电路中的一种单元电路，其主要作用是向各放大级提供合适的偏置电流，确定各级静态工作点。电流源除了作为偏置电路提供恒定的静态电流外，还可利用其输出电阻大的特点，做有源电阻使用。各个放大级对偏置电流的要求各不相同，因此会用到不同类型的偏置电路。表 3.2.2 列出了几种常见的 BJT 电流源。

表 3.2.2　几种常见的 BJT 电流源

类型	电路结构	I_{C2} 与 I_{REF} 的关系式	输出电阻	特　点
基本镜像电流源		$I_{REF} = \dfrac{V_{CC} - U_{BE}}{R}$ $I_{C2} = \dfrac{I_{REF}}{1 + 2/\beta} \approx I_{REF}$ $(\beta \gg 2)$	$R_o = r_{ce2}$	β、V_{CC} 较小时，I_{C2} 精度较低、热稳定性较差
改进型镜像电流源		$I_{REF} = \dfrac{V_{CC} - 2U_{BE}}{R}$ $I_{C2} = \dfrac{\beta^2 + \beta}{\beta^2 + \beta + 2} I_{REF}$ $\approx I_{REF}$	$R_o = r_{ce2}$	有 T_3 管隔离，在 β 较小时也有 $I_{C2} \approx I_{REF}$，I_{C2} 精度提高

续表

类型	电路结构	I_{C2} 与 I_{REF} 的关系式	输出电阻	特　点
比例电流源		$I_{REF} = \dfrac{V_{CC} - U_{BE}}{R + R_1}$ $I_{C2} = i_{C1} \dfrac{R_1}{R_2} + \dfrac{U_T}{R_2} \ln \dfrac{i_{C1}}{I_{C2}}$ $\approx \dfrac{R_1}{R_2} I_{REF}$	$R_o = r_{ce2} \cdot$ $\left(1 + \dfrac{\beta_2 \cdot R_2}{R_2 + r_{be2} + R_1 /\!/ R}\right)$	按比例输出毫安级电流，I_{C2}/I_{REF} 与电阻成反比。R_o 增大，I_{C2} 精度提高
微电流源		$I_{REF} = \dfrac{V_{CC} - U_{BE}}{R}$ $I_{C2} \approx \dfrac{U_T}{R_2} \ln \dfrac{I_{REF}}{I_{C2}}$	$R_o = r_{ce2}\left(1 + \dfrac{\beta_2 \cdot R_2}{R_2 + r_{be2}}\right)$	提供微安级电流，$I_{C2} \ll I_{REF}$。R_o 增大，I_{C2} 精度提高
威尔逊电流源		$I_{REF} = \dfrac{V_{CC} - 2U_{BE}}{R}$ $I_{C2} = \dfrac{\beta^2 + 2\beta}{\beta^2 + 2\beta + 2} I_{REF}$ $\approx I_{REF}$		I_{C2} 精度高。因为有负反馈，所以 I_{C2} 稳定性也好

表 3.2.2 中电流 I_{REF} 是由电源 V_{CC} 通过电阻 R 和晶体管 T_1 产生的基准电流。各种电流源电路的关键是给出输出恒定电流 I_{C2} 与基准电流 I_{REF} 之间的关系。

镜像电流源的输出电流与基准电流基本相等，电路结构如同镜像关系，故得此名。基本的镜像电流源，当 β 不够大时，I_{C2} 与 I_{REF} 就存在一定的差别。为了减小镜像差别，在电路中接入晶体管 T_3，称为改进型镜像电流源。该电路利用 T_3 的电流放大作用，减小了 I_B 对 I_{REF} 的分流作用，从而提高了 I_{C2} 与 I_{REF} 镜像的精度。

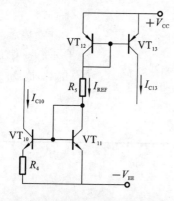

图 3.2.9　例 3.2.3 图

比例电流源是在镜像电流源的基础上，分别在晶体管的发射极接入两个电阻 R_1 和 R_2，两个晶体管的集电极电流之比近似与发射极电阻的阻值成反比，故得此名。

为了得到微安级的输出电流，同时又希望电阻值不太大，在镜像电流源的基础上，只在晶体管 T_2 的发射极接入电阻 R_2，由此得到微电流源。

例 3.2.3　图 3.2.9 所示为集成运放 LM741 偏置电路的一部分，假设 $V_{CC} = V_{EE} = 15$ V，所有三极管

的 $U_{BE}=0.7$ V，其中 NPN 三极管的 $\beta \gg 2$，横向 PNP 三极管的 $\beta=2$，电阻 $R_5=39$ kΩ。试分析以下问题：

(1) 估算基准电流 I_{REF}；

(2) 分析电路中各三极管组成何种电流源；

(3) 估算 VT_{13} 的集电极电流 I_{C13}；

(4) 若要求 $I_{C10}=28$ μA，试估算电阻 R_4 的阻值。

解　(1) 由图 3.2.9 可得

$$I_{REF} = \frac{V_{CC} + V_{EE} - 2U_{BE}}{R_5} = \frac{15 + 15 - 2 \times 0.7}{39} \text{ mA} = 0.73 \text{ mA}$$

(2) VT_{12} 与 VT_{13} 组成镜像电流源，VT_{10}、VT_{11} 与 R_4 组成微电流源。

(3) 因横向 PNP 三极管 VT_{12} 和 VT_{13} 不满足 $\beta \gg 2$，故不能简单认为 $I_{C13} \approx I_{REF}$，由镜像电流源公式可得

$$I_{C13} = I_{REF} \frac{1}{1 + \frac{2}{\beta}} = 0.73 \times \frac{1}{1 + 1} \text{ mA} = 0.365 \text{ mA}$$

(4) 因 NPN 三极管 VT_{10}、VT_{11} 满足 $\beta \gg 2$，可认为 $I_{C11} \approx I_{REF}$，由微电流源公式可得

$$R_4 = \frac{U_T}{I_{C10}} \ln \frac{I_{C11}}{I_{C10}} = \left(\frac{26 \times 10^{-3}}{28 \times 10^{-6}} \times \ln \frac{0.73 \times 10^{-3}}{28 \times 10^{-6}} \right) \text{ Ω} = 3 \times 10^3 \text{ Ω} = 3 \text{ kΩ}$$

二、电流源做有源负载

由于电流源具有交流电阻大的特点（理想电流源的内阻为无穷大），所以在模拟集成电路中被广泛用作放大电路的负载。这种由有源器件及其电路构成的放大电路的负载称为有源负载。

共发射极有源负载放大电路如图 3.2.10 所示。其中 T_1 是共射极组态的放大管，信号由基极输入、集电极输出。T_2、T_3 和电阻 R 组成镜像电流源代替 R_c，作为 T_1 的集电极有源负载。电流 I_{C2} 等于基准电流 I_{REF}。

根据共射放大电路的电压增益可知，该电路电压增益表达式为

$$A_u = -\frac{\beta(r_o \mathbin{/\!/} R_L)}{r_{be}} \tag{3.2.7}$$

式中：r_o 是电流源的内阻，即从集电极看进去的交流等效电阻。而用电阻 R_c 作负载时，电压增益表达式为

$$A_u = -\frac{\beta(R_c \mathbin{/\!/} R_L)}{r_{be}} \tag{3.2.8}$$

由于 $r_o \gg R_c$，所以有源负载大大提高了放大电路的电压增益。

例 3.2.4　有源负载差分放大电路如图 3.2.11 所示，设各管的 r_{ce} 可忽略不计。

(1) 试分析在差模输入信号作用下，输出电流 i_o 与 T_1、T_2 管输入电流之间的关系；

(2) 估算差模电压增益 A_d。

解　(1) 图 3.2.11 中，T_3、T_4 管组成镜像电流源，作为 T_1、T_2 管组成的恒流源式差分放大电路的有源负载。在差模输入电压作用下，T_1、T_2 管分别输出数值相等、极性相反的增量电流，即

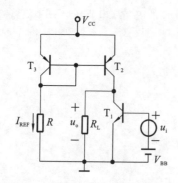

图 3.2.10 共射极有源负载放大电路

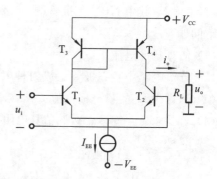

图 3.2.11 例 3.2.4 图

$$i_{C1} = I_{CQ} + \Delta i \qquad i_{C2} = I_{CQ} - \Delta i$$

而

$$i_{C1} \approx i_{C3} \approx i_{C4}$$

所以

$$i_o = i_{C4} - i_{C2} = i_{C1} - i_{C2} = (I_{CQ} + \Delta i) - (I_{CQ} - \Delta i) = 2\Delta i$$

可见,具有有源负载的差分放大电路,其单端输出时的电流值恰好等于其双端输出时的差模增量电流。故此电路虽然采用单端输出接法,但却可以得到相当于双端输出时的性能。

（2）由上述分析可知

$$A_d = -\frac{\beta R_L}{r_{be}}$$

 任务实施

一、差分放大电路的特性

在 Multisim 仿真软件中搭建图 3.2.12 所示差分放大电路,具有调零功能,开关 S_1 接在不同结点,分别组成长尾式和恒流源式差分放大电路。观察该电路的静态工作点,测量放大电路的动态性能指标。通过电路仿真分析,进一步理解差分放大电路的工作原理,以及对零点漂移的抑制作用。

1. 绘制电路图

打开 Multisim 仿真软件,按照图 3.2.12 所示绘制出仿真电路。电路中各元器件的名称及存储位置见表 3.2.3。

表 3.2.3 元器件的名称及存储位置

元器件名称	所在库	所属系列
晶体管 2N5550G	Transistor	BJT_NPN
直流电压源 V_{cc}、V_{EE}	Sources	POWER_SOURCES
电阻	Basic	RESISTOR
可调电阻	Basic	POTENTIOMETER
开关	Basic	SWITCH
地线 GROUND	Sources	POWER_SOURCES
交流电压 AC_POWER	Sources	POWER_SOURCES
示波器 XSC1	仪器仪表区	

元器件名称	所 在 库	所 属 系 列
万用表 XMM1	仪器仪表区	
探针	工具栏	

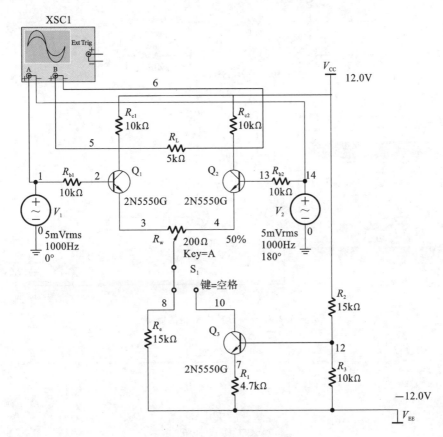

图 3.2.12　差分放大电路

2. 电路仿真

1）调零

开关 S_1 接在左边，电路为长尾式差分放大电路。将两个输入端接地，用万用表直流电压挡测量两个输出端电压，观察电压大小，若不为零，则调节 R_w 电阻，使电压值为零。单击"运行"按钮，开启仿真。测量结果如图 3.2.13 所示，设置万用表为直流、电压，当调零电阻在中间即 50% 时，万用表读数在 10^{-12} 数量级，可认为输出电压值为零。接着可以用万用表分别测量 Q_1 和 Q_2 的静态工作点。或者利用"仿真-直流工作点"来测量静态工作点。

2）静态

单击"停止"按钮，关闭仿真。将电路修改为图 3.2.12 所示，执行菜单"仿真→分析和仿真"命令，弹出"分析与仿真"对话框，在左侧列表中选择"直流工作点"，设置观察 Q_1、Q_2 的静态工作点参数，然后点击"运行"可得各静态工作点参数，如图 3.2.14 所示。

3）动态

在工具栏找到参考电压探针，在两个输入端之间和两个输出端之间分别设置探针，用于

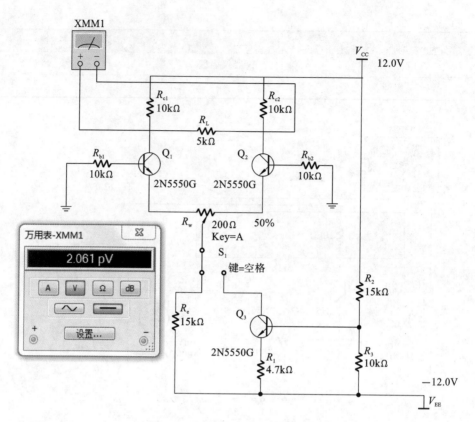

图 3.2.13　差分放大电路的调零

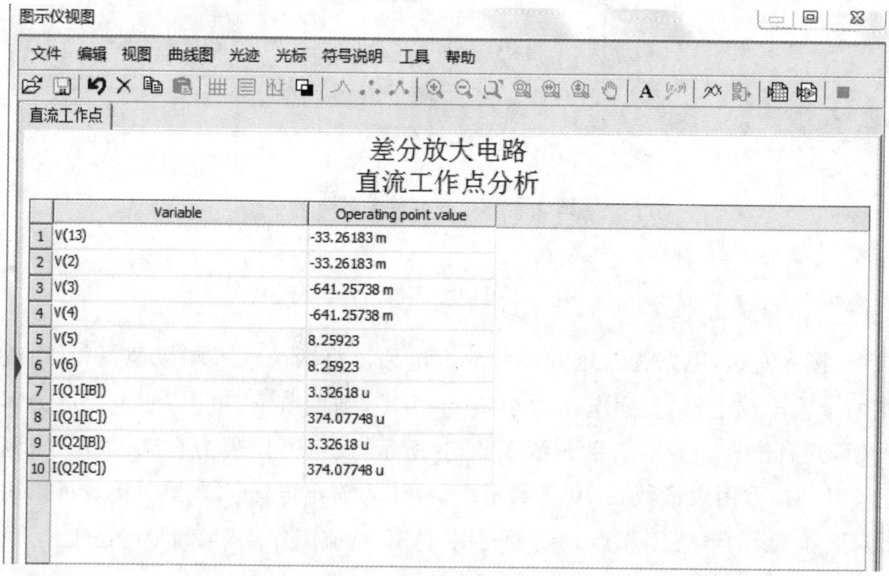

图示仪视图

文件　编辑　视图　曲线图　光标　符号说明　工具　帮助

直流工作点

差分放大电路
直流工作点分析

	Variable	Operating point value
1	V(13)	-33.26183 m
2	V(2)	-33.26183 m
3	V(3)	-641.25738 m
4	V(4)	-641.25738 m
5	V(5)	8.25923
6	V(6)	8.25923
7	I(Q1[IB])	3.32618 u
8	I(Q1[IC])	374.07748 u
9	I(Q2[IB])	3.32618 u
10	I(Q2[IC])	374.07748 u

图 3.2.14　长尾式差分放大电路静态工作点

测量差模输入电压和双端输出电压。单击"运行"按钮,开启仿真。双击示波器,将时基标度设为 1 ms/Div,显示方式设为 Y/T;通道 A 刻度设为 20 mV/Div,Y 轴位移设为 1 格,耦合方式设为交流;通道 B 刻度设为 200 mV/Div,Y 轴位移设为 -1 格,耦合方式设为交流。示波器中显示输入信号(A 通道)和输出信号(B 通道)波形,如图 3.2.15 所示。输入和输出电

压测量值如图 3.2.16 所示。也可以用万用表交流电压挡进行测量。根据测量结果可以计算差模电压放大倍数

$$A_d = \frac{83.4 \text{ mV}}{10 \text{ mV}} = 8.34$$

开关 S_1 接到右边,可用同样方式测量恒流源式差分放大电路差模电压放大倍数

$$A_d = \frac{102 \text{ mV}}{10 \text{ mV}} = 10.2$$

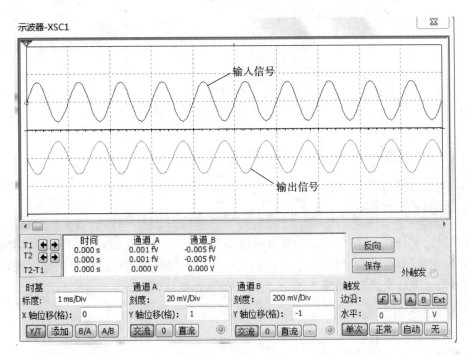

图 3.2.15　长尾式差分放大电路差模输入时输入与输出波形

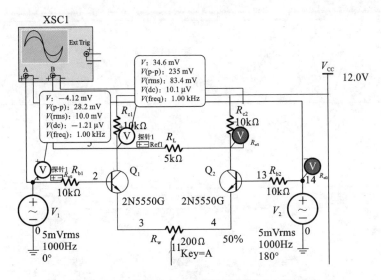

图 3.2.16　差模输入电压和双端输出电压测量值

单击"停止"按钮,关闭仿真。将 V_2 信号源的相位改为 0,与 V_1 构成共模输入,再次进行仿真,测量共模电压放大倍数,其结果如图 3.2.17 所示。根据测量结果可以计算共模电

压放大倍数

$$A_c = \frac{2.04 \text{ pV}}{5 \text{ mV}} \approx 0$$

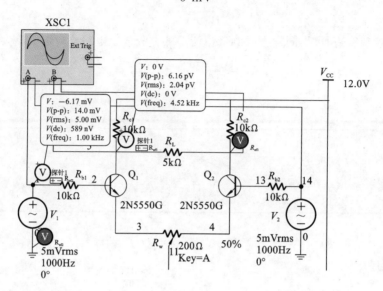

图 3.2.17　共模输入电压和双端输出电压测量值

　　单击"停止"按钮，关闭仿真。调整电路输出方式，改为单端输出，再次运行仿真，观察波形、测量输出电压并计算共模电压放大倍数。运行后，根据仿真结果，合理调整示波器显示刻度可得输入及输出波形，如图 3.2.18 所示。电压测量结果如图 3.2.19 所示，可以计算共模电压放大倍数

$$A_c = \frac{1.54 \text{ mV}}{14.1 \text{ mV}} \approx 0.11$$

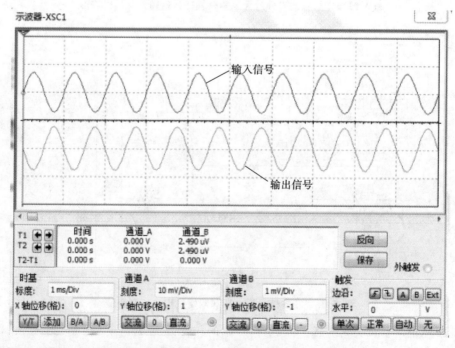

图 3.2.18　长尾式差分放大电路共模输入单端输出波形

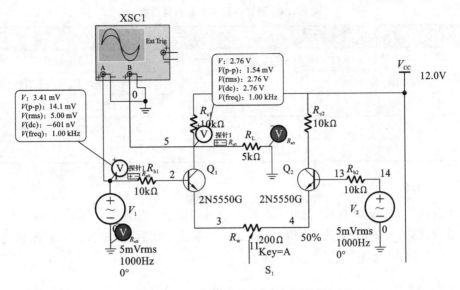

图 3.2.19　共模输入时电压测量结果

使用同样的方法可以仿真恒流源式差分放大电路的单端输出共模电压放大倍数

$$A_c = \frac{8.73\ \mu V}{14.1\ mV} \approx 0$$

3. 仿真结果分析

根据测量结果来看,差分放大电路的静态工作点是对称的,具有放大差模信号、抑制共模信号的作用。在双端输出时,长尾式和恒流源式两种差分放大电路抑制效果相当;在单端输出时,恒流源式具有更好的抑制共模效果。

二、电流源电路的特性

在 Multisim 仿真软件中搭建三个基本电流源电路,如图 3.2.20 所示。测量各电流源电路的电流。通过电路仿真分析,进一步理解电流源的工作原理和特点。

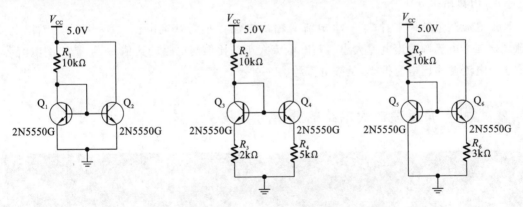

图 3.2.20　三个基础电流源电路

1. 绘制电路图

打开 Multisim 仿真软件,按照图 3.2.20 所示绘制出仿真电路。电路中各元器件的名称及存储位置见表 3.2.4。

表 3.2.4　元器件的名称及存储位置

元器件名称	所 在 库	所属系列
晶体管 2N5550G	Transistor	BJT_NPN
直流电压源 V_{CC}	Sources	POWER_SOURCES
电阻	Basic	RESISTOR
地线 GROUND	Sources	POWER_SOURCES
探针	工具栏	

2. 电路仿真

在工具栏区找到电流探针,在电流源基准电流和输出电流两处分别设置探针用于测量电流。设置完以后,单击"运行"按钮,开启仿真。系统运行后,可以看到电流测量值,如图 3.2.21 所示。单击"停止"按钮,关闭仿真。

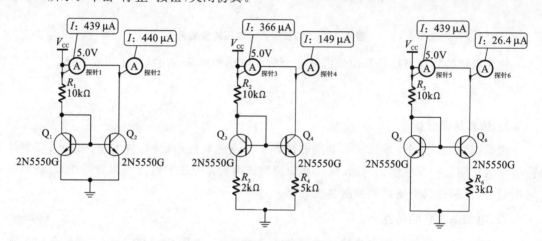

图 3.2.21　基本电流源测量结果图

3. 仿真结果分析

由电流测量结果来看,第一个电流源输出电流大小与基准电流大小相等,是镜像电流源。第二个电流源输出电流大小与基准电流大小的比值与电阻的比值一样,是比例电流源。第三个电流源输出电流很小,是微电流源。

任务 3.3　**负反馈放大电路的分析与实践**

任务目标

学习并掌握反馈的基本概念,能熟练判断反馈电路的极性和类型。熟悉负反馈对放大器性能的影响,会按要求引入适当的负反馈。熟练掌握深度负反馈条件下电压放大倍数 A_{uf} 的估算方法。通过电路仿真深入理解负反馈对放大电路的作用。

前面介绍的放大电路,尽管它们对信号都有放大的作用,但其性能往往都不够理想。比如,实际放大电路要求放大倍数要十分的稳定,输入电阻非常大,输出电阻非常的小。这些要求,我们前面介绍的电路一般情况下是不能满足要求的。为此,我们必须加入负反馈。实际应用电路几乎都带有反馈。

◆ 3.3.1 反馈的概念

放大电路输出量的一部分或全部通过一定的方式引回到输入回路,影响输入,称为反馈,可以用图 3.3.1 所示框图表示。引回输出信号的支路称为反馈网络或反馈支路,因此,是否存在反馈网络成为判断一个电路是否存在反馈的前提。

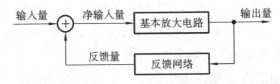

图 3.3.1　反馈放大电路的方框图

前面讨论放大电路的输入信号与输出信号间的关系时,只涉及了输入信号对输出信号的控制作用,这称作放大电路的正向传输作用。反馈信号的传输是反向传输。所以放大电路无反馈也称开环,放大电路有反馈也称闭环。

◆ 3.3.2 反馈的类别及判断

一、正反馈和负反馈

按反馈的性质不同,反馈可以分为正反馈和负反馈。

如果反馈信号与输入信号极性相同,使净输入信号增强,那么这种反馈就叫正反馈;如果反馈信号与输入信号极性相反,使净输入信号减小,那么这种反馈就叫负反馈。正反馈可以提高放大电路的增益,主要用于振荡电路中;负反馈能够稳定输出量,使放大电路的性能得到改善,所以一般放大电路均采用负反馈。

通常用"瞬时极性法"来判断反馈的极性。首先假设输入信号在某一瞬间对地极性为正,在图中用"+"表示;然后根据各级电路输入信号与输出信号之间的相位关系,标出电路其他各点的瞬时值,从而得出反馈信号的极性;最后判断反馈信号是增强还是削弱净输入信号,进而判定反馈的极性。

例如在图 3.3.2(a)中,输入端加上一个瞬时极性为正的信号,因是从运放的反相输入端输入,则输出信号极性为负,在输入端反馈信号与输入信号是差模输入的形式,反馈电压增强了输入信号的作用,是正反馈。图 3.3.2(b)中可采用同样的方式,通过瞬时极性的判断,反馈电压削弱了输入信号的作用,是负反馈。

二、直流反馈和交流反馈

按照反馈信号的成分不同,可以将反馈分为直流反馈和交流反馈。如果反馈信号中只

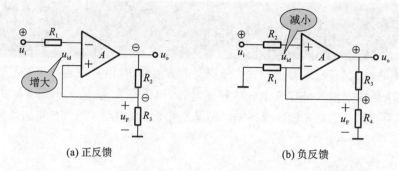

(a) 正反馈　　　　　　　　　(b) 负反馈

图 3.3.2　正反馈与负反馈

有直流成分,那么该电路就存在直流反馈;如果反馈信号中只有交流成分,该电路就存在交流反馈;如果反馈信号中既有直流成分又有交流成分,则说明该电路既存在直流反馈又存在交流反馈。

可通过反馈信号存在于通路中的情况来判断其类型。存在于放大电路的直流通路中的反馈网络引入直流反馈,直流反馈影响电路的直流性能。存在于交流通路中的反馈网络引入交流反馈,交流反馈影响电路的交流性能。

三、电压反馈和电流反馈

根据反馈信号从放大器输出端取出方式的不同,反馈电路可以分为电压反馈和电流反馈。若反馈信号取自输出电压,是输出电压的一部分或全部,即反馈信号与输出电压成正比,则称为电压反馈;若反馈信号取自输出电流,是输出电流的一部分或全部,即反馈信号与输出电流成正比,则称为电流反馈。

判断是电压反馈还是电流反馈时,常用"输出短路法",即假设负载短路,使输出电压为零时,看反馈信号是否还存在。若存在,则说明反馈信号与输出电压成比例,是电压反馈;若反馈信号不存在了,则说明反馈信号不是与输出电压成比例,而是和输出电流成比例,是电流反馈。有时也可以利用电路结构来判断:除公共地线外,若输出线与反馈线接在同一点上,则为电压反馈;若输出线与反馈线接在不同点上,则为电流反馈。

如图 3.3.3(a)所示,当输出信号为零时,反馈信号不存在,故该电路属于电压反馈;而图 3.3.3(b)中,输出电压为零时,反馈仍然存在,故该电路属于电流反馈。

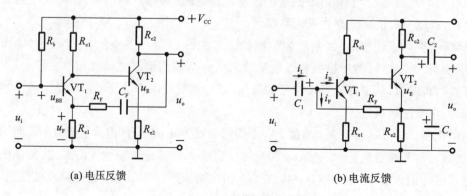

(a) 电压反馈　　　　　　　　　(b) 电流反馈

图 3.3.3　电压反馈和电流反馈

四、串联反馈和并联反馈

根据反馈信号在放大器输入端与输入信号连接方式的不同,反馈又分为串联反馈和并联反馈。反馈信号在输入端是以电压形式出现,且与输入电压是串联起来加到放大器输入端,称为串联反馈;反馈信号在输入端是以电流形式出现,且与输入电流是并联起来加到放大器输入端,称为并联反馈。

可以从电路结构上进行判断:若反馈接回非输入端,即反馈信号与输入信号接在不同点,则为串联反馈;若反馈接回输入端,即反馈信号与输入信号接在同一点,则为并联反馈。根据上述原则,图 3.3.3(a)为串联反馈,图 3.3.3(b)为并联反馈。

五、本级反馈和极间反馈

反馈网络连接在同一级放大电路的输出回路与输入回路之间,仅仅影响这一级的性能,称为本级反馈。反馈网络连接在多级放大电路的输出回路与输入回路之间,影响环路内多级放大器的性能,称为级间反馈。在多级电路中,我们一般讨论级间反馈。

◆ 3.3.3 负反馈放大电路的四种组态及一般表达式

一、负反馈放大电路的四种组态

在负反馈电路中,按照反馈信号的输出取样方式和输入连接方式的不同,可以组成四种反馈组态,即电压串联负反馈、电压并联负反馈、电流串联负反馈、电流并联负反馈。需要说明的是,四种组态的分类只针对信号是单输入的情况,在信号是双输入的情况下,只区分电压负反馈和电流负反馈两大类。四种反馈组态方框图如图 3.3.4 所示,各组态的放大倍数和反馈系数如表 3.3.1 所示。

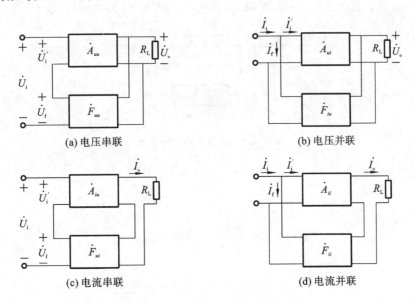

图 3.3.4 四种反馈组态的方框图

表 3.3.1　四种反馈组态的放大倍数、反馈系数

反馈类型	输出信号	反馈信号	放大网络的放大倍数	反馈系数
电压串联式	$\dot{U}_{\text{o}}$	$\dot{U}_{\text{f}}$	电压放大倍数 $\dot{A}_{uu}=\dfrac{\dot{U}_{\text{o}}}{\dot{U}_{\text{i}}'}$	$\dot{F}_{uu}=\dfrac{\dot{U}_{\text{f}}}{\dot{U}_{\text{o}}}$
电压并联式	$\dot{U}_{\text{o}}$	$\dot{I}_{\text{f}}$	转移电阻 $\dot{A}_{ui}=\dfrac{\dot{U}_{\text{o}}}{\dot{I}_{\text{i}}'}(\Omega)$	$\dot{F}_{iu}=\dfrac{\dot{I}_{\text{f}}}{\dot{U}_{\text{o}}}(\text{S})$
电流串联式	$\dot{I}_{\text{o}}$	$\dot{U}_{\text{f}}$	转移电导 $\dot{A}_{iu}=\dfrac{\dot{I}_{\text{o}}}{\dot{U}_{\text{i}}'}(\text{S})$	$\dot{F}_{ui}=\dfrac{\dot{U}_{\text{f}}}{\dot{I}_{\text{o}}'}(\Omega)$
电流并联式	$\dot{I}_{\text{o}}$	$\dot{I}_{\text{f}}$	电流放大倍数 $\dot{A}_{ii}=\dfrac{\dot{I}_{\text{o}}}{\dot{I}_{\text{i}}'}$	$\dot{F}_{ii}=\dfrac{\dot{I}_{\text{f}}}{\dot{I}_{\text{o}}'}$

二、负反馈放大电路的一般表达式

为了分析各种形式负反馈放大器的特性,可以把负反馈放大器抽象成图 3.3.5 所示的框图形式。图中主要包括基本的放大电路和反馈网络两大部分,图中的 $\dot{X}_{\text{i}}$、$\dot{X}_{\text{i}}'$、$\dot{X}_{\text{o}}$、$\dot{X}_{\text{f}}$ 分别表示输入量、净输入量、输出量和反馈量。基本放大电路的放大倍数为 $\dot{A}$,反馈网络的反馈系数记作 $\dot{F}$。为了适用于更一般的情况,框图中所有的量都用向量形式表示。

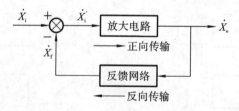

图 3.3.5　负反馈的一般框图

由框图可以确定下列关系式

$$\dot{X}_{\text{i}}' = \dot{X}_{\text{i}} - \dot{X}_{\text{f}} \quad \text{——净输入}$$

$$\dot{A} = \frac{\dot{X}_{\text{o}}}{\dot{X}_{\text{i}}'} \quad \text{——开环增益}$$

$$\dot{F} = \frac{\dot{X}_{\text{f}}}{\dot{X}_{\text{o}}} \quad \text{——反馈系数}$$

$$\dot{A}_{\text{f}} = \frac{\dot{X}_{\text{o}}}{\dot{X}_{\text{i}}} \quad \text{——闭环增益}$$

整理可以得到

$$\dot{A}_{\text{f}} = \frac{\dot{A}}{1 + \dot{A}\dot{F}}$$ (3.3.1)

通常,我们把引入反馈的放大电路称为闭环放大电路,此时的放大倍数称为闭环放大倍数;把未引入反馈的放大电路称为开环放大电路,这时的放大倍数称为开环放大倍数。式(3.3.1)就是负反馈电路放大倍数的一般表达式,它反映了闭环放大倍数与开环放大倍数和反馈系数之间的关系。

式(3.3.1)中,$1 + \dot{A}\dot{F}$ 称为反馈深度。下面分几种情况讨论:

(1) 如果 $|1 + \dot{A}\dot{F}| > 1$,则 $|\dot{A}_{\text{f}}| < |\dot{A}|$,说明引入反馈后,闭环放大倍数减小了,这种情况为负反馈。

(2) 如果 $|1 + \dot{A}\dot{F}| < 1$,则 $|\dot{A}_{\text{f}}| > |\dot{A}|$,说明引入反馈后,闭环放大倍数增加了,这种情况为正反馈。

(3) 如果 $|1 + \dot{A}\dot{F}| = 0$,则 $|\dot{A}_{\text{f}}| \to \infty$,说明即使没有输入信号,放大电路也会有输出信号。这种强烈的正反馈作用使得放大电路产生自激振荡。放大电路一旦产生自激振荡就会破坏放大电路的正常工作,一般情况下是要避免或消除的。但是电路在没有外加信号的情况下可以自行产生输出信号,我们可以利用这一特性制成信号发生器。

(4) 如果 $|1 + \dot{A}\dot{F}| \gg 1$,则 $\dot{A}_{\text{f}} = \frac{\dot{A}}{1 + \dot{A}\dot{F}} \approx \frac{1}{\dot{F}}$,这种情况称为深度负反馈。由于此时的闭环放大倍数仅仅取决于反馈网络的反馈系数,而与 $\dot{A}$ 无关,所以深度负反馈的闭环放大倍数比较稳定。

3.3.4 负反馈对放大电路性能的影响

负反馈以牺牲增益为代价,换来了放大器许多方面性能的改善。

以下讨论设信号频率处于放大器的通频带内,且反馈网络为纯电阻性,这样所有信号均用有效值表示,式(3.3.1)中各量均为实数,则有

$$A_{\text{f}} = \frac{A}{1 + AF}$$ (3.3.2)

一、提高放大倍数的稳定性

我们将式(3.3.2)对 A 求导有

$$\frac{\mathrm{d}A_{\text{f}}}{\mathrm{d}A} = \frac{1}{1 + AF} - \frac{AF}{(1 + AF)^2} = \frac{1}{(1 + AF)^2}$$

整理可得

$$\frac{\mathrm{d}A_{\text{f}}}{A_{\text{f}}} = \frac{1}{1 + AF} \times \frac{\mathrm{d}A}{A}$$

上式表明,引入负反馈后,闭环增益的相对变化是开环增益相对变化的 $1/(1 + AF)$,即放大电路增益的稳定性比无反馈时提高了 $(1 + AF)$ 倍。

二、展宽通频带

无反馈时,由于电路中电抗元件的存在,以及寄生电容和晶体管结电容的存在,会造成放大器放大倍数随频率而改变,使中频段放大倍数较大,高频段和低频段放大倍数较小。

加入负反馈以后,闭环放大倍数仅仅取决于反馈网络的反馈系数。由于反馈系数较小,负反馈使输出信号减小,反馈到输入端的信号也会减小,致使高频段和低频段净输入信号相应增大,输出下降的程度比不加负反馈时的要小,幅频特性变得比较平坦,相当于通频带得以展宽,如图 3.3.6 所示。

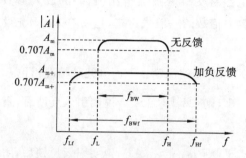

图 3.3.6　负反馈展宽通频带

三、减小非线性失真

由于放大元件具有非线性,所以放大电路的输入和输出之间不是线性关系,电路将产生非线性失真。引入负反馈以后,非线性失真将大大减小。

图 3.3.7(a)中,输入信号为标准的正弦波,经基本放大器放大以后输出信号产生了正半周大、负半周小的非线性失真。若引入负反馈,见图 3.3.7(b),失真的输出信号反馈到输入端,在反馈系数不变的前提下,反馈信号也会出现正半周大、负半周小。失真的反馈信号与输入信号在输入端叠加,产生的净输入信号就是正半周小、负半周大。这样的净输入信号经基本放大器放大以后,两者相互补偿,会使输出信号的正负半周幅度趋于一致,接近标准的正弦波,从而减小了非线性失真。

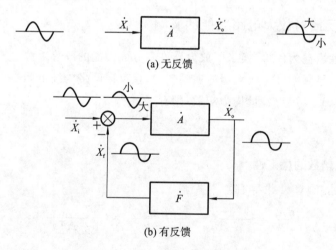

图 3.3.7　负反馈减小非线性失真

四、抑制放大电路内部的干扰、噪声和温漂

无论是干扰、噪声还是温漂,都会导致输出信号产生失真。通过减小非线性失真的分析可以知道,负反馈闭环放大电路能够有效地减小失真。只是要注意,无论是何种性质的失真,闭环系统只能有效地抑制反馈闭环之内的失真,闭环之外的失真则无能为力。

五、负反馈对输入电阻和输出电阻的影响

负反馈对输入电阻的影响与反馈加入的方式有关,即与串联反馈或并联反馈有关。串联反馈时,由于反馈信号的加入,使得净输入电压增大,因为输入电流不变,根据欧姆定律,此时的输入电阻就会增大;并联反馈时,净输入电流信号增大,电压信号保持不变,所以输入电阻会减小。

负反馈对输出电阻的影响与反馈采样的方式有关,即与电压反馈或电流反馈有关。电压反馈具有稳定输出电压的作用,电路相当于电压源,内阻很小,即使输出电阻减小;电流反馈稳定输出电流,放大器接近于电流源,内阻较大,即使输出电阻增大。

总结:

(1) 反馈信号与外加输入信号的求和方式只对放大电路的输入电阻有影响:串联负反馈使输入电阻增大;并联负反馈使输入电阻减小。

(2) 反馈信号在输出端的采样方式只对放大电路的输出电阻有影响:电压负反馈使输出电阻减小;电流负反馈使输出电阻增大。

(3) 串联负反馈只增大反馈环路内的输入电阻;电流负反馈只增大反馈环路内的输出电阻。

(4) 负反馈对输入电阻和输出电阻的影响程度,与反馈深度有关。

六、放大电路中引入负反馈的一般原则

由以上分析可以知道,负反馈之所以能够改善放大电路的多方面性能,归根结底是由于将电路的输出量引回到输入端与输入量进行比较,从而随时对净输入量及输出量进行调整。前面研究过的增益稳定性的提高、非线性失真的减少、抑制噪声、展宽通频带以及对输入电阻和输出电阻的影响,均可用自动调整作用来解释。反馈越深,即 $|1+\dot{A}\dot{F}|$ 的值越大时,这种调整作用越强,对放大电路性能的改善越为有益。另外,负反馈的类型不同,对放大电路所产生的影响也不同。

工程中往往要求根据实际需要在放大电路中引入适当的负反馈,以提高电路或电子系统的性能。引入负反馈的一般原则如下:

(1) 为了稳定静态工作点,应引入直流负反馈;为了改善放大电路的动态性能,应引入交流负反馈(在中频段的极性)。

(2) 要求提高输入电阻或信号源内阻较小时,应引入串联负反馈;要求降低输入电阻或信号源内阻较大时,应引入并联负反馈。

(3) 根据负载对放大电路输出电量或输出电阻的要求决定是引入电压还是电流负反馈。若负载要求提供稳定的电压信号(输出电阻小),则应引入电压负反馈;若负载要求提供稳定的电流信号(输出电阻大),则应引入电流负反馈。

(4) 在需要进行信号变换时,应根据四种类型的负反馈放大电路的功能选择合适的组态。例如,要求实现电流→电压信号的转换时,应在放大电路中引入电压并联负反馈等。

这里介绍的只是一般原则。要注意的是,负反馈对放大电路性能的影响只局限于反馈环内,反馈回路未包括的部分并不适用。性能的改善程度均与反馈深度 $|1+\dot{A}\dot{F}|$ 有关,但并是 $|1+\dot{A}\dot{F}|$ 越大越好。因为 $\dot{A}\dot{F}$ 都是频率的函数,对于某些电路来说,在一些频率下产

生的附加相移可能使原来的负反馈变成了正反馈,甚至会产生自激振荡,使放大电路无法正常工作。另外,有时也可以在负反馈放大电路中引入适当的正反馈,以提高增益等。

◆ 3.3.5 深度负反馈放大电路的近似估算

用 $\dot{A}_f = \dfrac{\dot{A}}{1 + \dot{A}\dot{F}}$ 计算负反馈放大电路的闭环增益比较精确但较麻烦,因为要先求得开环增益和反馈系数,就要先把反馈放大电路划分为基本放大电路和反馈网络,但这不是简单地断开反馈网络就能完成,而是既要除去反馈,又要考虑反馈网络对基本放大电路的负载作用。所以,通常从工程实际出发,利用一定的近似条件,即在深度反馈条件下对闭环增益进行估算。一般情况下,大多数反馈放大电路特别是由集成运放组成的放大电路都能满足深度负反馈的条件。

在满足深度负反馈的条件下

$$\dot{A}_f = \frac{\dot{A}}{1 + \dot{A}\dot{F}} \approx \frac{1}{\dot{F}} \qquad (3.3.3)$$

根据 $\dot{A}_f$ 和 $\dot{F}$ 的定义并结合以上结论可得

$$\frac{\dot{X}_o}{\dot{X}_i} = \frac{\dot{X}_o}{\dot{X}_f}$$

所以有

$$\dot{X}_i \approx \dot{X}_f \qquad (3.3.4)$$

式(3.3.4)表明,当 $|1 + \dot{A}\dot{F}| \gg 1$ 时,反馈信号 $\dot{X}_f$ 与输入信号 $\dot{X}_i$ 相差甚微,净输入信号 $\dot{X}'_i$ 甚小,因而有 $\dot{X}'_i \approx 0$。

对于串联负反馈有 $\dot{U}'_i \approx 0$(虚短),$\dot{U}_i \approx \dot{U}_f$;对于并联负反馈有 $\dot{I}'_i \approx 0$(虚断),$\dot{I}_i \approx \dot{I}_f$。利用"虚短"、"虚断"的概念可以快速方便地估算出负反馈放大电路的闭环增益 $\dot{A}_f$ 或闭环电压增益 $\dot{A}_{uf}$。

例 3.3.1 如图3.3.8所示各电路满足深度负反馈的条件,试估算运放的闭环电压放大倍数。

解 图3.3.1(a)所示电路为电压并联负反馈,在深度负反馈条件下有

$$\dot{I}_i \approx \dot{I}_f$$

根据电路情况可得

$$\dot{I}_i = \frac{\dot{U}_i}{R_1}, \dot{I}_f = -\frac{\dot{U}_o}{R_F}$$

则

$$-\frac{\dot{U}_o}{R_F} = \frac{\dot{U}_i}{R_1}$$

所以闭环电压放大倍数为

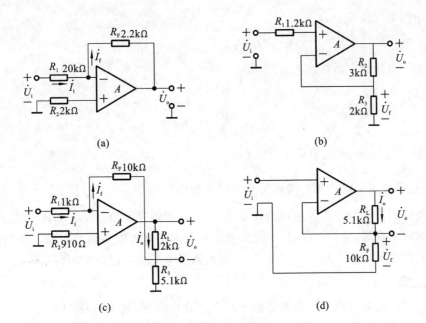

图 3.3.8 例 3.3.1 图

$$\dot{A}_{uuf} = \frac{\dot{U}_o}{\dot{U}_i} \approx -\frac{R_F}{R_1} = -\frac{2.2}{20} = -0.11$$

图 3.3.1(b)所示电路为电压串联负反馈,根据电路情况有

$$\dot{U}_f = \frac{R_3}{R_2 + R_3} \dot{U}_o$$

故

$$\dot{F}_{uu} = \frac{\dot{U}_f}{\dot{U}_o} = \frac{R_3}{R_2 + R_3}$$

在深度负反馈条件下

$$\dot{A}_{uuf} \approx \frac{1}{\dot{F}_{uu}} = 1 + \frac{R_2}{R_3} = 1 + \frac{3}{2} = 2.5$$

图 3.3.1(c)所示电路为电流并联负反馈,在深度负反馈条件下有

$$\dot{I}_i \approx \dot{I}_f$$

根据电路情况可得

$$\dot{I}_i = \frac{\dot{U}_i}{R_1}, \dot{I}_f = -\frac{\dot{I}_o R_3}{R_3 + R_F} = -\frac{\dot{U}_o}{R_L} \cdot \frac{R_3}{R_3 + R_F}$$

则

$$-\frac{\dot{U}_o}{R_L} \cdot \frac{R_3}{R_3 + R_F} \approx \frac{\dot{U}_i}{R_1}$$

所以闭环电压放大倍数为

$$\dot{A}_{uuf} = \frac{\dot{U}_o}{\dot{U}_i} \approx -\frac{R_L(R_3 + R_F)}{R_1 R_3} = -\frac{2 \times (5.1 + 10)}{1 \times 5.1} = -5.9$$

图 3.3.1(d)所示电路为电流串联负反馈,在深度负反馈条件下有

$$\dot{U}_i \approx \dot{U}_f$$

根据电路情况可得

$$\dot{U}_{\mathrm{f}} = \dot{I}_{\mathrm{o}}R_{\mathrm{F}} \approx \dot{U}_{\mathrm{i}}, \dot{U}_{\mathrm{o}} = \dot{I}_{\mathrm{o}}R_{\mathrm{L}}$$

所以闭环电压放大倍数为

$$\dot{A}_{uuf} = \frac{\dot{U}_{\mathrm{o}}}{\dot{U}_{\mathrm{i}}} \approx \frac{R_{\mathrm{L}}}{R_{\mathrm{F}}} = \frac{5.1}{15} = 0.34$$

◆ 3.3.6　负反馈放大电路的稳定性

一、负反馈放大电路产生自激振荡的原因及条件

交流负反馈能够改善放大电路的许多性能,且改善的程度由负反馈的深度决定。但是,如果电路组成不合理,反馈过深,反而会使放大电路产生自激振荡而不能稳定地工作。所谓自激振荡是指在不加输入信号的情况下,放大电路仍会产生一定频率的信号输出。

1. 产生自激振荡的原因

前面介绍的负反馈放大电路都是假定其工作在中频区,这时电路中各电抗性元件的影响可以忽略。按照负反馈的定义,引入负反馈后,净输入信号 $\dot{X}_{\mathrm{i}}'$ 在减小,因此,$\dot{X}_{\mathrm{f}}$ 与 $\dot{X}_{\mathrm{i}}$ 必须是同相的,即有 $\varphi_{\mathrm{A}} + \varphi_{\mathrm{F}} = 2n\pi$,$n = 0,1,2\cdots$ (φ_{A}、φ_{F} 分别是 $\dot{A}$、$\dot{F}$ 的相角)。可是,在高频区或低频区时,电路中各种电抗性元件的影响不能再被忽略。$\dot{A}$、$\dot{F}$ 是频率的函数,因而 $\dot{A}$、$\dot{F}$ 的幅值和相位都会随频率而变化。相位的改变,使 $\dot{X}_{\mathrm{f}}$ 和 $\dot{X}_{\mathrm{i}}$ 不再相同,产生了附加相移($\Delta\varphi_{\mathrm{A}} + \Delta\varphi_{\mathrm{F}}$)。可能在某一频率下,$\dot{A}$、$\dot{F}$ 的附加相移达到 π 即 $\varphi_{\mathrm{A}} + \varphi_{\mathrm{F}} = (2n+1)\pi$,这时,$\dot{X}_{\mathrm{f}}$ 与 $\dot{X}_{\mathrm{i}}$ 必然由中频区的同相变为反相,使放大电路的净输入信号由中频时的减小而变为增加,放大电路就由负反馈变成了正反馈。当正反馈较强 $\dot{X}_{\mathrm{i}}' = -\dot{X}_{\mathrm{f}} = -\dot{A}\dot{F}\dot{X}_{\mathrm{i}}'$,也就是 $\dot{A}\dot{F} = -1$ 时,即使输入端不加信号($\dot{X}_{\mathrm{i}} = 0$),输出端也会产生输出信号,电路产生自激振荡。这时,电路失去正常的放大作用而处于一种不稳定的状态。

2. 产生自激振荡的相位条件和幅值条件

由上面的分析可知,负反馈放大电路产生自激振荡的条件是环路增益

$$\dot{A}\dot{F} = -1 \tag{3.3.5}$$

它包括幅值条件和相位条件,即

$$|\dot{A}\dot{F}| = 1 \tag{3.3.6}$$

$$\varphi_{\mathrm{A}} + \varphi_{\mathrm{F}} = \pm(2n+1)\pi \tag{3.3.7}$$

为了突出附加相移,上述自激振荡的相位条件也常写成

$$\Delta\varphi_{\mathrm{A}} + \Delta\varphi_{\mathrm{F}} = \pm\pi \tag{3.3.8}$$

$\dot{A}$、$\dot{F}$ 的幅值条件和相位条件同时满足时,负反馈放大电路就会产生自激。在 $\Delta\varphi_{\mathrm{A}} + \Delta\varphi_{\mathrm{F}} = \pm\pi$ 及 $|\dot{A}\dot{F}| > 1$ 时,更加容易产生自激振荡。

二、负反馈放大电路稳定性的定性分析

根据自激振荡的条件,可以对反馈放大电路的稳定性进行定性分析。

设反馈放大电路采用直接耦合方式,且反馈网络由纯电阻构成,$\dot{F}$ 为实数。那么,这种类型的电路只有可能产生高频段的自激振荡,而且附加相移只可能由基本放大电路产生。可以推知,超过三级以后,放大电路的级数越多,引入负反馈后越容易产生高频自激振荡。因此,实用电路中以三级放大电路为最常见。

与上述分析相类似,放大电路中耦合电容、旁路电容等越多,引入负反馈后就越容易产生低频自激振荡。而且 $|1+\dot{A}\dot{F}|$ 越大,幅值条件越容易满足。

三、负反馈放大电路稳定性的判断

由自激振荡的条件可知,如果环路增益 $\dot{A}\dot{F}$ 的幅值条件和相位条件不能同时满足,负反馈放大电路便不会产生自激振荡。所以,负反馈放大电路稳定工作的条件是:当 $|\dot{A}\dot{F}|=1$ 时,$|\varphi_A+\varphi_F|<\pi$,或当 $\varphi_A+\varphi_F=\pm\pi$ 时,$|\dot{A}\dot{F}|<1$。工程上常用环路增益 $\dot{A}\dot{F}$ 的波特图来分析负反馈放大电路能否稳定工作。

1. 判断方法

图 3.3.9(a)、(b)分别是两个负反馈放大电路的环路增益 $\dot{A}\dot{F}$ 的波特图。图中 f_0 是满足相位条件 $\varphi_A+\varphi_F=-180°$ 时的频率,f_c 是满足幅值条件 $|\dot{A}\dot{F}|=1$ 时的频率。

图 3.3.9(a)所示波特图中,当 $f=f_0$,即 $\varphi_A+\varphi_F=-180°$ 时,有 $20\lg|\dot{A}\dot{F}|>0$ dB,即 $|\dot{A}\dot{F}|>1$,说明相位条件和幅值条件同时能满足。同样,当 $f=f_c$,即 $20\lg|\dot{A}\dot{F}|=0$ dB,$|\dot{A}\dot{F}|=1$ 时,有 $|\varphi_A+\varphi_F|>180°$。所以,具有图 3.3.9(a)所示环路增益频率特性的负反馈放大电路会产生自激振荡,不能稳定地工作。

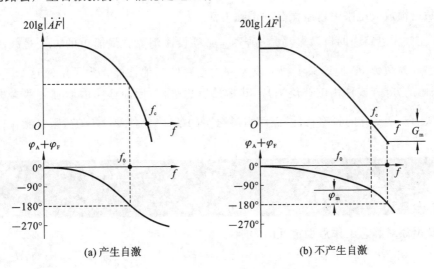

(a)产生自激   (b)不产生自激

图 3.3.9　利用波特图来判断自激振荡

在图 3.3.9(b)所示波特图中,当 $f=f_0$,即 $\varphi_A+\varphi_F=-180°$ 时,有 $20\lg|\dot{A}\dot{F}|<0$ dB,即 $|\dot{A}\dot{F}|<1$;当 $f=f_c$,$20\lg|\dot{A}\dot{F}|=0$ dB,即 $|\dot{A}\dot{F}|=1$ 时,有 $|\varphi_A+\varphi_F|<180°$。说明相位条件和幅值条件不会同时满足。具有图 3.3.9(b)所示环路增益频率特性的负反馈放

大电路是稳定的,不会产生自激振荡。

综上所述,由环路增益的频率特性判断负反馈放大电路是否稳定的方法是:比较 f_0 与 f_c 的大小,若 $f_0 < f_c$,则电路不稳定,会产生自激振荡;若 $f_0 > f_c$(或不存在 f_0),则电路稳定,不会产生自激振荡。

2. 稳定裕度

为了确保负反馈放大器稳定工作,不仅要破坏负反馈放大器的自激条件,还必须使负反馈放大器远离自激条件。远离自激条件的定量表述分别是幅度裕度和相位裕度。

1) 幅度裕度 G_m

定义 $f = f_0$ 时所对应的 $20\lg|\dot{A}\dot{F}|$ 的值为幅度裕度 G_m,如图 3.3.9(b)所示幅频特性中的标注。G_m 的表达式为

$$G_m = 20\lg|\dot{A}\dot{F}|_{f=f_0} \text{(dB)} \tag{3.3.9}$$

稳定的负反馈放大电路的 $G_m < 0$,且要求 $G_m \leqslant -10$ dB,保证电路有足够的幅度裕度。

2) 相位裕度 Φ_m

定义 $f = f_c$ 时的 $|\varphi_A + \varphi_F|$ 与 $180°$ 的差值为相位裕度 Φ_m,如图 3.3.9(b)所示相频特性中的标注。Φ_m 的表达式为

$$\Phi_m = 180° - |\varphi_A + \varphi_F|_{f=f_c} \tag{3.3.10}$$

稳定的负反馈放大电路的 $\Phi_m > 0$,且要求 $\Phi_m \geqslant 45°$ 保证电路有足够的相位裕度。

总之,只有当 $G_m \leqslant -10$ dB 且 $\Phi_m \geqslant 45°$ 时,负反馈放大电路才能可靠稳定。

当负反馈放大电路中的反馈网络是由纯电阻构成时,反馈系数 $\dot{F}$ 的大小为一常数,同时有 $\varphi_F = 0$。这种情况下,可以利用开环增益 $\dot{A}$ 的波特图来判别反馈放大电路的稳定性。

四、负反馈放大电路中自激振荡的消除方法

发生在放大电路中的自激振荡是有害的,必须设法消除。最简单的方法是减小反馈深度,如减小反馈系数 $\dot{F}$,但这又不利于改善放大电路的其他性能。为了解决这个矛盾,常采用频率补偿的办法(或称相位补偿法)。其指导思想是:在反馈环路内增加一些含电抗元件的电路,从而改变 $\dot{A}\dot{F}$ 的频率特性,破坏自激振荡的条件,例如使 $f_0 > f_c$,则自激振荡必然被消除。

 任务实施

一、负反馈对静态工作点稳定性的影响

在 Multisim 仿真软件中搭建如图 3.3.10 所示放大电路,分别在开关 S_1 打开和闭合时观察该电路的静态工作点随温度变化的情况。通过电路仿真分析,进一步理解负反馈对静态工作点的稳定作用。

1. 绘制电路图

打开 Multisim 仿真软件,按照图 3.3.10 所示绘制出仿真电路。电路中各元器件的名称及存储位置见表 3.3.2。

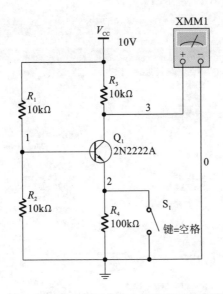

图 3.3.10　共射极放大电路静态工作电路

表 3.3.2　元器件的名称及存储位置

元器件名称	所　在　库	所　属　系　列
晶体管 2N2222A	Transistor	BJT_NPN
直流电压源 V_{CC}	Sources	POWER_SOURCES
电阻	Basic	RESISTOR
开关	Basic	SWITCH
地线 GROUND	Sources	POWER_SOURCES
万用表 XMM1	仪器仪表区	

2. 电路仿真

开关 S_1 打开，电路接有负反馈。运行菜单"仿真→分析和仿真"命令，弹出"分析与仿真"对话框，在左侧列表中选择"温度扫描"，如图 3.3.11 所示。在"分析参数"栏设置温度变化范围，待扫描的分析选择"直流工作点"，设置显示结果为表格形式。在"输出"栏选出要观察的电路中的变量。然后点击"运行"，可得仿真结果，如图 3.3.12(a)所示。闭合开关 S_1，无负反馈，同样的操作方式可得结果如图 3.3.12(b)所示。

3. 仿真结果分析

R_4 电阻在电路中引入一个直流负反馈，根据测量结果来看，带有负反馈的时候，静态工作点受温度变化的影响不大，即直流负反馈稳定了静态工作点；而不带负反馈时，静态工作点随温度变化而变化且变化较大。

二、负反馈对放大电路动态性能的影响

在 Multisim 仿真软件中搭建电压串联负反馈放大电路，如图 3.3.13 所示。开关 S_1 用于控制电路有无负反馈，当开关接在右边时，接入负反馈；当开关接在左边时，无负反馈。观察不同情况下，电路输出波形，并测量电路的输出电阻。通过电路仿真分析，进一步理解负反馈对放大电路动态性能的改善作用。

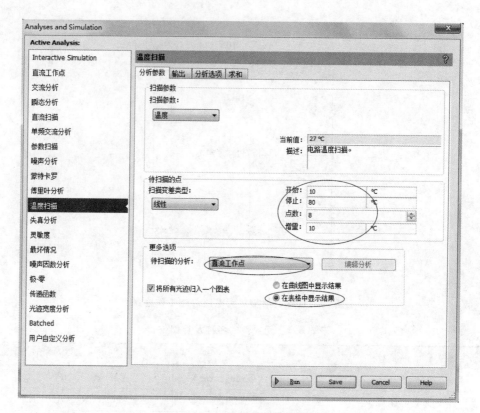

图 3.3.11　温度扫描分析设置

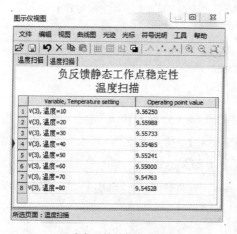

(a) 有负反馈的静态工作点

(b) 无负反馈的静态工作点

图 3.3.12　静态工作点随温度变化情况

1. 绘制电路图

打开 Multisim 仿真软件,按照图 3.3.13 所示绘制出仿真电路。电路中各元器件的名称及存储位置见表 3.3.3。

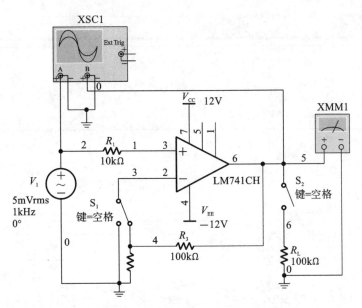

图 3.3.13　电压串联负反馈放大电路

表 3.3.3　元器件的名称及存储位置

元器件名称	所 在 库	所 属 系 列
集成运放 LM741CH	Analog	OPAMP
直流电压源 V_{CC}、V_{EE}	Sources	POWER_SOURCES
电阻	Basic	RESISTOR
开关	Basic	SWITCH
地线 GROUND	Sources	POWER_SOURCES
交流电压源 AC_POWER	Sources	POWER_SOURCES
示波器 XSC1	仪器仪表区	
万用表 XMM1	仪器仪表区	

2. 电路仿真

1) 负反馈对失真的改善

开关 S_1 接在左边，电路未接入反馈，开关 S_2 打开，不接负载。单击"运行"按钮，开启仿真。双击示波器，调节 A、B 通道显示参数，使输入（A 通道）与输出（B 通道）信号正常且分开显示，如图 3.3.14 所示。可以看出输出信号有一些失真。停止仿真，开关 S_2 不变，开关 S_1 接到右边，电路接入负反馈，再次运行仿真，观察输入和输出信号波形，如图 3.3.15 所示，停止仿真。可以看到输出信号无失真，根据示波器显示，读取输入和输出信号的电压峰-峰值，可以计算出该放大电路的电压放大倍数约为 11。或者用万用表交流电压挡分别测量输入端和输出端电压有效值，计算电压放大倍数。

2) 负反馈对输出电阻的影响

开关 S_1 接到左边，用万用表交流电压挡分别测量开关 S_2 打开和闭合时输出端电压值。单击"运行"按钮，开启仿真。双击万用表，设置测量电压、交流，在开关 S_2 打开时读数并记录，点击"S_2"闭合开关，再次读数并记录，数据如图 3.3.16 所示，停止仿真。用同样的方法

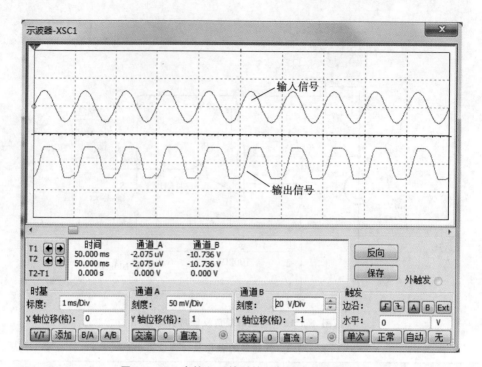

图 3.3.14 未接入反馈时输入与输出信号波形

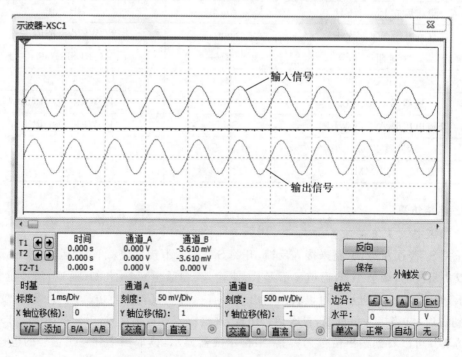

图 3.3.15 接入反馈时输入与输出信号波形

测量开关 S_1 接到右边时的输出电压,读数如图 3.3.17 所示。

利用公式 $R_o = \left(\dfrac{U_o'}{U_o} - 1\right) R_L$ 可以计算输出电阻,其中,U_o' 为负载开路时输出电压,U_o 为有负载时输出电压。由实验数据可得无反馈时输出电阻约为 627.5 Ω,有反馈时输出电阻约为 0.45 Ω。

(a) 开关S2打开时读数　　　　(b) 开关S2闭合时读数

图 3.3.16　开关 S_1 接左边(无反馈时)输出电压有效值

(a) 开关S2打开时读数　　　　(b) 开关S2闭合时读数

图 3.3.17　开关 S_1 接右边(有反馈时)输出电压有效值

3) 负反馈对通频带的影响

开关 S_1 接左边,电路无反馈时,运行菜单"仿真→分析和仿真"命令,弹出"分析与仿真"对话框,在左侧列表中选择"交流分析",设置"频率参数"垂直刻度为"分贝",在"输出"中添加输出端电压参数,点击"运行",可得电路的频率特性曲线,如图 3.3.18 所示。在显示结果中,在幅频特性曲线上点击"显示光标",移动"光标 2",使 y2 值比 y1 小 3 dB 左右,此时 x2 显示的频率值即为截止频率。用同样的方式,在开关 S_1 接右边,电路有负反馈时进行操作,可得如图 3.3.19 所示的频率特性曲线。无反馈时电压放大倍数约为 37 dB,截止频率约为 14 kHz。有反馈时电压放大倍数约为 21 dB,截止频率约为 88 kHz。

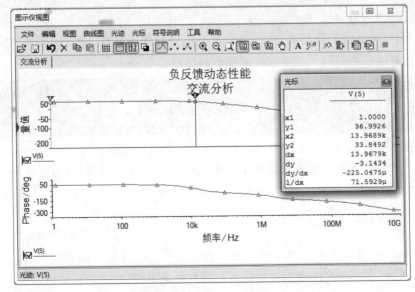

图 3.3.18　电路无反馈时频率特性

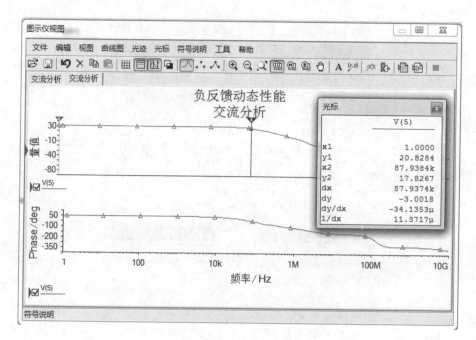

图 3.3.19　电路有反馈时频率特性

3. 仿真结果分析

　　根据测量结果来看,放大电路在引入负反馈前有明显失真,同样条件下,引入负反馈后可以改善失真,输出结果无失真。电压负反馈使输出电阻减小,提高带负载能力。当电路引入负反馈以后,虽然电压放大倍数有所下降,但是展宽了通频带。

任务 3.4　有源滤波器的分析与实践

 任务目标

　　了解有源滤波电路的分类及一阶、二阶滤波电路的频率特性。设计简易心电图仪所需滤波器,并通过电路仿真深入理解有源滤波器的作用。

 任务引导

　　在无线电通信、自动测量和控制系统中,常常利用滤波电路进行模拟信号的处理,如用于数据传输、抑制干扰等。滤波电路可以由无源器件电阻和电容器构成,主要作用是选频。有源滤波器额外地利用运算放大器来提供电压放大功能和信号隔离或缓存功能。

◆　**3.4.1　滤波电路概述**

　　滤波电路的作用实质上是"选频",即允许某一部分频率的信号顺利通过,而将另一部分频率的信号滤掉。在无线电通信、自动测量和控制系统中,常常利用滤波电路进行模拟信号的处理,如用于数据传输、抑制干扰等。

有源滤波器实际上是一种具有特定频率响应的放大器。它是在运算放大器的基础上增加一些 R、C 等无源元件而构成的。通常根据选择频率的范围不同有源滤波器分为低通滤波器(LPF)、高通滤波器(HPF)、带通滤波器(BPF)、带阻滤波器(BEF)。它们的理想幅度频率特性曲线如图 3.4.1 所示。

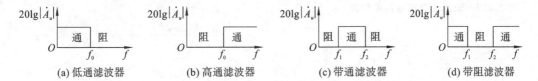

图 3.4.1　幅度频率特性曲线

滤波器主要用来滤除信号中无用的频率成分,例如,有一个较低频率的信号,其中包含一些较高频率成分的干扰。滤波过程如图 3.4.2 所示。

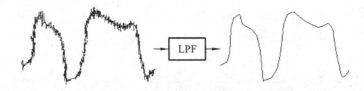

图 3.4.2　滤波过程

滤波器中,通常把信号能够通过的频率范围,称为通频带或通带,反之,信号受到很大衰减或完全被抑制的频率范围称为阻带,通带和阻带之间的分界频率称为截止频率。

如图 3.4.3 所示的低通滤波器的实际幅频特性中,在通带和阻带之间存在着过渡带。在理想情况下,无过渡带。定义输出电压与输入电压之比 $\dot{A}_{up}$ 为通带电压放大倍数,使 $|\dot{A}_u| \approx 0.707 |\dot{A}_{up}|$ 的频率为通带截止频率 f_p。那么分析和设计滤波器的任务就是求解通带电压增益 $\dot{A}_{up}$、通带截止频率 f_p 和过渡带的斜率。过渡带越窄,频率特性越陡,越接近理想滤波器的特性,电路的选择性越好,滤波特性越好。

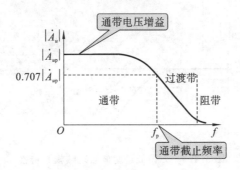

图 3.4.3　低通滤波器的实际幅频特性

◆ 3.4.2　低通滤波器

仅由无源元件(R、C 和 L)组成的滤波电路叫作无源滤波电路,它是利用电容和电感元件的电抗随频率的变化而变化的原理构成的,最简单的无源滤波器就是一阶 RC 网络。有源滤波电路则用集成运放(有源器件)和 RC 网络组成。

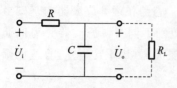

图 3.4.4　无源低通滤波器电路图

一、无源低通滤波器

如图 3.4.4 所示的 RC 低通电路是最简单的低通滤波器。

不带负载时,根据电路关系可得电压放大倍数

$$\dot{A}_u = \frac{\dot{U}_o}{\dot{U}_i} = \frac{\dfrac{1}{j\omega C}}{R + \dfrac{1}{j\omega C}} = \frac{1}{1 + j\omega RC}$$

令 $f_p = \dfrac{1}{2\pi RC}$,为通带截止频率。则有

$$\dot{A}_u = \frac{1}{1 + j\left(\dfrac{f}{f_p}\right)} \tag{3.4.1}$$

当信号频率趋于零时可得通带放大倍数 $\dot{A}_{up} = 1$。

带负载 R_L 时,有电压放大倍数

$$\dot{A}_u' = \frac{\dot{U}_o}{\dot{U}_i} = \frac{R_L \mathbin{/\mkern-5mu/} \dfrac{1}{j\omega C}}{R + R_L \mathbin{/\mkern-5mu/} \dfrac{1}{j\omega C}} = \frac{\dfrac{R_L}{R + R_L}}{1 + j\omega(R \mathbin{/\mkern-5mu/} R_L)C} = \frac{\dot{A}_{up}'}{1 + j\dfrac{f}{f_p'}} \tag{3.4.2}$$

其中,通带截止频率 $f_p' = \dfrac{1}{2\pi(R \mathbin{/\mkern-5mu/} R_L)C}$,通带放大倍数 $\dot{A}_{up} = \dfrac{R_L}{R + R_L}$。

可见带负载时通带电压增益数值减小、通带截止频率升高,并且两者都随负载大小变化而变化。

根据式(3.4.1)和式(3.4.2)可以画出无源低通滤波器的对数幅频特性曲线,如图 3.4.5 所示。从图上可以看出当信号频率 f 高于通带截止频率 f_p 时,随着频率的升高,电压放大倍数将下降,电路具有"低通"的特性。但是特性不理想,边沿不陡,当 $f \gg f_p$ 时,$|\dot{A}_u| \approx \dfrac{f}{f_p}|\dot{A}_{up}|$,频率每升高 10 倍,$|\dot{A}_u|$ 下降 10 倍(20 dB),即过渡带的斜率为 -20 dB/十倍频。

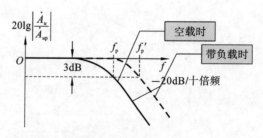

图 3.4.5　无源低通滤波器对数幅频特性

二、有源低通滤波器

为了改善无源低通滤波器带负载能力差,通带放大倍数最大为 1 的情况,可以利用集成运放与 RC 电路组成有源滤波器。

如图 3.4.6(a)所示,在无源低通滤波器和负载间加一个由集成运放构成的高输入电阻,低输出电阻并且具有放大功能的隔离电路,就构成了有源滤波器。

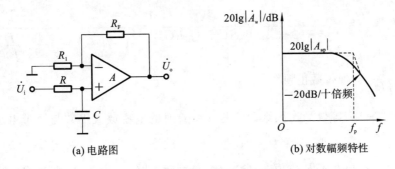

(a) 电路图   (b) 对数幅频特性

图 3.4.6   一阶低通滤波器

电路中由于引入深度负反馈,运放工作在线性区,根据"虚短"和"虚断"的关系可得电路的电压放大倍数

$$\dot{A}_u = \frac{\dot{U}_o}{\dot{U}_i} = \left(1 + \frac{R_F}{R_1}\right)\frac{1}{1 + j\omega RC} = \frac{\dot{A}_{up}}{1 + j\dfrac{f}{f_p}} \tag{3.4.3}$$

其中,通带截止频率 $f_p = \dfrac{1}{2\pi RC}$,通带放大倍数 $\dot{A}_{up} = 1 + \dfrac{R_F}{R_1}$。传递函数中出现 ω 的一次项,故称为一阶滤波器。可见,一阶低通滤波器与无源低通滤波器的通带截止频率相同;但通带电压放大倍数得到提高。

根据式(3.4.3)可以画出一阶低通滤波器的对数幅频特性,如图 3.4.6(b)所示。从图上看,滤波特性依然不理想,对数幅频特性下降速度为 $-20\ \text{dB}$/十倍频。根据频率特性的基本知识可知,如果在电路中增加 RC 环节,可以提高下降的速度,使过渡带变窄。

二阶低通滤波器如图 3.4.7(a)所示,输入电压经过两级 RC 低通电路,在高频段,对数幅频特性以 $-40\ \text{dB}$/十倍频的速度下降,使滤波特性比较接近于理想情况。在电路中将第一级 RC 电路的电容 C 由接地改接到集成运放的输出端,引入正反馈,可以使输出电压在高频段迅速下降,但是在通带截止频率附近下降不多,从而改善滤波特性。因为同相输入端电位由集成运放和 R_1、R_F 组成的电压源来控制,故称之为压控电压源滤波电路。

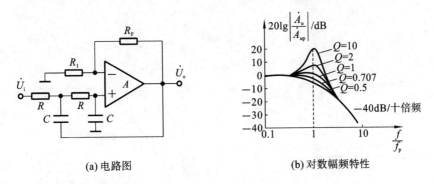

(a) 电路图   (b) 对数幅频特性

图 3.4.7   二阶低通滤波器

类似一阶滤波器的分析可得通带电压放大倍数

$$A_{up} = 1 + \frac{R_F}{R_1}$$

根据电路关系,利用节点电流方程可解得

$$\dot{A}_u = \frac{\dot{U}_o}{\dot{U}_i} = \frac{A_{up}}{1 + (3 - A_{up})j\omega RC + (j\omega RC)^2} = \frac{A_{up}}{1 - \left(\frac{f}{f_p}\right)^2 + j\frac{1}{Q} \cdot \frac{f}{f_p}}$$

式中：$f_p = \dfrac{1}{2\pi RC}$ 为通带截止频率；

$\quad Q = \dfrac{1}{3 - A_{up}}$ 为等效品质因数。Q 是 $f = f_p$ 时的电压放大倍数与通带电压放大倍数的比。

图 3.4.7(b)给出在不同 Q 值时，归一化幅频特性曲线。由图可见，当 $Q = 0.707$ 时，曲线较平坦，而当 $Q > 0.707$ 时，将出现峰值，且 Q 值越大峰值越高，故 $Q = 0.707$ 时的曲线是一条较理想的响应曲线。当 $f \gg f_p$ 时，幅频特性按 -40 dB/十倍频下降，明显优于一阶滤波器的 -20 dB/十倍频，滤波效果好得多。

要注意只有当通带电压放大倍数 $A_{up} < 3$ 时，滤波电路才能稳定工作而不会产生自激振荡。

与无源电路相比，有源滤波电路有以下优点：
(1) 增益容易调节且最大增益可以大于1；
(2) 负载效应很小，因此，容易通过几个低阶滤波电路的串接而组成高阶滤波电路；
(3) 由于不使用电感元件，所以体积小，重量轻，不需要磁屏蔽。

有源滤波电路的缺点是：通用型运放的通频带较窄，故其最高工作频率受限制；不宜在高电压、大电流情况下使用；使用时需外接直流电源。

◆ **3.4.3 高通滤波器**

一、无源高通滤波器

将无源低通滤波器的电阻和电容位置互换，可得无源高通滤波器，如图 3.4.8(a)所示。由电路图可得电压放大倍数

$$\dot{A}_u = \frac{\dot{U}_o}{\dot{U}_i} = \frac{R}{R + \frac{1}{j\omega C}} = \frac{1}{1 - j\frac{1}{\omega RC}}$$

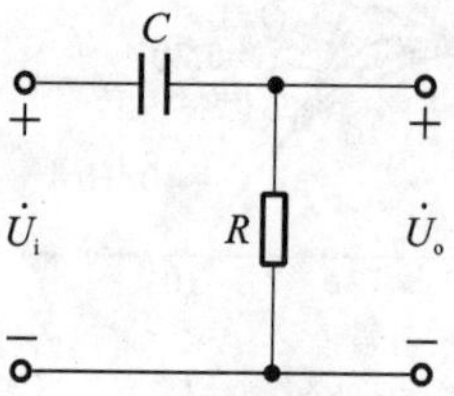

(a) 电路图 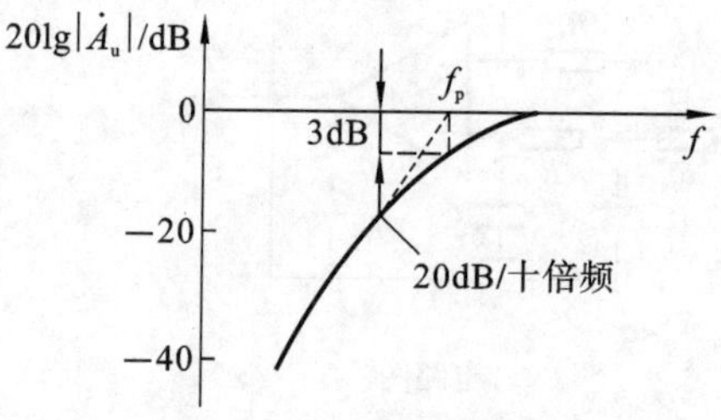　　(b) 对数幅频特性

图 3.4.8　无源高通滤波器

令 $f_p = \dfrac{1}{2\pi RC}$，为通带截止频率。则有

$$\dot{A}_u = \frac{1}{1 - \mathrm{j}\left(\dfrac{f_\mathrm{p}}{f}\right)} \qquad (3.4.4)$$

当信号频率趋于无穷大时可得通带放大倍数 $\dot{A}_{up} = 1$。图 3.4.8(b)为该电路由式(3.4.4)所画的对数幅频特性曲线。从图上可以看出当信号频率 f 低于通带截止频率 f_p 时,随着频率的降低,电压放大倍数将下降,电路具有"高通"的特性。

二、有源高通滤波器

为了改善无源高通滤波器带负载能力差,通带放大倍数低的问题,同样可以利用集成运放与 RC 电路组成有源滤波器。根据高通滤波器和低通滤波器的对偶关系,将图 3.4.7(a)中电路的 R、C 位置互换,可得二阶压控电压源高通滤波器,如图 3.4.9(a)所示,相应幅频特性如图 3.4.9(b)所示。可见高通滤波电路与低通滤波电路的对数幅频特性互为"镜像"关系。

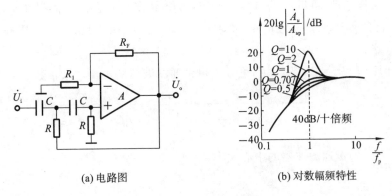

(a) 电路图   (b) 对数幅频特性

图 3.4.9 二阶高通滤波器

类似的,可得电路的通带电压放大倍数、通带截止频率和等效品质因数分别为

$$A_{up} = 1 + \frac{R_\mathrm{F}}{R_1}$$

$$f_\mathrm{p} = \frac{1}{2\pi RC}$$

$$Q = \frac{1}{3 - A_{up}}$$

同理,为了保证电路的稳定工作,要求通带电压放大倍数小于 3。当 $Q = 0.707$ 时,幅频特性最平坦,此时高通滤波器的下限截止频率 $f_\mathrm{L} = f_\mathrm{p}$。

◆ **3.4.4 带通滤波器和带阻滤波器**

一、带通滤波器

带通滤波器只允许某一段频带内的信号通过,将此频带以外的信号阻断,通常应用在抗干扰设备中,用于接收某一频带范围内的有效信号。通过低通和高通电路相级连可以组成带通滤波电路,其工作原理如图 3.4.10 所示。当信号通过一个通带截止频率高的低通电路时,高频信号被阻断,接着再串联通过一个通带截止频率低的高通电路,将低频信号阻断,最后只有两个截止频率之间的信号可以通过电路,构成一个带通滤波器。

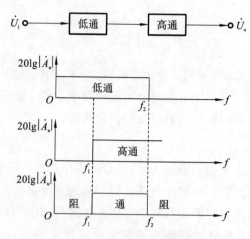

图 3.4.10 带通滤波器原理图

根据以上工作原理,可以组成如图 3.4.11(a)所示的带通滤波电路,其中 R 和 C 组成低通电路,另一个 C 和 R_2 组成高通电路,要求 $RC < R_2C$。R_3 引入反馈,其作用同前面介绍的压控电压源电路。

为方便计算,取 $R_2 = 2R$,$R_3 = R$,可以求得带通滤波器的电压放大倍数

$$\dot{A}_u = \frac{A_{uo}}{(3 + A_{uo}) + \mathrm{j}\left(\frac{f}{f_p} - \frac{f_p}{f}\right)} = \frac{A_{up}}{1 + \mathrm{j}Q\left(\frac{f}{f_p} - \frac{f_p}{f}\right)} \tag{3.4.5}$$

式中:$f_p = \dfrac{1}{2\pi RC}$ 为带通滤波器的中心频率;

$A_{uo} = 1 + \dfrac{R_F}{R_1}$;

$Q = \dfrac{1}{3 - A_{uo}}$ 为品质因数;

$A_{up} = \dfrac{A_{uo}}{3 - A_{uo}} = QA_{uo}$ 为通带电压放大倍数。

由式(3.4.5)可以画出不同 Q 值的对数幅频特性,如图 3.4.11(b)所示。Q 值越大,曲线越尖锐,表明滤波器的选择性越好,但相应的通频带会变窄。通带宽度为两个截止频率之差,则有

$$\mathrm{BW} = f_2 - f_1 = (3 - A_{uo})f_p = \frac{f_p}{Q} \tag{3.4.6}$$

通过式(3.4.6),可以看出,带通滤波器具有如下优点:通过改变 R_F 和 R_1 的比例,可以改变通带电压放大倍数和带宽,但不影响中心频率的大小。为了避免出现自激振荡,要求 $A_{uo} < 3$,即保证 $R_F < 2R_1$。

二、带阻滤波器

带阻滤波器要求在规定的频带内,信号被阻断,在此频带以外的信号能顺利通过,常用于抗干扰设备中阻止某个频带范围内的噪声信号,也称为陷波电路。将低通电路和高通电路的输出电压进行求和运算,且低通的截止频率低于高通的截止频率,如图 3.4.12 所示,在两个频率之间形成一个阻带,其他频率范围都是通带,从而构成一个带阻滤波电路。

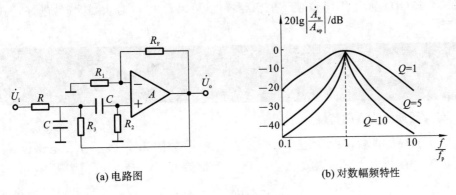

(a) 电路图　　　　　　　　(b) 对数幅频特性

图 3.4.11　带通滤波器

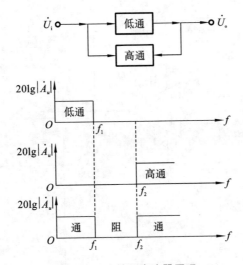

图 3.4.12　带阻滤波器原理

常用的带阻滤波器如图 3.4.13(a)所示,图中 R 和 C 组成双 T 形网络,高频信号可以通过上面的 T 形支路,低频信号可以通过下面的 T 形支路,而中间频率的信号被阻断。

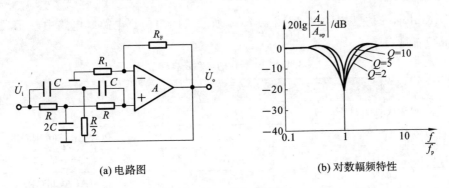

(a) 电路图　　　　　　　　(b) 对数幅频特性

图 3.4.13　带阻滤波器

根据电路图可以得到带阻滤波器的通带电压放大倍数、中心频率、品质因数和阻带带宽分别为

$$A_{up} = 1 + \frac{R_F}{R_1}, f_p = \frac{1}{2\pi RC}, Q = \frac{1}{2(2 - A_{up})}, \mathrm{BW} = f_2 - f_1 = \frac{f_p}{Q}$$

图 3.4.13(b)显示了不同 Q 值下的幅频特性,可以看出,Q 越大,选择性越好,同时带宽变窄。

任务实施

一、有源低通滤波器的特性

在 Multisim 仿真软件中搭建有源低通滤波电路,如图 3.4.14 所示。电路包含两个交流电压源,一个幅值为 1 V,频率为 1 kHz,另一个幅值为 5 V,频率为 50 Hz。利用示波器观察输入和输出波形,比较其不同,利用波特计观察电路频率特性。通过电路仿真分析,进一步理解低通滤波器的特性。

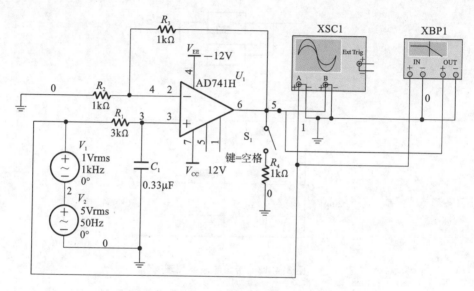

图 3.4.14　一阶有源低通滤波电路

1. 绘制电路图

打开 Multisim 仿真软件,按照图 3.4.14 所示绘制出仿真电路。电路中各元器件的名称及存储位置见表 3.4.1。

表 3.4.1　元器件的名称及存储位置

元器件名称	所 在 库	所 属 系 列
集成运放 AD741 H	Analog	OPAMP
直流电压源 V_{CC}、V_{EE}	Sources	POWER_SOURCES
电阻	Basic	RESISTOR
电容	Basic	CAPACITOR
开关	Basic	SWITCH
地线 GROUND	Sources	POWER_SOURCES
交流电压源 AC_POWER	Sources	POWER_SOURCES
示波器 XSC1	仪器仪表区	
波特测试仪 XBP1	仪器仪表区	

2. 电路仿真

开关 S_1 打开,电路不接负载。单击"运行"按钮,开启仿真。双击示波器,将时基标度设为 10 ms/Div,显示方式设为 Y/T;通道 A 刻度设为 10 V/Div,Y 轴位移设为 0 格,耦合方式设为交流;通道 B 刻度设为 10 V/Div,Y 轴位移设为 0 格,耦合方式设为交流。示波器中显示输入信号(A 通道)和输出信号(B 通道)波形,如图 3.4.15 所示。输入信号是两个交流电压叠加的结果,而输出信号中 1 kHz 的信号已经被滤除,只有 50 Hz 的信号。

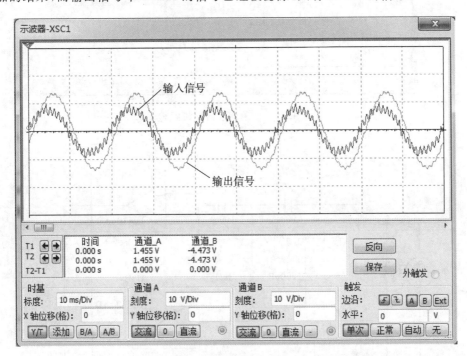

图 3.4.15 低通滤波器输入和输出波形

双击波特测试仪,设置显示"幅值",水平方向为对数,刻度上限为 1 MHz,下限为 1 MHz;垂直方向为对数,刻度上限为 20 dB,下限为 -50 dB,可得电路的幅频特性曲线,如图 3.4.16 所示。调节光标,可得通带电压放大倍数为 6.02 dB,上限截止频率为 160 Hz 左右。移动光标,在 1 kHz 时,放大倍数为 -9.967 dB,在 9.75 kHz 时,为 -29.639 dB。停止仿真,将开关 S_1 闭合,电路接入负载,再次仿真,观察幅频特性曲线,发现基本没有变化。

3. 仿真结果分析

从输入、输出波形图可以看出高频信号被滤除。根据电路参数理论计算该电路的截止频率约为 160.8 Hz,而从波特图上显示的也是这一数值。另外,波特图还表现出在大于截止频率时每 10 倍频,电压增益下降 20 dB。电路是否接入负载,对频率特性无影响。

二、有源带阻滤波器的特性

在电子系统中经常会遇到 50 Hz 的强工频干扰,可以采用 50 Hz 陷波电路来滤除。在 Multisim 仿真软件中搭建如图 3.4.17 所示的 50 Hz 陷波电路,该电路为双 T 形带阻滤波电路。两个运放都构成电压跟随器,滤波器通带电压放大倍数为 1,中心频率根据 R_1 和 C_1 值可计算约为 50 Hz,通过改变 R_4 和 R_5 的比例可以改变品质因数 Q。利用波特测试仪观察电路在不同 Q 值时的幅频特性。通过电路仿真分析,进一步理解有源带阻滤波器的特性。

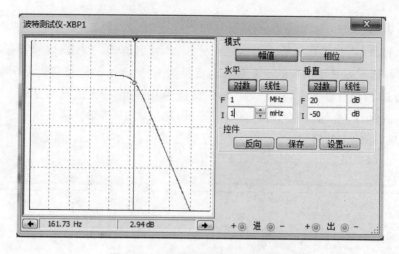

图 3.4.16　低通滤波器的幅频特性

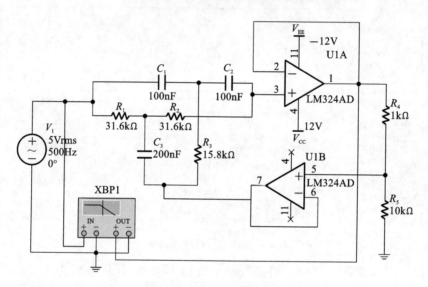

图 3.4.17　50 Hz 陷波电路

1. 绘制电路图

打开 Multisim 仿真软件,按照图 3.4.17 所示绘制出仿真电路。电路中各元器件的名称及存储位置见表 3.4.2。

表 3.4.2　元器件的名称及存储位置

元器件名称	所 在 库	所 属 系 列
集成运放 LM324AD	Analog	OPAMP
直流电压源 V_{CC}、V_{EE}	Sources	POWER_SOURCES
电阻	Basic	RESISTOR
电容	Basic	CAPACITOR
地线 GROUND	Sources	POWER_SOURCES
交流电压源 AC_POWER	Sources	POWER_SOURCES
波特测试仪 XBP1	仪器仪表区	

2. 电路仿真

单击"运行"按钮,开启仿真。双击波特测试仪,设置显示"幅值",水平方向为线性,刻度上限为 100 Hz,下限为 1 MHz;垂直方向为对数,刻度上限为 15 dB,下限为 −50 dB,可得电路的幅频特性曲线,如图 3.4.18 所示。停止仿真,移动波特测试仪中光标,找到电压衰减到最低时对应频率和增益,频率近似为 50 Hz,增益约为 −31 dB。改变 R_5 的大小,分别再次运行仿真,可得不同 Q 时幅频特性,如图 3.4.19 所示。

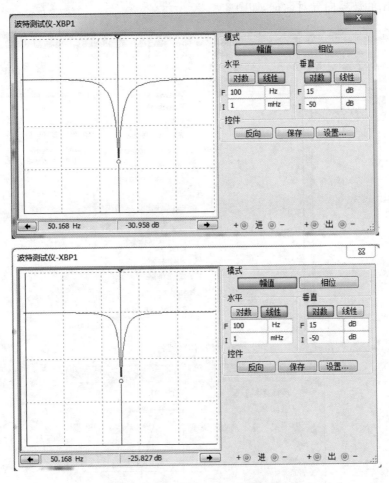

图 3.4.18 带阻滤波器幅频特性

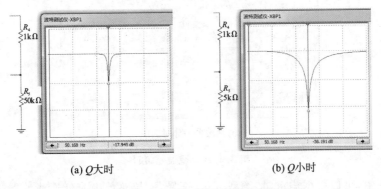

(a) Q 大时　　　　　　　(b) Q 小时

图 3.4.19 不同 Q 值时带阻滤波器幅频特性

3. 仿真结果分析

从测量结果来看,该电路的中心频率与理论计算值一致,为 50 Hz。在 Q 值不同时,电路的幅频特性有所不同,当 Q 值大时,选择性好,但是衰减值小;Q 值小时,选择性差,衰减值大。

三、有源滤波器的设计

可以利用 Multisim 14 自带的模块进行滤波器的设计。执行"工具→电路向导→滤波器向导",会弹出滤波器向导对话框,如图 3.4.20 所示。

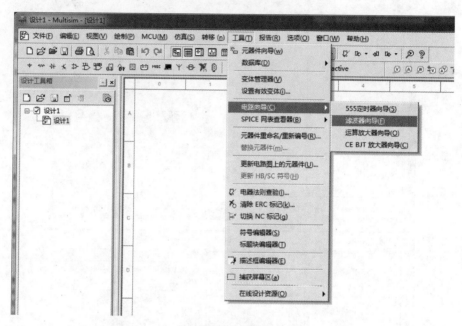

(a) 滤波器向导路径

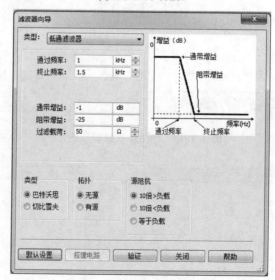

(b) 滤波器向导对话框

图 3.4.20　滤波器设计

在对话框中,可以根据需求对"类型"进行选择,下拉菜单中有低通滤波器、高通滤波器、带通滤波器、带阻滤波器 4 种类型。根据设计要求,对"通过频率"即通带截止频率,"终止频率"即阻带截止频率,"通带增益"即通带所能允许最大衰减值,"阻带增益"即阻带应该达到的最小衰减值,"过滤载荷"即负载电阻的大小这 5 个主要技术指标进行设置。除负载外,其他参数及其关系均可以在右上部分的图像中看到。

下面的"类型"提供了巴特沃思滤波器和切比雪夫滤波器两种类型。在"拓扑"结构上可以选择是无源滤波器还是有源滤波器。"源阻抗"选择所设计滤波器的源阻抗范围,具体数值由源阻抗和负载电阻的倍数关系来确定。

参数设置完以后,点击"验证",软件会自动检验用户指定的创建滤波器的各个参数值是否合理。若滤波器幅频特性示意图下方出现"计算已成功完成"表明软件可以实现所设计的滤波器,若出现"错误,(错误原因)",则表明软件无法实现所设计的滤波器,应该重新设置参数,直到出现"计算已成功完成"为止,然后点击"搭建电路"即可生成所需电路。

任务:利用 Multisim 14 中的滤波器设计向导,设计一个有源巴特沃思高通滤波器,要求下限截止频率为 1 kHz,阻带衰减速度不低于 30 dB/十倍频。

分析:根据任务要求,可以设置通带频率为 1 kHz,阻带频率为 100 Hz,通带增益为 -1 dB,阻带增益为 -32 dB。

1. 绘制电路图

打开 Multisim 仿真软件,打开滤波器向导对话框,选择高通滤波器、巴特沃思、有源,根据分析结果填入技术参数,其他选择默认。验证通过后,搭建电路,将搭建的电路放置在设计面板上。增加交流信号源和波特测试仪,用于验证滤波器的性能,如图 3.4.21 所示。

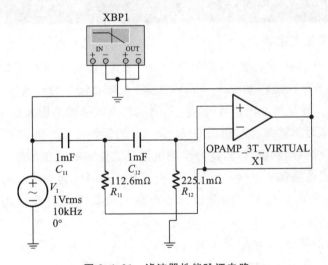

图 3.4.21 滤波器性能验证电路

2. 电路仿真

设置电压源幅度为 1 V,频率为 10 kHz,单击"运行"按钮,开启仿真。双击波特测试仪,设置显示"幅值",水平方向为对数,刻度上限为 1 GHz,下限为 1 MHz;垂直方向为对数,刻度上限为 5 dB,下限为 -200 dB,可得电路的幅频特性曲线,如图 3.4.22 所示。停止仿真,移动波特测试仪中光标,找到电压衰减 3 dB 时对应频率,约为 1 kHz。移动光标,可以计算衰减速度为 39.5/十倍频,满足设计要求。

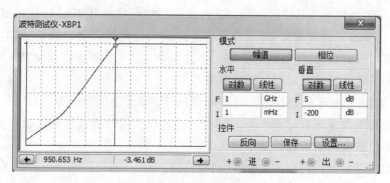

图 3.4.22　滤波器幅频特性

任务目标

　　了解仪用放大器的工作原理,了解心电信号频谱,设计一个心电信号采集电路。通过电路仿真实现并深入理解集成运算放大器在实际电子系统设计上的应用。

任务引导

一、心电信号采集概述

　　人体心电信号是一种弱电信号,信噪比低。一般来说,正常人的心电信号频率范围为 $0.05\sim100$ Hz,幅度为 $10\ \mu$V(胎儿)~5 mV(成人)。其中 90% 的心电信号频谱能量集中在 $0.25\sim35$ Hz 之间。在采集心电信号时,易受到仪器、人体活动等因素的干扰。由于人的说话呼吸,采集的心电数据常常会混有 $0.1\sim0.25$ Hz 的低频干扰。而在神经系统的控制下,肌肉机械性活动伴随有生物电活动,这些生物电活动产生频率范围为 $20\sim5000$ Hz 的高频干扰。此外,电子设备采集心电信号时还经常会混有以 50 Hz 为中心的电源线窄带噪声,其强度足以淹没有用的心电信号。因此设计心电信号采集电路时要使用放大电路和滤波电路。

　　根据心电信号的特点,心电信号采集电路由五个部分组成:前置放大电路,低通滤波电路、50 Hz 陷波电路、高通滤波电路和主放大电路。前置放大电路性能好坏直接影响整个电路性能。根据前端心电采集信号特点,前置放大电路需要具有高输入阻抗、高共模抑制比、高增益。选用仪用放大器可以满足前端设计要求。

二、仪用放大器

　　仪用放大器是目前精密测量和控制系统中广泛采用的一种集成器件,它是用来放大微弱差值信号的高精度放大器。其 K_{CMR} 很高、R_i 很大,电压增益在很大范围内可调。

　　仪用放大器的内部电路,可采用两个对称的同相输入放大器和一个差分输入放大器共同构成,如图 3.5.1 所示。

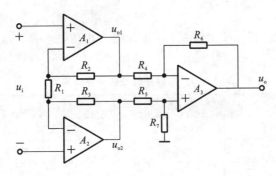

图 3.5.1 仪用放大器

若 $R_2 = R_3$，$R_4 = R_5$，$R_6 = R_7$，则有

$$A_u = \frac{u_o}{u_i} = -\frac{R_6}{R_4}\left(1 + \frac{2R_2}{R_1}\right) \tag{3.5.1}$$

由于电阻 R_1 接在运放 A_1、A_2 的反相端之间，因此，改变 R_1 不会影响电路的对称性。若调整 R_1，则 A_u 可在很大范围内变化。

 任务实施

一、心电信号放大电路

在 Multisim 仿真软件中搭建前置放大电路和主放大电路，如图 3.5.2 所示，用示波器观察各级输入和输出波形，测量其电压放大倍数。第一级电路为前置放大电路，由仪用放大器 AD620 组成，理论增益为 10。第二级电路为主放大电路，由运放组成，理论增益为 100。

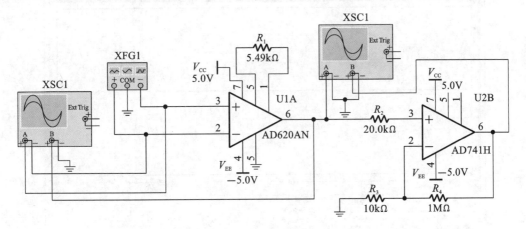

图 3.5.2 前置放大电路和主放大电路

AD620AN 是一款低成本、高精度的仪用放大器，仅需要一个外部电阻来设置增益，增益范围为 1~10 000。AD620AN 由传统的三运算放大器发展而成，但一些主要性能却优于由三运算放大器构成的仪用放大器，如电源范围宽、设计体积小、功耗低等。因而适用于低电压、低功耗的应用场合，特别是心电图监测仪等医疗应用。通过在 AD620AN 的 1 脚和 8 脚之间接入不同电阻，调节电压增益。其表达式为

$$G = \frac{49.4\ \text{k}\Omega}{R_G} + 1 \tag{3.5.2}$$

1. 绘制电路图

打开 Multisim 仿真软件,按照图 3.5.2 所示绘制出仿真电路。电路中各元器件的名称及存储位置见表 3.5.1。

表 3.5.1　元器件的名称及存储位置

元器件名称	所 在 库	所 属 系 列
仪用放大器 AD620AN	Analog	INSTRUMENTATION_AMPLIFIERS
直流电压源 V_{CC}、V_{EE}	Sources	POWER_SOURCES
电阻	Basic	RESISTOR
集成运放 AD741 H	Analog	OPAMP
地线 GROUND	Sources	POWER_SOURCES
示波器 XSC1、XSC2	仪器仪表区	
函数发生器 XFG1	仪器仪表区	

2. 电路仿真

双击函数发生器,设置输入信号频率为 80 Hz,幅度为 2 mVp 的正弦波。单击"运行"按钮,开启仿真。双击示波器 1,将时基标度设为 20 ms/Div,显示方式设为 Y/T;通道 A 刻度设为 5 mV/Div,Y 轴位移设为 1 格,耦合方式设为交流;通道 B 刻度设为 50 mV/Div,Y 轴位移设为 −1 格,耦合方式设为交流。示波器中显示输入信号(A 通道)和输出信号(B 通道)波形,如图 3.5.3 所示。用同样方式设置示波器 2 的显示参数,结果如图 3.5.4 所示。

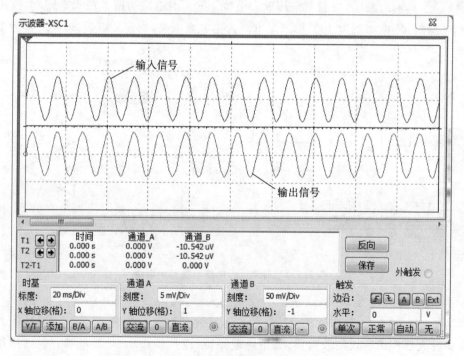

图 3.5.3　前置放大电路输入和输出波形

3. 仿真结果分析

从输入、输出波形图可以看出前置放大电路的增益为 10,主放大电路的增益为 100,与

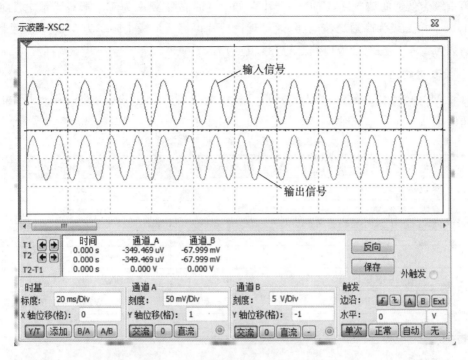

图 3.5.4　主放大电路输入和输出波形

理论计算值一致。仪用放大器有较好的放大功能。

二、带通滤波电路

在 Multisim 仿真软件中搭建带通滤波电路,如图 3.5.5 所示,用示波器观察输入和输出波形。利用一个上限频率为 100 Hz 的低通滤波电路和下限频率为 0.25 Hz 的高通滤波电路串联组成带通滤波电路。

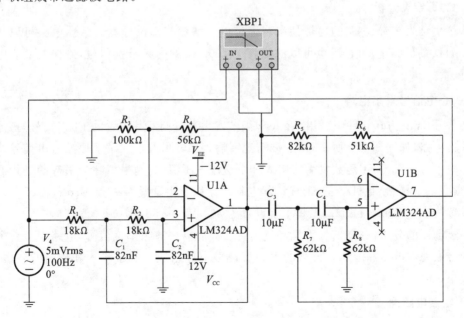

图 3.5.5　带通滤波电路

第一级为低通滤波电路,通过理论计算可得通带截止频率为 100 Hz,通带电压放大倍数为 1.56。第二级为高通滤波电路,通过理论计算可得通带截止频率为 0.25 Hz,通带电压放大倍数为 1.62。两级滤波电路总电压增益约为 8.05 dB。

1. 绘制电路图

打开 Multisim 仿真软件,按照图 3.5.5 所示绘制出仿真电路。电路中各元器件的名称及存储位置见表 3.5.2。

表 3.5.2　元器件的名称及存储位置

元器件名称	所 在 库	所 属 系 列
集成运放 LM324AD	Analog	OPAMP
直流电压源 V_{CC}、V_{EE}	Sources	POWER_SOURCES
电阻	Basic	RESISTOR
电容	Basic	CAPACITOR
地线 GROUND	Sources	POWER_SOURCES
交流电压源 AC_POWER	Sources	POWER_SOURCES
波特测试仪 XBP1	仪器仪表区	

2. 电路仿真

单击"运行"按钮,开启仿真。双击波特测试仪,设置显示"幅值",水平方向为对数,刻度上限为 1 kHz,下限为 1 MHz;垂直方向为对数,刻度上限为 30 dB,下限为 -90 dB,可得电路的幅频特性曲线,如图 3.5.6 所示。停止仿真,移动波特测试仪中光标,查看通带电压增益为 8.066 dB,分别往低频段和高频段找到增益下降 3 dB 时对应频率和增益,即为下限截止频率(近似为 0.25 Hz)和上限截止频率(近似为 100 Hz)。

3. 仿真结果分析

从仿真结果来看,电路的通带频率和通带电压增益与理论计算一致。电路可以滤除低于 0.25 Hz 的低频干扰信号,也可以滤除高于 100 Hz 的高频干扰信号,确保有效心电信号的通过。

三、心电信号采集电路

在 Multisim 仿真软件中利用 Agilent 函数发生器可调取其内置的 ECG 信号,搭建心电信号采集电路,如图 3.5.7 所示,用示波器观察输入和输出波形。了解原始心电信号及有干扰的心电信号。Agilent 函数发生器串入 3 个交流电压源,分别模拟呼吸引起的基线漂移干扰、高频肌电干扰和 50 Hz 工频干扰。其中基线漂移干扰设置为 70 mVrms、0.25 Hz,肌电干扰设置为 360 Vrms、1 kHz,工频干扰设置为 360 Vrms、50 Hz。

通过前面的分析,心电信号采集经过前置放大后需要滤除干扰信号,电路中上一个任务设计的带通滤波电路和上一节设计的 50 Hz 陷波电路组成。观察输入和输出的波形,检验滤波效果。

1. 绘制电路图

打开 Multisim 仿真软件,按照图 3.5.7 所示绘制出仿真电路。电路中各元器件的名称及存储位置见表 3.5.3。

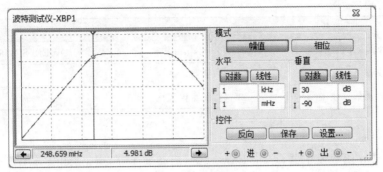

(a) 下限截止频率

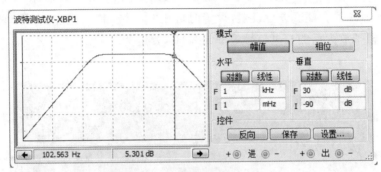

(b) 上限截止频率

图 3.5.6　带通滤波器幅频特性

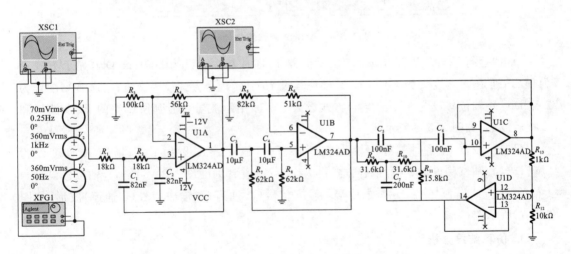

图 3.5.7　心电信号采集电路

表 3.5.3　元器件的名称及存储位置

元器件名称	所 在 库	所 属 系 列
集成运放 LM324AD	Analog	OPAMP
直流电压源 V_{CC}、V_{EE}	Sources	POWER_SOURCES
交流电压源 AC_POWER	Sources	POWER_SOURCES
电阻	Basic	RESISTOR
电容	Basic	CAPACITOR

续表

元器件名称	所 在 库	所属系列
地线 GROUND	Sources	POWER_SOURCES
示波器 XSC1、XSC2	仪器仪表区	
Agilent 函数发生器 XFG1	仪器仪表区	

2. 电路仿真

双击 Agilent 函数发生器,点击"Power"键,启动发生器,点击"shift+Arb"键,通过">"键选择到 CARDIAC 信号,点击"Enter"键确认选择,如图 3.5.8 所示。通过"Freq"和"Ampl"键对信号频率和幅度进行设置,设置时可用">"键和"<"键左右移动数位,调节旋扭改变数值。模拟放大后的心电信号频率为 2 Hz,幅度为 1 Vpp。

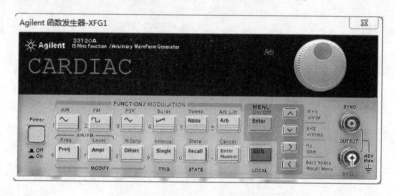

图 3.5.8　Agilent 函数发生器设置

单击"运行"按钮,开启仿真。双击示波器 1,将时基标度设为 200 ms/Div,显示方式设为 Y/T;通道 A 刻度设为 1 V/Div,Y 轴位移设为 1 格,耦合方式设为交流;通道 B 刻度设为 2 V/Div,Y 轴位移设为−1 格,耦合方式设为交流。用示波器可看到所产生的 ECG 波形和干扰后波形,如图 3.5.9 所示。

双击示波器 2,将时基标度设为 200 ms/Div,显示方式设为 Y/T;通道 A 刻度设为 2 V/Div,Y 轴位移设为 1 格,耦合方式设为交流;通道 B 刻度设为 2 V/Div,Y 轴位移设为−1 格,耦合方式设为交流。示波器中显示输入信号(A 通道)和输出信号(B 通道)波形,如图 3.5.10 所示。

3. 仿真结果分析

从仿真结果来看,可以利用 Agilent 函数发生器模拟心电信号,而滤波后的信号与原始心电信号相比,基本上一致。50 Hz 陷波电路的频率值与理论值有一点偏差,导致实际滤除效果不好。若元件不选实际可用,只参考理论值,则可以获得更好的滤波效果,如图 3.5.11 所示(只改变 50 Hz 陷波电路参数)。

需要注意的是,由 Agilent 函数发生器产生的模拟心电信号,最小幅度为 32 mVpp,相应的干扰信号幅度也要减小,依次通过前置放大电路、带通滤波电路、50 Hz 陷波电路及主放大电路可以得到完整的心电信号采集电路。通过仿真,可以得到与上面类似的效果。

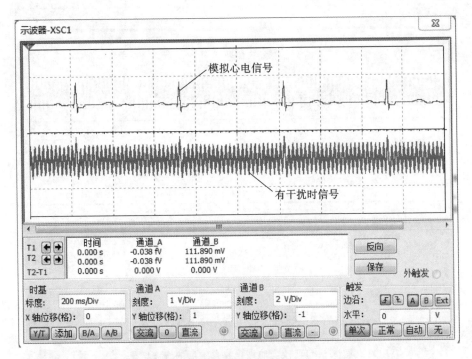

图 3.5.9　模拟心电信号和有干扰的心电信号

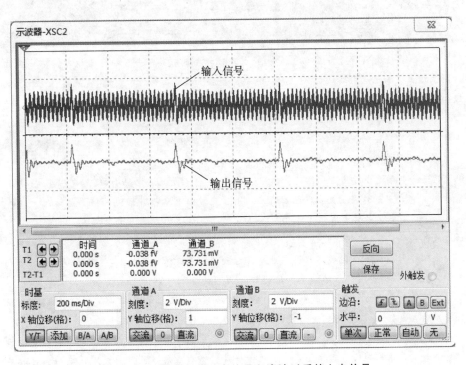

图 3.5.10　有干扰的心电信号和滤波以后的心电信号

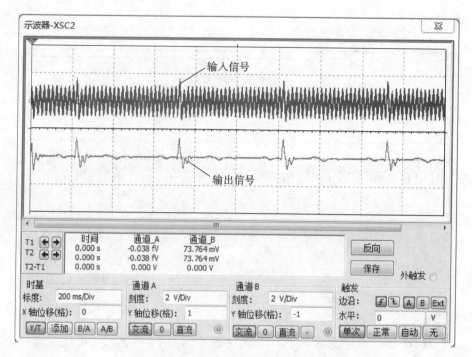

图 3.5.11 改变陷波电路参数后的滤波结果

本章小结

(1) 集成运算放大器是用集成工艺制成的、具有高增益的直接耦合多级放大电路。它一般由输入级、中间级、输出级和偏置电路四部分组成。为了抑制温漂和提高共模抑制比,常采用差分放大电路作输入级;中间为电压增益级;互补对称电压跟随电路常用作输出级;电流源电路构成偏置电路。

(2) 差分放大电路是集成运算放大器的重要组成单元,它既能放大直流信号,又能放大交流信号;它对差模信号具有很强的放大能力,而对共模信号却具有很强的抑制能力。由于电路输入、输出方式的不同组合,共有四种典型电路。

(3) 电流源电路是模拟集成电路的基本单元电路,其特点是直流电阻小,交流电阻很大,并具有温度补偿作用。它常用来作为放大电路的有源负载和决定放大电路各级 Q 点的偏置电路。

(4) 几乎所有实用的放大电路中都要引入负反馈。反馈是指把输出电压或输出电流的一部分或全部通过反馈网络,用一定的方式送回到放大电路的输入回路,以影响输入电量的过程。反馈网络与基本放大电路一起组成一个闭合环路。在熟练掌握反馈基本概念的基础上,能对反馈进行正确判断尤为重要,它是正确分析和设计反馈放大电路的前提。

① 有无反馈的判断方法是:看放大电路的输出回路与输入回路之间是否存在反馈网络(或反馈通路),若有则存在反馈,电路为闭环的形式;否则就不存在反馈,电路为开环的形式。

② 交、直流反馈的判断方法是:存在于放大电路交流通路中的反馈为交流反馈。引入交流负反馈是为了改善放大电路的性能。存在于直流通路中的反馈为直流反馈。引入直流负反馈的目的是稳定放大电路的静态工作点。

③反馈极性的判断方法是：用瞬时极性法，即假设输入信号在某瞬时的极性为（＋），再根据各类放大电路输出信号与输入信号间的相位关系，逐级标出电路中各有关点电位的瞬时极性或各有关支路电流的瞬时流向，最后看反馈信号是削弱还是增强了净输入信号，若是削弱了净输入信号，则为负反馈；反之则为正反馈。实际放大电路中主要引入负反馈。

（5）有源滤波电路是由运放和 RC 反馈网络构成的电子系统，根据幅频响应不同，可分为低通、高通、带通、带阻和全通滤波电路。高阶滤波电路一般由一阶、二阶滤波电路组成。

习 题 3

【填空题】

3.1　差模信号是大小＿＿＿＿＿＿＿，极性＿＿＿＿＿＿的两个信号。

3.2　理想运放线性区的两个重要性质分别是＿＿＿＿＿＿和＿＿＿＿＿＿。

3.3　负反馈放大电路的放大倍数 A_F＝＿＿＿＿＿＿，对于深度负反馈放大电路，其放大倍数 A_F＝＿＿＿＿＿＿。

3.4　在深度负反馈放大电路中，净输入信号约为＿＿＿＿＿＿，＿＿＿＿＿＿约等于输入信号。

3.5　＿＿＿＿＿＿反馈主要用于振荡等电路中，＿＿＿＿＿＿反馈主要用于改善放大电路的性能。

3.6　一阶滤波电路阻带幅频特性以＿＿＿＿＿＿/十倍频斜率衰减，二阶滤波电路则以＿＿＿＿＿＿/十倍频斜率衰减。阶数越＿＿＿＿＿＿，阻带幅频特性衰减的速度就越快，滤波电路的滤波性能就越好。

3.7　在四种类型（低通、高通、带通、带阻）滤波电路中，若已知输入信号的频率为 20 kHz，为了防止干扰信号混入，应选用＿＿＿＿＿＿滤波电路；为了避免 50 Hz 电网电压的干扰，应选用＿＿＿＿＿＿滤波电路。

3.8　电路如图题 3.8 所示，已知集成运放的开环差模增益和差模输入电阻均趋近于无穷大，最大输出电压幅值为 ±14 V。填空：

电路引入了＿＿＿＿＿＿（填入反馈组态）交流负反馈，电路的输入电阻趋近于＿＿＿＿＿＿，电压放大倍数 $A_{uf}＝\Delta u_o/\Delta u_i$ ≈＿＿＿＿＿＿。

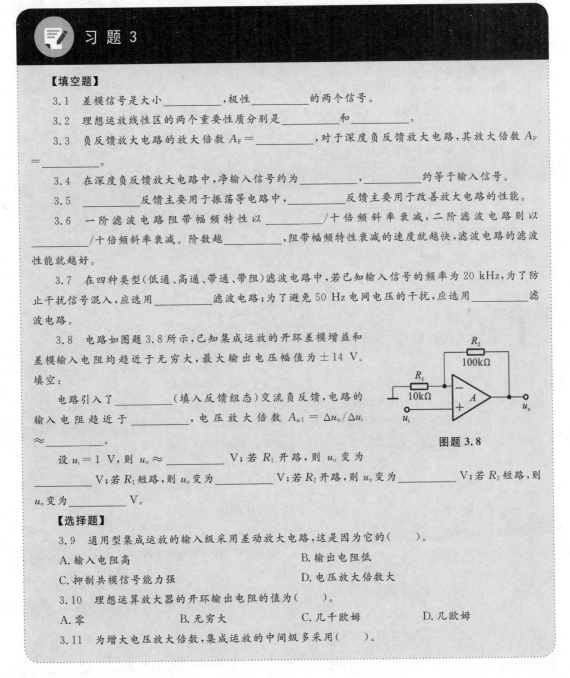

图题 3.8

设 $u_i＝1$ V，则 u_o ≈＿＿＿＿＿＿V；若 R_1 开路，则 u_o 变为＿＿＿＿＿＿V；若 R_1 短路，则 u_o 变为＿＿＿＿＿＿V；若 R_2 开路，则 u_o 变为＿＿＿＿＿＿V；若 R_2 短路，则 u_o 变为＿＿＿＿＿＿V。

【选择题】

3.9　通用型集成运放的输入级采用差动放大电路，这是因为它的（　　）。

　A.输入电阻高　　　　　　　　　　B.输出电阻低

　C.抑制共模信号能力强　　　　　　D.电压放大倍数大

3.10　理想运算放大器的开环输出电阻的值为（　　）。

　A.零　　　　　　B.无穷大　　　　C.几千欧姆　　　　D.几欧姆

3.11　为增大电压放大倍数，集成运放的中间级多采用（　　）。

A.共射放大电路　　　　　　　　　　　　B.共基放大电路

C.共集放大电路　　　　　　　　　　　　D.差分放大电路

3.12　集成运算放大器的共模抑制比越大,表示该组件(　　)。

A.差模信号放大倍数越大　　　　　　　　B.带负载能力越强

C.抑制零点漂移的能力越强　　　　　　　D.共模信号放大倍数越大

3.13　集成运放电路采用直接耦合方式是因为(　　)。

A.可获得很大的放大倍数　　　　　　　　B.可使温漂小

C.集成工艺难以制造大容量电容　　　　　D.可提高输入电阻

3.14　理想运算放大器的两个输入端的输入电流等于零(即虚断),其原因是(　　)。

A.同相端和反相端的输入电流相等而相位相反

B.运放的差模输入电阻接近无穷大

C.运放的开环电压放大倍数接近无穷大

D.运放的开环电压放大倍数接近于0

3.15　电压串联负反馈放大电路中,若将反馈深度增加,则该电路的输出电阻将(　　)。

A.增大　　　　　　　B.减小　　　　　　　C.不变　　　　　　　D.无法判断

3.16　以下选项哪个不是电路引入交流负反馈的目的(　　)。

A.稳定静态工作点　　　　　　　　　　　B.展宽通频带

C.稳定放大电路输出电压　　　　　　　　D.抑制干扰信号

3.17　如图题3.17所示电路,电路引入的反馈为(　　)交流负反馈。

A.电压并联　　　　　B.电压串联　　　　　C.电流串联　　　　　D.电流并联

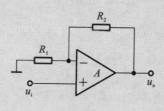

图题 3.17

3.18　欲设计一反馈放大器,放大电流信号,应引入何种组态的负反馈?(　　)

A.电压串联　　　　　B.电压并联　　　　　C.电流串联　　　　　D.电流并联

3.19　已知运放构成的电压串联负反馈放大电路的反馈系数$F=0.05$,则估算其电压放大倍数为(　　)。

A.50　　　　　　　　B.20　　　　　　　　C.无穷大　　　　　　D.不可求

3.20　实用放大电路多引入深度负反馈,若(　　)可认为电路引入负反馈为深度负反馈。

A.$|1+\dot{A}\dot{F}|=0$　　　　　　　　　B.$|1+\dot{A}\dot{F}|=1$

C.$|1+\dot{A}\dot{F}|\gg1$　　　　　　　　D.无条件

3.21　电路如图题3.21所示,欲引入电压并联负反馈,下列选项正确的是(　　)。

A.①与③、②与④、⑥与⑨、⑧与⑩连接

B.①与③、②与④、⑤与⑨、⑦与⑩连接

C.①与④、②与③、⑥与⑨、⑧与⑩连接

D.①与④、②与③、⑤与⑨、⑦与⑩连接

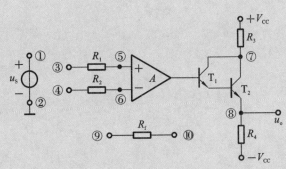

图题 3.21

3.22 按照反馈极性分类,有正反馈和负反馈两种。电路引入正反馈的目的是(   )。

A.稳定放大倍数,即稳定输出量   B.抑制反馈环路内的干扰和噪声

C.让电路振荡   D.改变电路的输入电阻

3.23 对于放大电路,所谓开环是指(   )。

A.无信号源   B.无反馈通路   C.无电源   D.无负载

【判断题】

3.24 集成放大电路中输出级的主要功能为提供足够高的电压放大倍数。   (   )

3.25 集成放大电路中的所有三极管都是放大管,用来提供足够高的放大倍数。   (   )

3.26 因为差分放大输入级由两个单管放大电路构成,所以差模放大倍数等于单管放大倍数的两倍。   (   )

3.27 在集成放大电路中采用有源负载,可以极大地提高放大电路的电压增益,同时还可以节省集成电路芯片面积。   (   )

3.28 由于集成运放实际上是一个直接耦合放大电路,因此它只能放大直流信号,不能放大交流信号。   (   )

3.29 实际集成运放在开环时,其静态输出电压很难调整到零电压,只有在闭环时才能调至零电压。   (   )

3.30 在深度负反馈的条件下,闭环放大倍数只与反馈系数 F 有关,因此在选择放大电路中元件参数时,对其精度可以要求不高。   (   )

3.31 引入负反馈对输入信号本身存在的失真也可得到改善。   (   )

3.32 对集成运放所引入的反馈,只要反馈信号引至其反相输入端,其反馈极性就一定是负反馈。   (   )

3.33 在负反馈放大电路中,在反馈系数较大的情况下,只有尽可能地增大开环放大倍数,才能有效地提高闭环放大倍数。   (   )

3.34 理想情况下,有源高通滤波器在 $f \to \infty$ 时的放大倍数就是它的通带电压放大倍数。(   )

3.35 带阻滤波电路可由一个无源低通和一个无源高通电路相串联后,再与同相比例运算电路组合而成。   (   )

3.36 一阶低通和高通滤波电路的特征频率 f_0 与通带截止频率 f_P 相等;而高阶低通和滤波电路的 $f_0 \neq f_P$。   (   )

3.37 有源滤波电路传递函数的阶数越高,其实际幅频响应越逼近理想特性。   (   )

3.38 各种滤波电路在通带范围内的电压放大倍数均不小于1。   (   )

【分析题】

3.39　电流源电路如图题3.39所示。已知T_1、T_2特性相同,且β足够大,$U_{BEQ}=-0.6$ V,电阻R_1 $=R_2=4.8$ kΩ,$R_3=54$ kΩ。

(1) 估算$I_{CQ2}=?$

(2) T_2的集电极电位V_{CQ2}大小有无限制?若有,有何限制?

3.40　差分放大电路如图题3.40所示。设场效应管T_1、T_2参数相同,且$g_m=1$ mS,$r_{ds}=\infty$。试估算:

(1) 差模电压放大倍数A_{ud};

(2) 共模电压放大倍数A_{uc}和共模抑制比K_{CMR}。

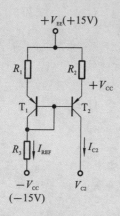

图题3.39

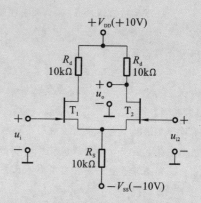

图题3.40

3.41　设图题3.41所示恒流源式差分放大电路中,晶体管T_1、T_2特性对称,且$\beta=60$,$U_{BEQ}=0.7$ V, $r_{bb'}=300$ Ω。试估算:

(1) 静态工作点I_{CQ1}、I_{CQ2}、V_{CQ1}、V_{CQ2};

(2) 当输入电压$u_{i1}=1$ V,$u_{i2}=1.01$ V时,单端输出信号电压$u_{o1}=?$

3.42　差分放大电路如图题3.42所示。设晶体管T_1、T_2的参数对称,β均为50,r_{be}均为2.6 kΩ。试估算:

(1) 差模电压放大倍数A_{ud};

(2) 共模电压放大倍数A_{uc}和共模抑制比K_{CMR}。

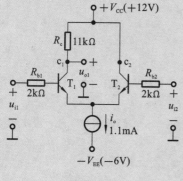

图题3.41

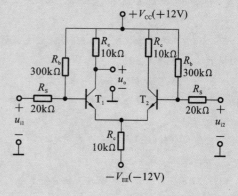

图题3.42

3.43 恒流源式差分放大电路如图题 3.43 所示。设各晶体管特性均相同,且 $U_{BEQ}=0.7\ \text{V}$,已知电阻 $R_3=1\ \text{k}\Omega$,电源电压 $V_{CC}=V_{EE}=9\ \text{V}$,且负电源提供的总电流为 4 mA,现要求 T_1、T_2 静态集电极电流 $I_{CQ1}=I_{CQ2}=1\ \text{mA}$,试计算电阻 R_1 和 R_2 的值。

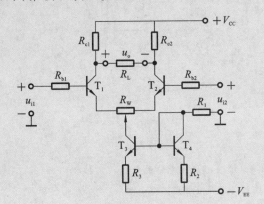

图题 3.43

3.44 恒流源式差分放大电路如图题 3.43 所示。设晶体管 T_1、T_2、T_3、T_4 特性相同,$\beta=50$,$r_{be}=1.5\ \text{k}\Omega$,$U_{BEQ}=0.7\ \text{V}$,$R_W=100\ \Omega$,且其滑动端位于中点,$V_{CC}=V_{EE}=12\ \text{V}$,$R_{c1}=R_{c2}=R_c=5\ \text{k}\Omega$,$R_{b1}=R_{b2}=R_b=1\ \text{k}\Omega$,$R_L=10\ \text{k}\Omega$,$R_2=1\ \text{k}\Omega$,$R_1=R_3=5\ \text{k}\Omega$。试估算:

(1) 静态时各管的 I_{CQ} 和 T_1、T_2 管的 V_{CQ};

(2) 差模电压放大倍数 A_{ud};

(3) 差模输入电阻 R_{id} 和输出电阻 R_{od}。

3.45 电路如图题 3.45 所示,试分析电路:

(1) 判断该电路引入了什么反馈?

(2) 在深度负反馈下,计算闭环电压放大倍数。

3.46 电路如图题 3.46 所示,试回答下列问题:

(1) 电路中引入了哪种组态的交流负反馈;

(2) 该种组态的交流负反馈对输入电阻和输出电阻有何影响,只需说明增大还是减小即可;

(3) 求反馈系数;

(4) 求深度负反馈条件下的电压放大倍数。

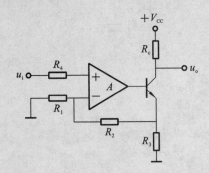

图题 3.45

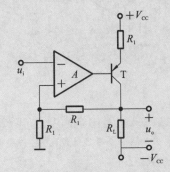

图题 3.46

3.47 反馈放大电路如图题 3.47 所示。请回答下列问题:

(1) 指出级间交流反馈支路、极性和组态及其对输入电阻、输出电阻的影响;

(2) 写出深度负反馈条件下 $\dot{A}_{uf} = u_o/u_i$ 的表达式。

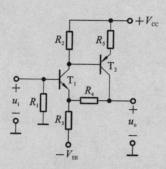

图题 **3.47**

3.48 已知一个电压串联负反馈放大电路的电压放大倍数 $A_{uf} = 20$,其基本放大电路的电压放大倍数 A_u 的相对变化率为 10%,A_{uf} 的相对变化率小于 0.1%,试问 F 和 A_u 各为多少?

3.49 已知负反馈放大电路的 $\dot{A} = \dfrac{10^4}{\left(1 + \mathrm{j}\dfrac{f}{10^4}\right)\left(1 + \mathrm{j}\dfrac{f}{10^5}\right)^2}$。

试分析:为了使放大电路能够稳定工作(即不产生自激振荡),反馈系数的上限值为多少?

3.50 试说明图题 3.50 所示各电路属于哪种类型的滤波电路,是几阶滤波电路。

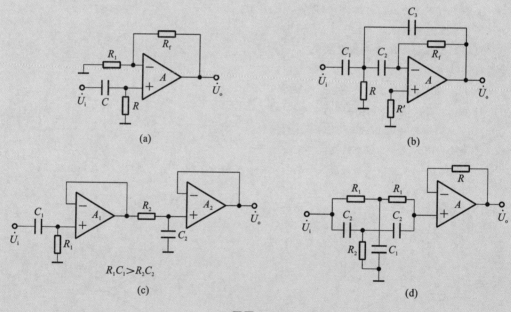

图题 **3.50**

3.51 设一阶 HPF 和二阶 LPF 的通带放大倍数均为 2,通带截止频率分别为 100 Hz 和 2 kHz。试用它们构成一个带通滤波电路,并画出幅频特性曲线。

【仿真题】

3.52 在 Multisim 中构建比例式电流源电路如图题 3.52 所示,已知各晶体管特性一致,测量 I_{C1}、I_{C3},比较它们与基准电流大小的关系。

3.53 在 Multisim 中构建如图题 3.53 所示差分电路,两个晶体管相同,若 $R_L = 10\ \mathrm{k}\Omega$。

(1) 运用直流工作点分析功能测量电路的静态工作点。

(2) 加入正弦信号,观察电路的输入、输出波形,测量差模电压放大倍数。

(3) 测量共模电压放大倍数,计算共模抑制比。

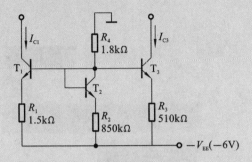

图题 3.52

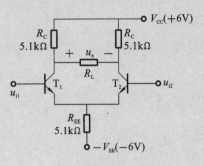

图题 3.53

3.54　在 Multisim 中构建如图题 3.54 所示具有有源电阻的差分电路,已知 $R_L = 10\ \text{k}\Omega, R_1 = 10\ \text{k}\Omega, R_2 = 76.8\ \text{k}\Omega$。

(1) 运用直流工作点分析功能测量电路的静态工作点。

(2) 加入正弦信号,观察电路的输入、输出波形,测量差模电压放大倍数。

(3) 测量共模电压放大倍数,计算共模抑制比。

(4) 比较(2)、(3)问题与上题的结果。

3.55　在 Multisim 中构建一心电信号放大电路,如图题 3.55 所示,各集成运放参数相同。试分析以下问题:

(1) $A_{u1} = (U_{o1} - U_{o2})/U_i$ 的数值是多少?

(2) 整个电路的中频电压放大倍数 $A_{um} = U_o/U_i$ 是多少?

(3) 整个电路的上、下限截止频率 f_H、f_L 的值是多少?

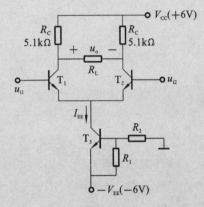

图题 3.54

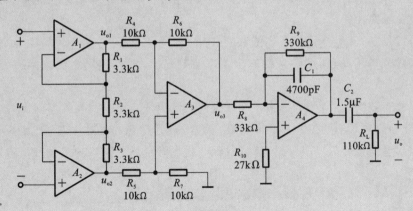

图题 3.55

项目4

扩音器的设计
与实践

项目内容与目标

扩音器把从话筒等音频设备输出的微弱信号放大成能推动扬声器发声的大功率信号,主要由前置放大器、音调控制器和功率放大电路三部分构成。从信号源(话筒)发送过来的信号经前置放大器选择、放大后,再由音调控制器对音频各频段内的信号进行提升或衰减控制,最后由功率放大电路驱动扬声器发出声音。

前置放大器:主要是完成对小信号无失真的放大,一般要求输入阻抗高,输出阻抗低,频带宽,噪声小。

音调控制器:实现声音信号高低音的衰减或提升控制。

功率放大电路:提供足够大的输出功率驱动扬声器发出声音,要求功率转换效率高,失真小。

通过扩音器的设计,掌握模拟电子系统的设计方法。熟悉集成运算放大器、音调控制器、集成功率放大器的工作原理和应用方法。熟悉扩音器的主要技术指标和测试方法。通过扩音器电路的安装调试及故障排除,提高综合运用知识的工程应用能力。

任务 4.1　前置放大器的设计

任务目标

学会集成运放电路的应用以及利用仪器仪表进行放大器的测试,深化对放大器组成、工作原理以及特性的认识和理解。

任务引导

在电子系统中通常采用集成运放引入负反馈来实现信号的处理和运算,为了分析的方便,可以采用理想运放来分析运放电路的工作原理。运用理想运放工作在线性区时"虚短"和"虚断"的特点,可以简化分析过程,突出主要矛盾,忽略次要因素。当然,运用理想运放分析电路必然会造成一定的误差,只要误差在工程应用所允许的误差范围内,就是可行的。

◆ 4.1.1　比例运算电路

一、反相比例运算电路

反相比例运算电路如图 4.1.1 所示。同相输入端通

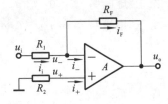

图 4.1.1　反相比例运算电路

过电阻 R_2 接地,通常 $R_2 = R_1 /\!/ R_F$,是为了使集成运放两个输入端对地电阻平衡,避免输入偏置电流在两个输入端之间产生附加的偏差电压。由于集成运放的开环差模电压增益很大,电路引入了电压并联负反馈,很容易满足深度负反馈的条件,因此,集成运放工作在线性区,就可以用理想运放工作在线性区的特点来分析运放电路的输入输出关系。

由于"虚断", $i_+ = 0$,则 $u_+ = 0$ 。 $i_- = 0$,则 $i_i = i_F$ 。

由于"虚短", $u_+ = u_-$,所以 $u_+ = u_- = 0$,两个输入端不仅相等,而且都为零,称为"虚地"。

由 $i_i = i_F$,则

$$\frac{u_i}{R_1} = \frac{-u_o}{R_F}$$

即
$$u_o = -\frac{R_F}{R_1}u_i \tag{4.1.1}$$

可见,该运算电路的输出电压与输入电压成比例关系,且比例系数为负,所以称之为反相比例运算电路,本质上是一个深度的电压并联负反馈。

二、同相比例运算电路

同相比例运算电路如图 4.1.2 所示。为了使集成运放两个输入端对地电阻平衡, $R_2 = R_1 /\!/ R_F$ 。电路引入了电压串联负反馈,满足深度负反馈的条件,因此,集成运放工作在线性区,可以用理想运放工作在线性区的特点来分析运放电路的输入输出关系。

由于"虚断", $i_+ = 0$,则 $u_+ = u_i$ 。 $i_- = 0$,则 $u_- = \dfrac{R_1}{R_1 + R_F}u_o$ 。

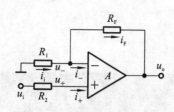

图 4.1.2 同相比例运算电路

由于"虚短"，$u_+ = u_-$，所以

$$u_i = \frac{R_1}{R_1 + R_F} u_o$$

即

$$u_o = \left(1 + \frac{R_F}{R_1}\right) u_i \qquad (4.1.2)$$

可见，该运算电路的输出电压与输入电压成比例关系，且比例系数为正，所以称之为同相比例运算电路，本质上是一个深度的电压串联负反馈。当 $R_F = 0$ 或 $R_1 = \infty$，则 $u_o = u_i$，此时，电路称为电压跟随器。

◆ 4.1.2 加减运算电路

一、加法运算电路

加法运算电路如图 4.1.3 所示。为了使集成运放两个输入端对地电阻平衡，$R' = R_1 /\!/ R_2 /\!/ R_3 /\!/ R_F$。电路引入了负反馈，满足深度负反馈的条件，因此，集成运放工作在线性区，可以用理想运放工作在线性区的特点来分析运放电路的输入输出关系。

由于"虚断"，$i_+ = 0$，则 $u_+ = 0$。$i_- = 0$，则 $i_1 + i_2 + i_3 = i_F$。

由于"虚短"，$u_+ = u_- = 0$，所以

$$\frac{u_{i1}}{R_1} + \frac{u_{i2}}{R_2} + \frac{u_{i3}}{R_3} = \frac{-u_o}{R_F}$$

即

$$u_o = -R_F\left(\frac{u_{i1}}{R_1} + \frac{u_{i2}}{R_2} + \frac{u_{i3}}{R_3}\right) \qquad (4.1.3)$$

可见，该运算电路的输出电压表现为多个输入电压比例的和的形式，系数为负，称为反相求和电路，另有同相求和电路与此类似，不再赘述。

二、减法运算电路

减法运算电路如图 4.1.4 所示。为了使集成运放两个输入端对地电阻平衡，$R'_1 = R_1$，$R'_F = R_F$。电路引入了负反馈，因此，集成运放工作在线性区，可以用理想运放工作在线性区的特点来分析运放电路的输入输出关系。

由于"虚断"，$i_+ = 0$，则 $u_+ = \frac{R'_F}{R'_1 + R'_F} u'_i$。$i_- = 0$，则 $u_- = \frac{R_1}{R_1 + R_F} u_o + \frac{R_F}{R_1 + R_F} u_i$。

由于"虚短"，$u_+ = u_-$，所以

$$\frac{R'_F}{R'_1 + R'_F} u'_i = \frac{R_1}{R_1 + R_F} u_o + \frac{R_F}{R_1 + R_F} u_i$$

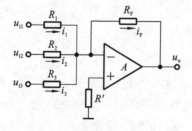

图 4.1.3 加法运算电路

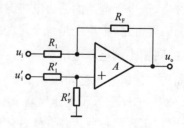

图 4.1.4 减法运算电路

即
$$u_o = -\frac{R_F}{R_1}(u_i - u_i')$$
(4.1.4)

可见,该运算电路的输出电压为两个输入电压之差的倍数,实现了减法运算,也称为差分比例运算电路。

4.1.3 积分和微分运算电路

一、积分运算电路

积分运算电路如图 4.1.5 所示。为了使集成运放两个输入端对地电阻平衡,$R' = R$。电路引入了负反馈,因此,集成运放工作在线性区,可以用理想运放工作在线性区的特点来分析运放电路的输入输出关系。

由于"虚断",$i_+ = 0$,则 $u_+ = 0$。$i_- = 0$,则 $i_i = i_C$。

由于"虚短",$u_+ = u_-$,所以 $u_+ = u_- = 0$,两输入端"虚地"。

$$u_o = -u_C = -\frac{1}{C}\int i_C \mathrm{d}t = -\frac{1}{RC}\int u_i \mathrm{d}t$$
(4.1.5)

可见,电路的输出电压正比于输入电压对时间的积分,积分电路具有波形变换和移相的作用。

二、微分运算电路

微分是积分的逆运算,将积分电路中的 R 和 C 的位置互换,就是微分运算电路,如图 4.1.6所示。

由于"虚断",$i_C = i_R$。由于"虚地",$u_+ = u_- = 0$。

$$u_o = -u_R = -i_R R = -i_C R = -RC \frac{\mathrm{d}u_i}{\mathrm{d}t}$$
(4.1.6)

可见,电路的输出电压正比于输入电压对时间的微分,实现了微分运算。

总之,各种运算电路都是利用理想运放工作在线性区时"虚短"和"虚断"的特点分析,从而得出其输出、输入运算关系。

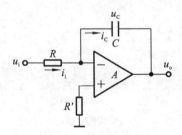

图 4.1.5 积分运算电路

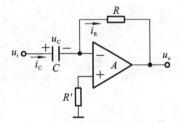

图 4.1.6 微分运算电路

4.1.4 前置放大电路的组成特点

由于话筒提供的信号非常微弱,一般在音调控制器前加一级前置放大器,而且前置放大器输入级的噪声对整个放大电路的信噪比影响很大,所以前置放大器的输入级必须采用低噪声电路。前置放大器可以采用晶体管、电阻、电容等分立元件构成的放大电路来实现,也可以采用集成运放电路来实现信号的放大。对于由晶体管等分立元件组成的前置放大器,首先要选择低噪声的晶体管,另外还要设置合适的静态工作点。如果采用集成运算放大器构成前置放大器,一定要选择低噪声、低漂移的集成运算放大器。另外,前置放大器要有足够宽的频带,以保证音频信号进行不失真的放大。

任务实施

1. 绘制电路图

在 Multisim 仿真软件中搭建前置放大器电路,如图 4.1.7 所示,前置放大电路是由 LF353N 组成的两级同相比例运算电路。LF353N 是一种双路运算放大器,属于高输入阻抗低噪声的集成器件,其输入阻抗达到 $10^4 M\Omega$,输入偏置电流为 50pA,增益带宽为 4 MHz,转换速率为 13 V/ms。根据同相比例运算电路的关系,可得

$$A_{u1} = 1 + \frac{R_3}{R_2} \tag{4.1.7}$$

$$A_{u2} = 1 + \frac{R_6}{R_5} \tag{4.1.8}$$

电阻 R_2、R_3、R_5、R_6 提供合适的放大倍数,C_1、C_2 为耦合电容,电阻 R_3 并联小电容 C_3 以滤除高频噪声,C_4、C_5 用以保证扩音电路的低频响应。

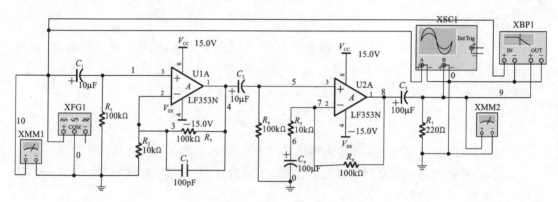

图 4.1.7 前置放大电路

电路中各元器件的名称及存储位置如表 4.1.1 所示。

表 4.1.1 元器件的名称及存储位置

元器件名称	所 在 库	所 属 系 列
集成运放 LF353N	Analog	OPAMP
直流电压源 V_{CC}、V_{EE}	Sources	POWER_SOURCES
电阻	Basic	RESISTOR
电解电容	Basic	CAP_ELECTROLIT
电容	Basic	CAPACITOR
地线 GROUND	Sources	POWER_SOURCES
函数发生器 XFG1	仪器仪表区	
波特测试仪 XBP1	仪器仪表区	
示波器 XSC1	仪器仪表区	
万用表 XMM1、XMM2	仪器仪表区	

2. 电路仿真

1）观察输入输出波形

单击"运行"按钮，开启仿真。双击函数发生器 XFG1，设置输入信号为 5 mV，1 kHz 的正弦波，如图 4.1.8 所示。然后双击示波器 XSC1，将时基标度设为 1 ms/Div；通道 A 刻度设置为 5 mV/Div，通道 B 刻度设置为 500 mV/Div；触发方式选为"单次"，可以获得输入和输出电压波形如图 4.1.9 所示。此时，输出波形无失真。拖动测试标尺 1 至波谷处，测试标尺 2 至波峰处，此处通道 A 输入电压峰峰值 $u_{ipp}=9.809$ mV，通道 B 输出电压峰峰值 $u_{opp}=1.182$ V。用万用表测

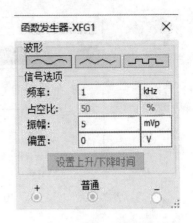

图 4.1.8　函数发生器的设置

试输入、输出电压的幅值，测试结果如图 4.1.10 所示，电压放大倍数 $A_u = u_o/u_i = 426.768/3.535 \approx 120.73$。单击"停止"按钮，关闭仿真。

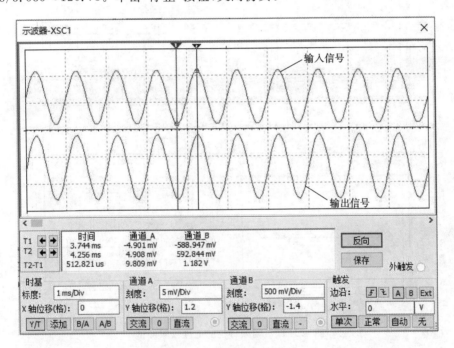

图 4.1.9　示波器仿真波形

2）测量通频带和中频电压增益

单击"运行"按钮，开启仿真。双击波特测试仪，弹出波特测试仪设置界面。选择模式为幅值；水平坐标为对数坐标，频率范围为 100 MHz～100 kHz；垂直坐标为对数坐标，幅值范围为 -10～100 dB，得到电路幅频特性曲线，如图 4.1.11 所示。拖动测试标尺，则在仪器界面下部会显示相应的频率和幅值。可测得图 4.1.7 所示前置放大电路的中频电压对数幅值为 41.636 dB，拖动标尺下降 3 dB 时对应的上限频率为 $f_H \approx 15.375$ kHz，如图 4.1.12 所示，同理，可测得下限频率 $f_L \approx 320.254$ MHz。

在波特测试仪设置界面选择模式为相位；水平坐标为对数坐标，频率范围为 100 MHz～100 kHz；垂直坐标为线性坐标，幅值范围为 $-720°$～$720°$。前置放大器的相频特性如图

(a) 输入

(b) 输出

图 4.1.10　万用表测量结果

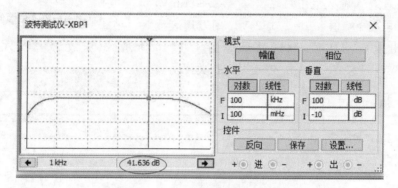

图 4.1.11　前置放大器的幅频特性

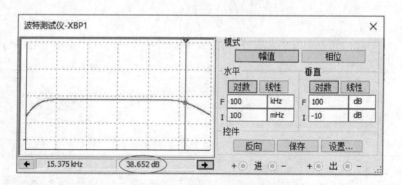

图 4.1.12　幅频特性的上限频率测试

4.1.13所示。最后单击"停止"按钮,关闭仿真。

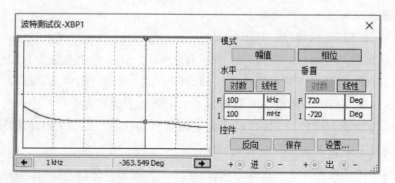

图 4.1.13　前置放大器的相频特性

3. 仿真结果分析

仿真结果表明,由集成运放构成的前置放大器具有音频放大作用,输出波形失真小,频带范围宽,可以作为扩音器的前置放大级。

任务 4.2　集成运放的频率特性测试

任务目标

通过对放大电路频率响应相关基本概念的理解,学会对单管共射极放大电路和集成运放的频率特性测试分析。

任务引导

一、频率响应概述

由于放大电路中含有电抗性元件以及晶体管极间电容的存在,这些电抗性元件的阻抗与频率有关,因而放大电路的放大倍数必然与频率有关,放大电路的放大倍数与频率的关系,称为放大电路的频率响应(或频率特性)。

放大电路放大倍数的幅值与频率的关系称为幅频特性 $|\dot{A}_u(f)|$,放大倍数的相位移与频率的关系称为相频特性 $\varphi(f)$。频率特性可表示为

$$\dot{A}_u = |\dot{A}_u|(f)\angle\varphi(f)$$

单管共射极放大电路的频率特性如图 4.2.1 所示。由于实际应用电路的频率范围比较宽,为了在频率轴上表示出较宽的频率范围,通常采用对数坐标绘制频率特性,也称为波特图,幅频特性的纵轴为 $20\lg|\dot{A}_u|$,单位为分贝(dB),相频特性的纵轴依然为 φ,单管共射放大电路的波特图如图 4.2.2 所示。

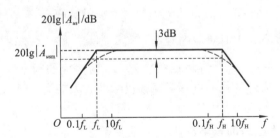

图 4.2.1　单管放大电路的频率特性

从图 4.2.1 可见,放大电路在中频段时,电压放大倍数不随频率的变化而改变,低频段和高频段电压放大倍数会下降,在低频段和高频段,电压放大倍数下降为中频段的 $1/\sqrt{2}$(即 0.707 倍)时,所对应的频率称为下限频率 f_L 和上限频率 f_H,两个频率之间的范围称为通频带 BW,$BW = f_H - f_L$。

通频带是放大电路的重要技术指标之一,通频带越宽,放大电路工作的频率范围也就越宽。当输入信号含有多次谐波时,不同频率的谐波放大倍数的幅值不同时,会产生幅频失真,当不同频率的谐波放大倍数的相位移不同时,会产生相频失真。幅频失真和相频失真统称为

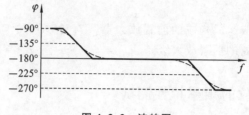

图 4.2.2 波特图

频率失真,频率失真不同于非线性失真,频率失真产生的原因是放大电路的通频带不够宽。

二、晶体管的频率参数

由于晶体管极间电容的存在,所以晶体管的电流放大系数 β、α 也是关于频率的函数。

$$\dot{\beta} = \frac{\beta_0}{1 + \mathrm{j}\dfrac{f}{f_\beta}} \tag{4.2.1}$$

共射电流放大系数 $\dot{\beta}$ 的波特图如图 4.2.3 所示。

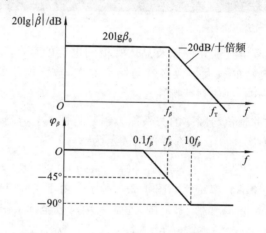

图 4.2.3 共射电流放大系数 $\dot{\beta}$ 的波特图

共射截止频率 f_β:$|\dot{\beta}|$ 降为低频 $0.707\beta_0$ 时对应的频率。

特征频率 f_T:$|\dot{\beta}|$ 降为 1 时对应的频率。

同理,共基截止频率 f_α:$|\dot{\alpha}|$ 降为低频 $0.707\alpha_0$ 时对应的频率。

晶体管的频率参数描述的是晶体管对高频信号的放大能力。其大小关系为 $f_\beta < f_\mathrm{T} < f_\alpha$。

三、单管共射极放大电路的频率特性

为了分析的方便,在图 4.2.4 所示的单管共射极放大电路中,将 C_2 和 R_L 看作是下一级放大电路的耦合电容和输入电阻。

在中频段,电容 C_1 的容抗比较小,近似为交流短路,晶体管极间电容比较大,近似为交流开路。所以在中频段,所有的电容阻抗可以忽略不计,放大电路的电压放大倍数为常数,相位移为一常量。

在低频段,相对于中频段而言,电容的容抗增加,电容 C_1 的容抗增加,不能近似为短路,而极间电容容抗进一步增加,依然为开路,所以在中频段,隔直电容 C_1 与放大电路的输入电阻构成 RC 高通电路,如图 4.2.5 所示,其幅频特性具有高通特性,产生 $0\sim90°$ 的超前附加相移。

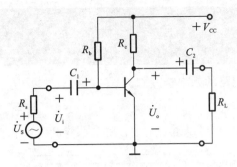

图 4.2.4　单管共射极放大电路

在高频段,相对于中频段而言,电容的容抗减小,电容 C_1 的容抗进一步减小,依然近似为交流短路,极间电容的容抗减小,不能再视为开路,极间电容与放大电路的等效电阻近似为 RC 低通电路,如图 4.2.6 所示,其幅频特性具有低通特性,产生 $0 \sim -90°$ 的滞后附加相移。

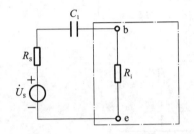

图 4.2.5　低频等效电路

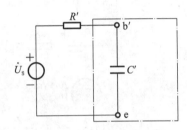

图 4.2.6　高频等效电路

综合全频段,阻容耦合单管共射极放大电路的波特图如图 4.2.2 所示,其在全频范围内的电压放大倍数表达式为

$$\dot{A}_{us} \approx \frac{\dot{A}_{usm}}{\left(1 - j\dfrac{f_L}{f}\right)\left(1 + j\dfrac{f}{f_H}\right)} \tag{4.2.2}$$

四、集成运放的频率特性

集成运放采用直接耦合方式,没有耦合电容,因此,低频段频率响应比较好,下限频率 $f_L = 0$。集成运放中含有大量晶体管,因此高频特性受晶体管极间电容的影响。由于集成运放的电压增益很高,引入负反馈容易产生自激振荡,因此集成运放内部通常会接频率补偿电路,以保证其正常工作。集成运放的频率特性如图 4.2.7 所示。

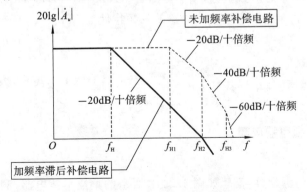

图 4.2.7　集成运放的频率特性

任务实施

一、单管共射极放大电路的频率响应测试

1. 绘制电路图

打开 Multisim 仿真软件,搭建如图 4.2.8 所示单管共射极放大电路。

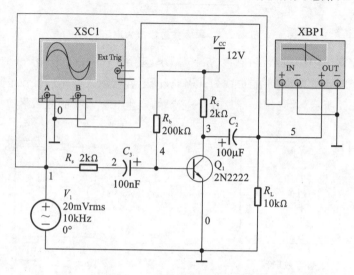

图 4.2.8　单管共射极放大电路

2. 电路仿真

单击"运行"按钮,开启仿真。然后双击示波器,将时基标度设为 $50\ \mu s/Div$;通道 A 刻度设置为 $50\ mV/Div$,通道 B 刻度设置为 $1\ V/Div$;触发方式选为"单次",输入、输出电压波形如图 4.2.9 所示,观察输出波形无失真。

双击波特测试仪,弹出波特测试仪设置界面。选择模式为幅值;水平坐标为对数坐标,频率范围为 $10\ Hz\sim10\ MHz$;垂直坐标为对数坐标,幅值范围为 $-10\sim40\ dB$。拖动测试标尺,则在仪器界面下部会显示相应的频率和幅值。测试的幅频特性如图 4.2.10 所示。可见,$10\ kHz$ 时的对数幅值为 $28.863\ dB$。拖动标尺下降 3 dB 时对应的上限频率为 $f_H\approx304.45\ kHz$,下限频率 $f_L\approx634.158\ Hz$,通频带 $BW\approx304.45\ kHz$。在波特测试仪界面选择模式为相位;水平坐标为对数坐标,频率范围为 $10\ Hz\sim10\ MHz$;垂直坐标为线性坐标,幅值范围为 $-300°\sim0°$。单管共射极放大电路的相频特性如图 4.2.11 所示。最后单击"停止"按钮,关闭仿真。

3. 仿真结果分析

从仿真结果可以看出,单管共射极放大电路在中频段时电压放大倍数为常数,在低频段和高频段时电压放大倍数下降,且产生附加相移。

二、集成运放的频率响应测试

1. 绘制电路图

打开 Multisim 仿真软件,搭建如图 4.2.12 所示的集成运放电路,测试该运放电路的频率特性。

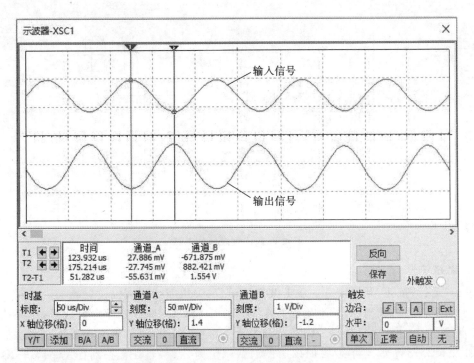

图 4.2.9　共射极放大电路的波形仿真

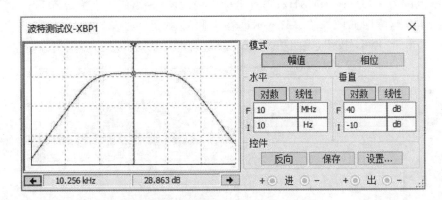

图 4.2.10　共射极放大电路的幅频特性

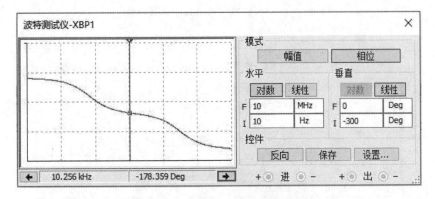

图 4.2.11　共射极放大电路的相频特性

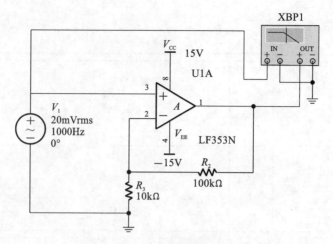

图 4.2.12　集成运放电路

2. 电路仿真

单击"运行"按钮,开启仿真。双击波特测试仪,弹出波特测试仪设置界面。选择模式为幅值;水平坐标为对数坐标,频率范围为 1 MHz～10 MHz;垂直坐标为对数坐标,幅值范围为 -50～50 dB。拖动测试标尺,则在仪器界面下部会显示相应的频率和幅值。测试的幅频特性如图 4.2.13 所示。可见,1 kHz 时的对数幅值为 20.827 dB。拖动标尺下降 3 dB 时对应的上限频率为 $f_H \approx 372.759$ kHz。在波特测试仪界面选择模式为相位;水平坐标为对数坐标,频率范围为 1 MHz～10 MHz;垂直坐标为线性坐标,幅值范围为 $-200°$～100°。集成运放电路的相频特性如图 4.2.14 所示。在上限频率 $f_H \approx 372.759$ kHz 处的相位移为 $-46.661°$。单击"停止"按钮,关闭仿真。

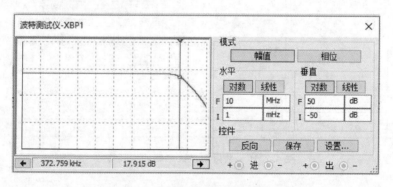

图 4.2.13　集成运放电路的幅频特性

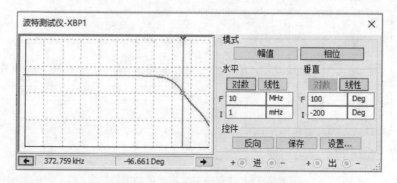

图 4.2.14　集成运放电路的相频特性

3. 仿真结果分析

仿真结果表明，集成运放具有较好的低频特性，下限频率几近于 0，上限频率受晶体管极间电容的影响。

 任务 4.3 音调控制器的设计

 任务目标

理解音调控制电路的基本结构和原理，熟悉其在音频系统中的基本应用，掌握音调控制电路的设计和测试方法。

任务引导

音调控制器是通过调节和控制音响放大器的幅频特性，从而达到控制音色的目的，以满足不同听众对音色效果的喜好。一般而言，音调控制器只对低音和高音信号的增益进行提升或衰减，而中音信号的增益不变。这里所说的提升或衰减，是相对中音频而言。音调控制电路一般要求有足够的高低音调节范围，同时高低音在整个调节过程中，中音信号不发生明显的变化，以保持音质。

音调控制器一般有衰减式和负反馈式。衰减式音调控制器的调节范围可以做得较宽，但由于中音电平也要做很大的衰减，并且在调节过程中整个电路的阻抗也随之变化，所以噪声和失真较大。负反馈式音调控制器的噪声和失真较小，在调节音调时，其转折频率保持固定不变，而特性曲线的斜率却随之改变。在此以负反馈式音调控制器为例分析，典型的负反馈式音调控制器如图 4.3.1 所示，其幅频特性如图 4.3.2 所示。

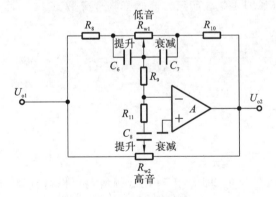

图 4.3.1　典型的负反馈式音调控制器

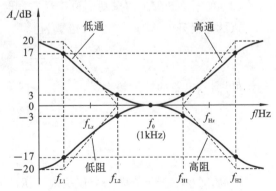

图 4.3.2　音调控制器的幅频特性

图 4.3.2 中：f_{L1} 为低音频转折频率，一般为几十赫兹；

$f_{L2}(=10f_{L1})$ 为低音频区的中音频转折频率；

$f_0(=1\text{ kHz})$ 为中音频率，要求增益 $A_{u0}=0$ dB；

f_{H1} 为高音频区的中音转折频率；

$f_{H2}(=10f_{H1})$ 为高音频转折频率，一般为几万赫兹。

在图 4.3.1 所示电路中,通常 $R_8 = R_9 = R_{10}$,$C_6 = C_7 \gg C_8$,在中、低音频区,C_8 可视为开路,在中、高音频区,C_6、C_7 可视为短路。

1. 当 $f < f_0$ 时,C_8 可视为开路

(1)当电位器 R_{w1} 的滑动端位于最左端时(如图 4.3.3 所示),此时低频提升最大。
低频提升电路的放大倍数为

$$\dot{A}_{uf} = -\frac{Z_2}{Z_1} = -\left(\frac{R_{w1}/j\omega C_7}{R_{w1} + 1/j\omega C_7} + R_{10}\right)/R_8 \tag{4.3.1}$$

化简后为

$$\dot{A}_{uf} = -\frac{R_{w1} + R_{10}}{R_8} \times \frac{1 + j\omega C_7 \dfrac{R_{w1} \cdot R_{10}}{R_{w1} + R_{10}}}{1 + j\omega C_7 \cdot R_{w1}} \tag{4.3.2}$$

可见,该电路的转折频率

$$f_{L1} = \frac{1}{2\pi C_7 R_{w1}} \tag{4.3.3}$$

$$f_{L2} = \frac{1}{2\pi(R_{w1} /\!/ R_{10})C_7} \approx \frac{1}{2\pi R_{10} C_7} \tag{4.3.4}$$

可见,在中、高频,电压放大倍数仅取决于 R_{10} 与 R_8 的比值,即等于 1;在低频增益可以得到提升,最大电压放大倍数为 $(R_{w1} + R_{10})/R_8$。低频提升电路的幅频特性如图 4.3.4 所示。

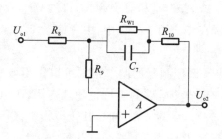

图 4.3.3　低频提升

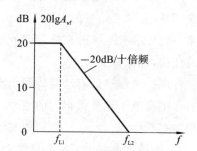

图 4.3.4　低频提升电路的幅频特性

(2)当电位器 R_{w1} 的滑动端位于最右端时(如图 4.3.5 所示),此时低频衰减最大。
该低频提升电路的电压放大倍数为

$$\dot{A}_{uf} = -\frac{R_{10}}{R_8 + (1/j\omega C_6) /\!/ R_{w1}} = -\frac{R_{10}}{R_8 + R_{w1}} \times \frac{1 + j\omega R_{w1} C_6}{1 + j\omega(R_{w1} /\!/ R_8)C_6} \tag{4.3.5}$$

可见,该电路的转折频率

$$f'_{L1} = \frac{1}{2\pi R_{w1} C_6} \tag{4.3.6}$$

$$f'_{L2} = \frac{1}{2\pi(R_{w1} /\!/ R_8)} \approx \frac{1}{2\pi R_8} \tag{4.3.7}$$

可见,在中、高频,放大倍数仅取决于 R_{10}/R_8 的比值,即等于 1;在低频增益可以得到衰减,最小放大倍数为 $R_{10}/(R_8 + R_{w1})$。低频衰减电路的幅频特性如图 4.3.6 所示。

在音调控制电路中,通常会使 $C_6 = C_7$,$R_8 = R_9 = R_{10}$,以让 $f'_{L1} = f_{L1}$,$f'_{L2} = f_{L2}$。

2. 当 $f > f_0$ 时,由于 $C_6 = C_7 \gg C_8$,在中、高音频区,C_6、C_7 可视为短路

此时音频控制器电路可简化成图 4.3.7(a)所示电路。由于电阻 R_8、R_9、R_{10} 为星形连接,为便于分析,可将它们转换成三角形连接,转换后的电路如图 4.3.7(b)所示。因为 $R_8 = R_9 = R_{10}$,所以 $R_a = R_b = R_c = 3R_8$。如果音调放大器的输入信号是内阻极小的电压源,那么

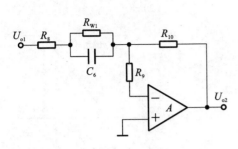

图 4.3.5　低频衰减

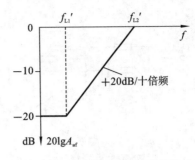

图 4.3.6　低频衰减电路的幅频特性

通过 R_c 支路的反馈电流将被低内阻的信号源所旁路，R_c 的反馈作用将忽略不计（R_c 可看成开路）。

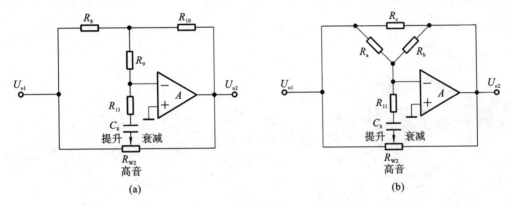

图 4.3.7　高频简化等效电路

（1）当电位器 R_{w2} 的滑动端位于最左端时（如图 4.3.8 所示），此时高频提升最大。

该电路的电压放大倍数为

$$\dot{A}_{uf} = \frac{R_b}{[R_{11} + 1/(j\omega C_8)] // R_a} = \frac{R_b[1 + j\omega C_8(R_{11} + R_a)]}{R_a(1 + j\omega C_8 R_{11})} \tag{4.3.8}$$

其转折频率为

$$f_{H1} = \frac{1}{2\pi C_8(R_{11} + R_a)} \tag{4.3.9}$$

$$f_{H2} = \frac{1}{2\pi C_8 R_{11}} \tag{4.3.10}$$

可见，对于中、低频信号，放大器的增益等于 1；对于高频的信号，放大器的增益可以提升，最大增益为 $\dfrac{R_{11} + R_a}{R_{11}}$。高频提升电路的幅频特性如图 4.3.9 所示。

（2）当电位器 R_{w2} 的滑动端位于最右端时（如图 4.3.10 所示），此时高频衰减最大。

该电路的电压放大倍数为

$$\dot{A}_{uf} = \frac{\left(R_{11} + \dfrac{1}{j\omega C_8}\right) // R_b}{R_a} = \frac{R_c}{R_a} \times \frac{1 + j\omega C_8 R_{11}}{1 + j\omega C_8(R_{11} + R_b)} \tag{4.3.11}$$

其转折频率为

$$f'_{H1} = \frac{1}{2\pi C_8(R_{11} + R_b)} \tag{4.3.12}$$

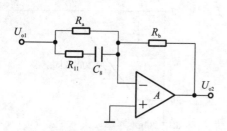

图4.3.8　高频提升

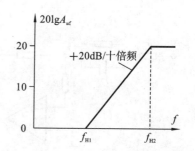

图4.3.9　高频提升电路的幅频特性

$$f'_{H2} = \frac{1}{2\pi C_8 R_{11}} \qquad (4.3.13)$$

可见,对于中、低频信号,放大器的增益等于1;对于高频信号,放大器的增益可以衰减,

最大电压放大倍数为$\dfrac{R_{11}}{R_{11}+R_b}$。高频衰减电路的幅频特性如图4.3.11所示。

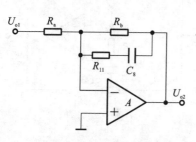

图4.3.10　高频衰减

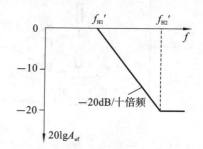

图4.3.11　高频衰减电路的幅频特性

 任务实施

1. 绘制电路图

打开Multisim仿真软件,绘制出音调控制电路的仿真电路,如图4.3.12所示,电路中
各元器件的名称及存储位置如表4.3.1所示。

表4.3.1　元器件的名称及存储位置

元器件名称	所 在 库	所属系列
集成运放 LF353N	Analog	OPAMP
直流电压源 V_{CC}、V_{EE}	Sources	POWER_SOURCES
电阻	Basic	RESISTOR
电容	Basic	CAPACITOR
地线 GROUND	Sources	POWER_SOURCES
函数发生器 XFG1	仪器仪表区	
波特测试仪 XBP1	仪器仪表区	
示波器 XSC1	仪器仪表区	
万用表 XMM1、XMM2	仪器仪表区	

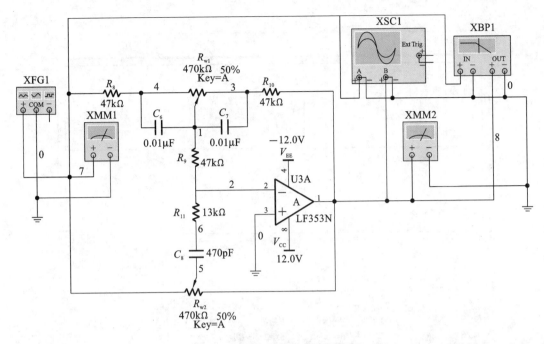

图 4.3.12 音调控制电路仿真图

2. 电路仿真

1) 中音特性测试

将电位器 R_{w1} 和 R_{w2} 滑动端均置于中点位置,单击"运行"按钮,开启仿真。双击函数发生器 XFG1,设置输入信号为 600 mV,1 kHz 的正弦波。然后双击示波器,将时基标度设为 1 ms/Div;通道 A 刻度设置为 500 mV/Div,通道 B 刻度设置为 500 mV/Div;触发方式选为"单次",可以获得输入和输出电压波形如图 4.3.13 所示。此时,输出波形与输入波形反相且无失真。单击"停止"按钮,关闭仿真。用万用表测试输入、输出电压的幅值,测试结果如图 4.3.14 所示,电压放大倍数 $A_u = u_o / u_i \approx -1$。

单击"运行"按钮,开启仿真。双击波特测试仪,弹出波特测试仪设置界面。选择模式为幅值;水平坐标为对数坐标,频率范围为 5 Hz~50 kHz;垂直坐标为对数坐标,幅值范围为 $-20 \sim 30$ dB。拖动测试标尺,则在仪器界面下部会显示相应的频率和幅值。用波特测试仪测试的幅频特性如图 4.3.15 所示。可见,中频 1 kHz 时的对数幅值为 0 dB。单击"停止"按钮,关闭仿真。

2) 低音提升特性测试

将电位器 R_{w1} 滑动端置于最左端(靠近输入信号),电位器 R_{w2} 滑动端置于中点时,用波特测试仪测试输出端的幅频特性,如图 4.3.16 所示。

3) 低音衰减特性测试

将电位器 R_{w1} 滑动端置于最右端(靠近输出信号),电位器 R_{w2} 滑动端置于中点时,用波特测试仪测试输出端的幅频特性,如图 4.3.17 所示。

4) 高音提升特性测试

将电位器 R_{w1} 滑动端置于中点,电位器 R_{w2} 滑动端置于最左端(靠近输入信号),用波特测试仪测试输出端的幅频特性,如图 4.3.18 所示。

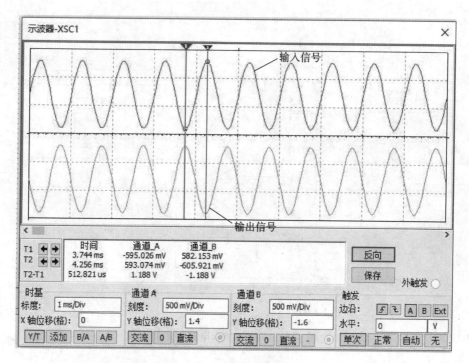

图 4.3.13 中音输入输出电压波形

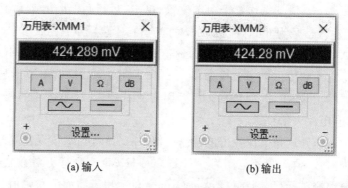

(a) 输入   (b) 输出

图 4.3.14 中音万用表测量结果

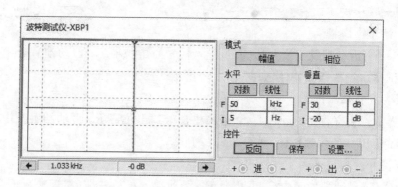

图 4.3.15 中音幅频特性

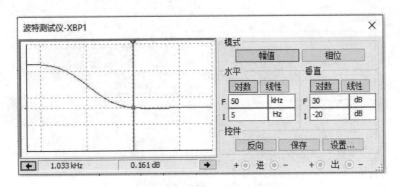

图 4.3.16　低音提升、高音衰减幅频特性

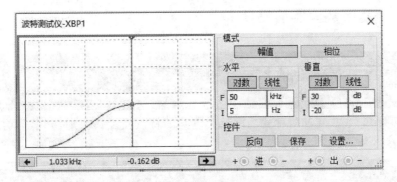

图 4.3.17　低音衰减幅频特性

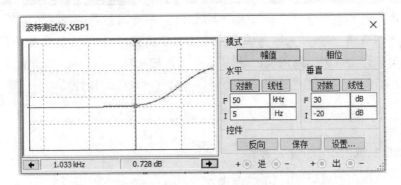

图 4.3.18　高音提升幅频特性

5）高音衰减特性测试

将电位器 R_{w1} 滑动端置于中点，电位器 R_{w2} 滑动端置于最右端（靠近输出信号），用波特测试仪测试输出端的幅频特性，如图 4.3.19 所示。

3. 仿真结果分析

仿真结果表明，由 RC 网络与集成运放构成的音调控制电路具有音调的提升、衰减作用，电位器 R_{w1} 起低音调节控制作用，往左调低音提升，往右调低音衰减，电位器 R_{w2} 起高音调节控制作用，往左调高音提升，往右调高音衰减。因此，该电路可以作为扩音器的音调控制器。

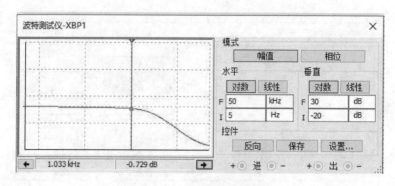

图 4.3.19　高音衰减幅频特性

任务 4.4　功率放大器的设计

任务目标

熟悉 OTL 和 OCL 互补对称式功率放大电路的特点及工作原理,并学会功率放大电路的设计和测试方法。

任务引导

功率放大电路和电压放大电路放大的本质相同,都是对能量的控制。实际使用的电路一般是多级放大电路,多级放大电路的中间级是电压放大电路,对小信号的幅值放大,而功率放大电路通常作为放大电路的输出级,提供足够的输出功率给负载,驱动执行机构产生一定的动作,譬如用于扩音器中使扬声器发出声音,也可驱动仪表指针发生偏转等。

◆　**4.4.1　功率放大电路的特点**

一、提供给负载的输出功率足够大

输入为正弦波时,且在输出波形基本不失真的前提下,最大输出功率为

$$P_{om} = U_o I_o \qquad (4.4.1)$$

式中:U_o 为输出电压的有效值;

I_o 为输出电流的有效值。

二、要求具有较高的转换效率

转换效率 η 是功率放大电路输出给负载的功率 P_o 与电源所提供的功率 P_V 之比。

$$\eta = \frac{P_o}{P_V} \qquad (4.4.2)$$

三、输出波形的非线性失真小

功率放大电路为了得到较大的输出功率,通常输出电压和输出电流都比较大,因此工作在大信号状态。输出波形的非线性失真比工作在小信号状态的电压放大电路要严重得多,

因此要尽量减小输出波形的非线性失真。正是由于工作在大信号状态,所以功率放大电路不能使用微变等效电路法,一般采用图解法分析。

4.4.2 功率放大电路的工作状态

根据放大电路中三极管在一个信号周期内的导通时间进行分类,功率放大电路的工作状态通常分为甲类、乙类和甲乙类。

甲类:晶体管在信号的整个周期都是导通的(导通角 $\theta = 360°$),如图 4.4.1(a)所示。此时,波形失真小,静态电流大,管耗比较大,效率低。

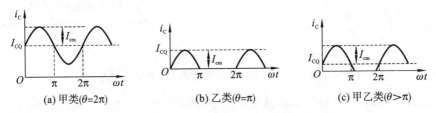

(a) 甲类($\theta = 2\pi$)　　(b) 乙类($\theta = \pi$)　　(c) 甲乙类($\theta > \pi$)

图 4.4.1　功率放大电路的三种工作状态

乙类:晶体管导通的时间为半个周期,正半周或负半周(导通角 $\theta = 180°$),如图 4.4.1(b)所示。此时,波形失真大,静态电流为零,管耗小,效率高。

甲乙类:晶体管导通的时间大于半个周期而小于一个周期(导通角 $180° < \theta < 360°$),如图 4.4.1(c)所示。此时,波形失真大,静态电流为零,管耗小,效率高。

在实际应用中,为了得到较高的效率,在功率放大电路中通常采用乙类和甲乙类放大。同时为了弥补波形失真的问题,可采用两个三极管轮流导通的互补对称式结构。

4.4.3 OTL 互补对称功率放大电路

一、OTL 乙类互补对称功率放大电路

OTL 乙类互补对称功率放大电路中两个三极管 VT_1、VT_2 分别为 NPN、PNP 型,理想情况下两个三极管特性曲线对称。输入电压同时加在两个三极管 VT_1、VT_2 的基极,两管的发射极连在一起,通过电容 C_2 接至负载电阻 R_L,省去了输出变压器。电阻 R_1、R_2 的作用是确定放大电路的静态电位。提供能源的直流电源 V_{CC} 加在两管集电极之间,如图 4.4.2 所示。

静态时,$u_i = 0$,调整电阻 R_1 和 R_2,使两个三极管的基极电位为 $V_{CC}/2$,则电容两端的电压也为 $V_{CC}/2$,此时,两个三极管发射结上的电压 $u_{BE} = 0$。因此,两个三极管都截止。

当加上正弦波电压 u_i,在输入信号的正半周,两个三极管的 $u_{BE} > 0$,故 VT_1 导通,VT_2 截止。i_{C1} 从 V_{CC} 流出,经过 VT_1、C_2 流过负载。

在输入信号的负半周,两个三极管的 $u_{BE} < 0$,故 VT_1 截止,VT_2 导通。i_{C2} 从 C_2 的正端流出,经过 VT_2 流至公共端,再流过负载,然后回到电容 C_2 的负端。

可见,VT_1、VT_2 各导电半周,轮流导通,流过负载的电流 $i_L = i_{C1} - i_{C2}$,所以合成之后,i_L 和 u_o 基本上是正弦波。但观察图 4.4.2 所示的波形发现输出波形存在一定的失真,称之为交越失真。

交越失真产生的原因主要是三极管的输入特性曲线上存在一个死区,当三极管的发射

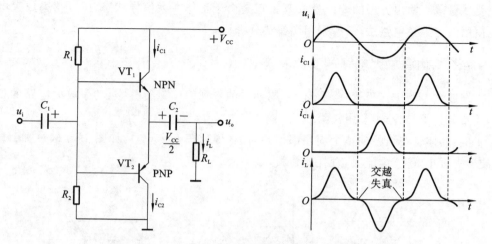

图 4.4.2　OTL 乙类互补对称功率放大电路及波形图

结电压小于死区电压时,三极管依然截止,也就是说,在两个三极管轮流导通的交界位置,两个三极管实际上都是截止的。

二、OTL 甲乙类互补对称功率放大电路

为了改善 OTL 乙类互补对称功率放大电路的交越失真,考虑静态时在两个三极管的基极之间提供一个大于死区电压的偏压,使两个三极管在静态时都能微导通,存在微小的集电极电流 i_B 和 i_C,以避免交越失真。这就是 OTL 甲乙类互补对称功率放大电路,如图 4.4.3 所示。

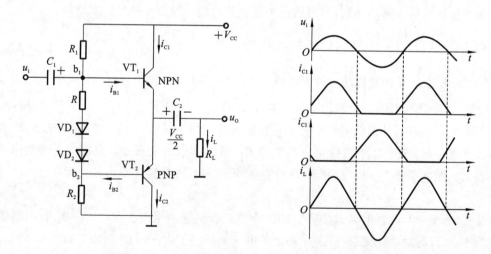

图 4.4.3　OTL 甲乙类互补对称功率放大电路及波形图

静态时,两个三极管基极之间通过 R、VD_1 和 VD_2 提供偏压,使两个三极管都存在较小的静态 i_B 和 i_C。

当加上交流输入信号 u_i,u_i 为正半周时,VT_1 管逐渐导通,i_{C1} 增加,VT_2 管 i_{C2} 逐渐减小,VT_2 管截止。u_i 为负半周时,VT_2 管逐渐导通,i_{C2} 增加,VT_1 管 i_{C1} 逐渐减小,VT_1 管截止。两个三极管依然是轮流导通,但是导通交替的过程比较平滑,每个三极管导通的时间大于半个周期而小于一个周期,改善了交越失真。

三、OTL 互补对称功率放大电路的参数计算

1. 最大输出功率

考虑三极管导通时集电极与发射极之间的电压最小为饱和管压降 U_{CES}，因此，负载上最大输出电压 $U_{om}=V_{CC}/2-U_{CES}$，最大输出电流 $I_{om}=I_{cm}=U_{om}/R_L$，所以最大输出功率为最大输出电压和最大输出电流有效值的乘积，即

$$P_{om} = \frac{U_{om}}{\sqrt{2}} \frac{I_{om}}{\sqrt{2}} = \frac{U_{om}I_{om}}{2} = \frac{(V_{CC}/2-U_{CES})^2}{2R_L} \approx \frac{V_{CC}^2}{8R_L} \tag{4.4.3}$$

2. 效率

直流电源提供的功率 P_V 为

$$P_V = \frac{V_{CC}}{2} \times \frac{1}{\pi} \int_0^\pi I_{cm}\sin\omega t\, d(\omega t) = \frac{V_{CC}I_{cm}}{\pi} = \frac{V_{CC}(V_{CC}/2-U_{CES})}{\pi R_L} \tag{4.4.4}$$

如果忽略饱和管压降 U_{CES}，OTL 互补对称电路的效率为

$$\eta = \frac{P_{om}}{P_V} \approx \frac{\pi}{4} = 78.5\% \tag{4.4.5}$$

3. 功率三极管的极限参数

1）集电极最大允许电流

流过三极管集电极最大电流

$$I_{cm} = \frac{(V_{CC}/2-U_{CES})}{R_L} \approx \frac{V_{CC}}{2R_L}$$

因此，选择功率三极管时，集电极最大允许电流为

$$I_{CM} > \frac{V_{CC}}{2R_L} \tag{4.4.6}$$

2）集电极最大允许反向电压 $U_{BR(CEO)}$

$$U_{BR(CEO)} > V_{CC} \tag{4.4.7}$$

3）集电极最大允许耗散功率 P_{CM}

在 OTL 互补对称电路中，当忽略 U_{CES} 时，每个三极管的最大管耗为

$$P_{Tm} = 0.2P_{om} \tag{4.4.8}$$

集电极最大允许耗散功率 $P_{CM} > 0.2P_{om}$。

◆ 4.4.4 OCL 互补对称功率放大电路

一、OCL 甲乙类互补对称功率放大电路

OCL 互补对称功率放大电路相对于 OTL 功率放大电路而言，不仅省去了输出变压器，还省去了大电容，方便集成化，而且可以改善电路的频率特性。大电容在 OTL 电路中相当于直流电源，为电路提供能源，保证 VT_2 管正常工作，所以，OCL 电路采用双电源供电，由 $-V_{CC}$ 为 VT_2 管提供能源，如图 4.4.4 所示。

u_i 为正半周时，VT_1 管导通，VT_2 管截止，电流从 $+V_{CC}$ 经过 VT_1、R_L 到达公共端。u_i 为负半周时，VT_2 管导通，VT_1 管截止，电流从公共端出发经过 VT_2、R_L 到达 $-V_{CC}$。

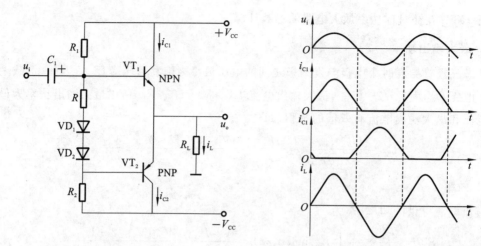

图 4.4.4　OCL 甲乙类互补对称功率放大电路及波形图

二、OCL 互补对称功率放大电路的参数计算

1. 最大输出功率

考虑三极管导通时集电极与发射极之间的电压最小为饱和管压降 U_{CES}，因此，负载上最大输出电压 $U_{om} = V_{CC} - U_{CES}$，最大输出电流 $I_{om} = I_{cm} = U_{om}/R_L$，所以最大输出功率为最大输出电压和最大输出电流有效值的乘积，即

$$P_{om} = \frac{U_{om}}{\sqrt{2}} \frac{I_{om}}{\sqrt{2}} = \frac{U_{om}I_{om}}{2} = \frac{(V_{CC} - U_{CES})^2}{2R_L} \approx \frac{V_{CC}^2}{2R_L} \quad (4.4.9)$$

2. 效率

直流电源提供的功率 P_V 为

$$P_V = V_{CC} \times \frac{1}{\pi} \int_0^\pi I_{cm} \sin\omega t\, d(\omega t) = \frac{2V_{CC}I_{cm}}{\pi} = \frac{2V_{CC}(V_{CC} - U_{CES})}{\pi R_L} \quad (4.4.10)$$

如果忽略饱和管压降 U_{CES}，OCL 互补对称电路的效率为

$$\eta = \frac{P_{om}}{P_V} = \frac{\pi}{4} \frac{V_{CC} - U_{CES}}{V_{CC}} \approx \frac{\pi}{4} = 78.5\% \quad (4.4.11)$$

3. 功率三极管的极限参数

1）集电极最大允许电流

流过三极管集电极最大电流

$$I_{cm} = \frac{(V_{CC} - U_{CES})}{R_L} \approx \frac{V_{CC}}{R_L}$$

因此，选择功率三极管时，集电极最大允许电流为

$$I_{CM} > \frac{V_{CC}}{R_L} \quad (4.4.12)$$

2）集电极最大允许反向电压 $U_{BR(CEO)}$

$$U_{BR(CEO)} > 2V_{CC} \quad (4.4.13)$$

3）集电极最大允许耗散功率 P_{CM}

在 OCL 互补对称电路中，当忽略 U_{CES} 时，每个三极管的最大功耗依然为

$$P_{Tm} = 0.2P_{om} \quad (4.4.14)$$

集电极最大允许耗散功率 $P_{CM} > 0.2P_{om}$ 。

 在图 4.4.4 所示电路中,已知 $V_{CC} = 12$ V,$R_L = 4$ Ω,VT_1 和 VT_2 管的饱和管压降 $|U_{CES}| = 1$ V,输入电压足够大。试问:

(1)最大输出功率 P_{om} 和效率 η 各为多少?

(2)晶体管的最大功耗 P_{Tmax} 为多少?

(3)为了使输出功率达到 P_{om},输入电压的有效值约为多少?

解 (1)最大输出功率和效率分别为

$$P_{om} = \frac{(V_{CC} - |U_{CES}|)^2}{2R_L} = 15.12 \text{ W}$$

$$\eta = \frac{\pi}{4} \cdot \frac{V_{CC} - |U_{CES}|}{V_{CC}} \approx 71.9\%$$

(2)晶体管的最大功耗

$$P_{Tmax} \approx 0.2P_{om} = 3.02 \text{ W}$$

(3)输出功率为 P_{om} 时的输入电压有效值

$$U_i \approx U_{om} \approx \frac{V_{CC} - |U_{CES}|}{\sqrt{2}} \approx 7.8 \text{ V}$$

◆ 4.4.5 复合管互补对称功率放大电路

在实际应用中,为了较好实现前述电路中两种不同类型的三极管 VT_1 和 VT_2 具有相同的输出特性,通常采用复合管的形式。而且采用复合管还可以降低功率放大电路对前一级大驱动电流的要求。

一、复合管

由两个或两个以上的三极管组合在一起就称为复合管。它可以由相同类型三极管构成,也可以是不同类型的三极管组合而成。要构成复合管,必须满足两个基本条件:①前一级三极管的输出电流与后一级三极管的输入电流方向保持一致;②复合管中每一级三极管都要发射结正偏,集电结反偏,以保证工作在放大区。

以两个三极管组成的复合管为例,复合管的种类如图 4.4.5 所示,可以发现以下两点。

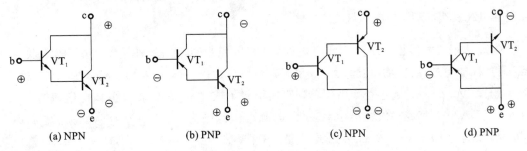

(a) NPN　　　　(b) PNP　　　　(c) NPN　　　　(d) PNP

图 4.4.5　复合管的种类

(1)同种类型的三极管组成的复合管的类型与三极管类型一致,如图 4.4.5(a)、(b)所示。复合管等效的共射电流放大系数

$$\beta = \frac{\Delta i_C}{\Delta i_B} = \beta_1\beta_2 + \beta_1 + \beta_2 \approx \beta_1\beta_2 \tag{4.4.15}$$

等效输入电阻

$$r_{\text{be}} = \frac{\Delta u_{\text{BE}}}{\Delta i_{\text{B}}} = r_{\text{be1}} + (1 + \beta_1) r_{\text{be2}} \quad\quad\quad (4.4.16)$$

（2）不同类型的三极管组成的复合管的类型与前一级三极管一致，如图4.4.5(c)、(d)所示。

复合管等效的共射电流放大系数

$$\beta = \frac{\Delta i_{\text{C}}}{\Delta i_{\text{B}}} = \beta_1 \beta_2 + \beta_1 \approx \beta_1 \beta_2 \quad\quad\quad (4.4.17)$$

等效输入电阻

$$r_{\text{be}} = \frac{\Delta u_{\text{BE}}}{\Delta i_{\text{B}}} = r_{\text{be1}} \quad\quad\quad (4.4.18)$$

二、复合管互补对称功率放大电路

采用复合管的互补对称功率放大电路如图4.4.6所示，VT_1和VT_3是两个NPN型的三极管等效为NPN型复合管，VT_2和VT_4是两个不同类型的三极管等效为PNP型复合管，两个不同类型的复合管实现了互补对称，而输出端的两个三极管，VT_3和VT_4都是NPN型，可以选用同一型号的三极管，从而较好地实现输出特性的对称性。

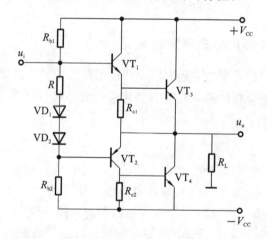

图4.4.6 复合管组成的互补对称功率放大电路

◆ 4.4.6 集成功率放大器

集成功率放大器相对于分立元件电路，具有体积小、重量轻、外接元件少、成本低等特点，而且性能更加优良，输出功率大，效率高，有过流、过压、过热保护，调试简单。

TDA2030是一种超小型5引脚单列直插塑封集成功放，其封装及引脚排列如图4.4.7所示。TDA2030集成功放输出功率较大，电源电压范围为± 6 V$\sim \pm 18$ V，静态电流小于60 μA，频响为10 Hz$\sim$140 kHz，谐波失真小于0.5%，在$V_{\text{CC}} = \pm 14$ V，$R_L = 4$ Ω时，输出功率为14 W。由于具有低瞬态失真、较宽频响和完善的内部保护措施，且外围电路简单，使用方便。因此，常用在高保真组合音响中。

TDA2030采用双电源供电的OCL功放电路如图4.4.8所示。采用单电源供电的功放电路如图4.4.9所示。

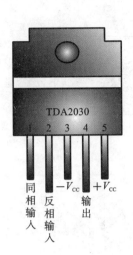

图 4.4.7   TDA2030 封装及引脚排列

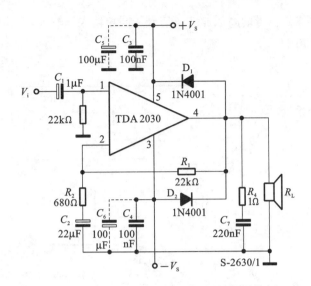

图 4.4.8   TDA2030 典型应用电路（双电源供电）

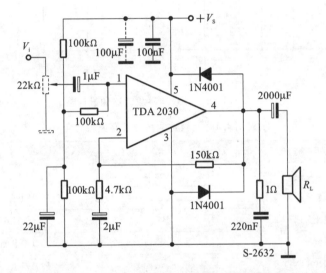

图 4.4.9   TDA2030 典型应用电路（单电源供电）

 任务实施

功率放大器的作用是给扩音器的负载 R_L（扬声器）提供足够的输出功率，当负载一定时，希望输出的功率尽可能大，输出信号的非线性失真尽可能小，效率尽可能高，考虑集成功率放大器的优势，这里选用集成功放 TDA2030 设计功率放大电路。

1. 绘制电路图

打开 Multisim 仿真软件，绘制出音频功率放大器的仿真电路，如图 4.4.10 所示，电路中各元器件的名称及存储位置如表 4.4.1 所示。

电路中二极管 IN4001 组成电源极性保护电路，防止电源极性接反损坏集成功放。C_{11}、C_{13} 与 C_{12}、C_{14} 为电源滤波电容，R_{15} 和 C_{16} 用来稳定频率，防止电路自激。R_{13}、R_{14} 和 C_{15} 使 TDA2030 组成交流电压串联负反馈。电位器 R_{W3} 用于调节音频功放的音量，R_{12} 和 C_{10} 作为

输入信号的高通滤波。信号从同相输入端输入,从输出端向负载扬声器提供功率,使其发出
声响。

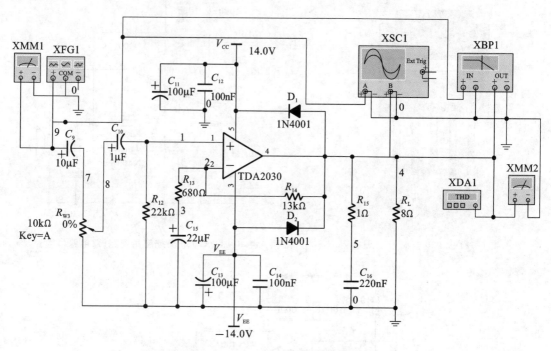

图 4.4.10　音频功率放大器的设计

表 4.4.1　元器件的名称及存储位置

元器件名称	所 在 库	所属系列
集成功放 TDA2030	Analog	OPAMP
直流电压源 V_{CC}、V_{EE}	Sources	POWER_SOURCES
电阻	Basic	RESISTOR
电容	Basic	CAPACITOR
地线 GROUND	Sources	POWER_SOURCES
电解电容	Basic	CAP_ELECTROLIT
函数发生器 XFG1	仪器仪表区	
波特测试仪 XBP1	仪器仪表区	
示波器 XSC1	仪器仪表区	
万用表 XMM1、XMM2	仪器仪表区	
失真分析仪 XDA1	仪器仪表区	

2. 电路仿真

1) 最大不失真输出波形测量

将电位器 R_{W3} 滑动端置于 0% 位置,双击函数发生器 XFG1,设置输入信号为 600 mV,
1 kHz 的正弦波。单击"运行"按钮,开启仿真。然后双击示波器,将时基标度设为 1 ms/Div;
通道 A 刻度设置为 1 V/Div,通道 B 刻度设置为 10 V/Div;触发方式选为"单次",可以获得
功率放大器最大不失真输入、输出电压波形如图 4.4.11 所示。双击失真分析仪,总谐波失

真如图 4.4.12 所示,总谐波失真 0.009%。双击万用表,测试输入、输出电压的幅值,测试结果如图 4.4.13 所示,可见,电压放大倍数 $A_u = u_o / u_i = 8.53$ V/424.264 mV ≈ 20.1。单击"停止"按钮,关闭仿真。

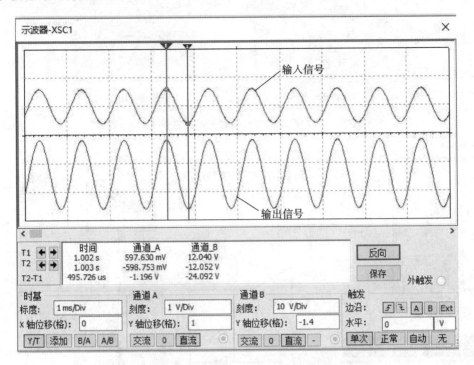

图 4.4.11　功率放大器最大不失真输入输出电压波形

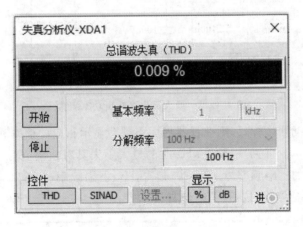

图 4.4.12　失真分析测试

2）最大不失真输出功率测试

在 Multisim 菜单栏点击"绘制→Probe→Power",放置功率测试探针于负载 R_L 上,单击"运行"按钮,开启仿真。从图 4.4.14 可以看出最大不失真输出功率为 9.094W。单击"停止"按钮,关闭仿真。也可以如图 4.4.14 所示,连接瓦特计测试输出功率。

3）最大不失真频率响应测试

单击"运行"按钮,开启仿真。双击波特测试仪,弹出波特测试仪设置界面。选择模式为幅值;水平坐标为对数坐标,频率范围为 1 Hz～1 MHz;垂直坐标为对数坐标,幅值范围为

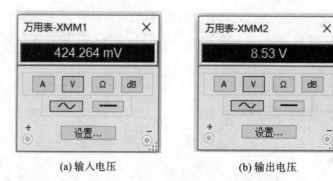

(a) 输入电压   (b) 输出电压

图 4.4.13　功率放大器最大不失真输出电压

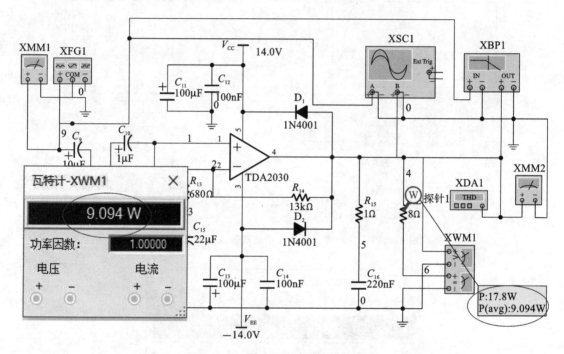

图 4.4.14　最大不失真输出功率测试

$-100\sim100$ dB。拖动测试标尺，则在仪器界面下部会显示相应的频率和幅值。测试的幅频特性如图 4.4.15 所示。可见，中频 1 kHz 时的最大不失真对数幅值为 26.066 dB。拖动标尺下降 3 dB 时对应的上限频率为 $f_H\approx30.445$ kHz，下限频率 $f_L\approx14.616$ Hz，通频带 BW ≈30.445 kHz。单击"停止"按钮，关闭仿真。

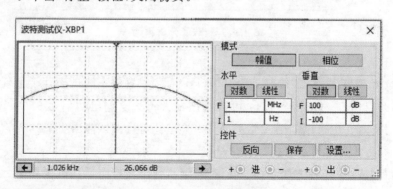

图 4.4.15　最大不失真幅频特性

4）音量调节测量

将电位器 R_{W3} 滑动端置于 100％ 位置,此时输入信号近似为 0,单击"运行"按钮,开启仿真。然后双击瓦特计 XWM1,测得该音频功率放大器的最小输出功率如图 4.4.16 所示,调节 R_{W3} 滑动端位置,可以改变音量大小。单击"停止"按钮,关闭仿真。

3. 仿真结果分析

从仿真分析结果可以看出,采用集成功放 TDA2030 所设计的音频功率放大电路结构简单,调整方便,各项测试指标合理,而且通过调整电位器

图 4.4.16 音频功放最小输出功率

R_{W3} 滑动端的位置,还具有音量调节功能,满足扩音器的音频功放要求。

任务 4.5 扩音器完整设计及测试

任务目标

进一步熟悉扩音器电路的组成及工作原理,掌握常用电子仪器、仪表的使用,学会系统电路的分析、测试以及常见故障的排除。

任务实施

1. 绘制电路图

打开 Multisim 仿真软件,绘制出音频功率放大器的仿真电路,如图 4.5.1 所示。用 3.5 mV、1000 Hz 交流电压源代替语音信号。

2. 电路仿真

1）最大不失真输出波形测试

将音调控制器 R_{W1}、R_{W2} 滑动端置于中心位置,音量控制器 R_{W3} 滑动端置于 0％ 位置(输入信号最大)。单击"运行"按钮,开启仿真。然后双击示波器,将时基标度设为 1 ms/Div;通道 A 刻度设置为 5 mV/Div,通道 B 刻度设置为 10 V/Div;触发方式选为"单次",可以获得扩音器最大不失真输入、输出电压波形如图 4.5.2 所示。观察输出波形无失真。在 Multisim 菜单栏点击"绘制→Probe→Power",放置电压测试探针于输出电压端,探针测试结果如图 4.5.3 所示,输出电压为 8.49 V,计算总电压放大倍数 $A_u = 8.49\ \text{V}/3.5\ \text{mV} = 2425.7$。

双击失真分析仪,总谐波失真如图 4.5.4 所示,总谐波失真 0.009％。单击"停止"按钮,关闭仿真。

2）最大不失真输出功率测试

如图 4.5.1 所示连接瓦特计测试输出功率,单击"运行"按钮,开启仿真。双击瓦特计,

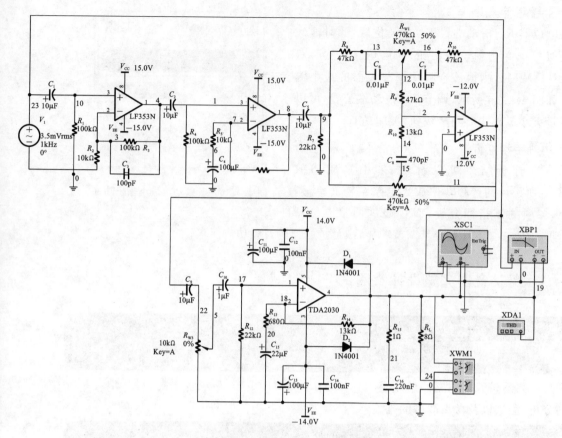

图 4.5.1　扩音器仿真电路

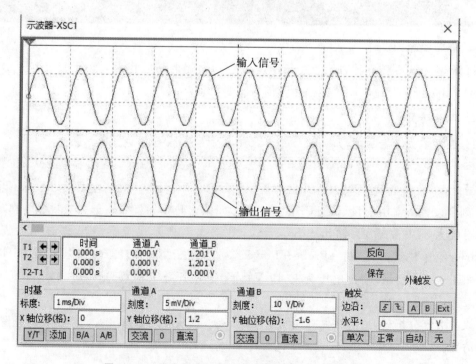

图 4.5.2　扩音器电路最大不失真输入输出电压波形

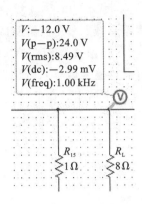

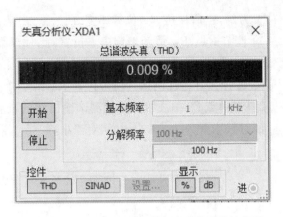

图 4.5.3　探针测试输出电压　　　　图 4.5.4　扩音器最大不失真波形的总谐波失真

测试结果如图 4.5.5 所示。单击"停止"按钮,关闭仿真。

图 4.5.5　扩音器电路最大不失真输出功率

3) 最大不失真通频带测试

单击"运行"按钮,开启仿真。双击波特测试仪,弹出波特测试仪设置界面。选择模式为幅值;水平坐标为对数坐标,频率范围为 1 Hz~100 kHz;垂直坐标为对数坐标,幅值范围为 0~100 dB。拖动测试标尺,则在仪器界面下部会显示相应的频率和幅值。测试的幅频特性如图 4.5.6 所示。可见,中频 1 kHz 时的最大不失真对数幅值为 67.701 dB。拖动标尺下降 3 dB 时对应的上限频率为 $f_H \approx 12.664$ kHz,下限频率 $f_L \approx 14.865$ Hz,通频带 BW≈ 12.664 kHz。单击"停止"按钮,关闭仿真。

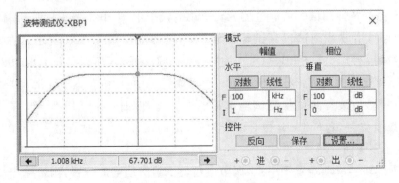

图 4.5.6　扩音器最大不失真通频带

4) 扩音器音调控制测试

在输入信号幅度不变的情况下,调节音量控制器 R_{W3} 滑动端,输出波形不失真,以置于

0％位置为例,然后保持 R_{w3} 位置不变。

（1）调节 R_{w1}、R_{w2} 滑动端为中点位置,此时音调既不提升也不衰减。采用波特测试仪仿真测试输出端的幅频特性如图 4.5.6 所示,在中频 $f=1$ kHz 时,对数增益为 67.701 dB。

（2）低音提升特性测试。将电位器 R_{w1} 滑动端置于最左端(靠近输入信号),电位器 R_{w2} 滑动端置于中点时,用波特测试仪测试输出端的幅频特性如图 4.5.7 所示。在低频 $f=100$ Hz 时的对数增益为 78.579 dB,相对于中频 $f=1$ kHz 而言,低频提升了 10.878 dB。

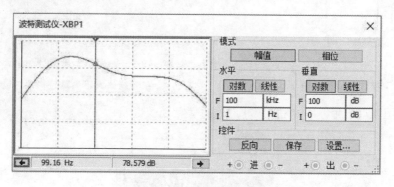

图 4.5.7　扩音器低音提升

（3）低音衰减特性测试。将电位器 R_{w1} 滑动端置于最右端(靠近输出信号),电位器 R_{w2} 滑动端置于中点时,用波特测试仪测试输出端的幅频特性如图 4.5.8 所示。在低频 $f=100$ Hz 时的对数增益为 56.712 dB,相对于中频 $f=1$ kHz 而言,低频衰减了 10.989 dB。

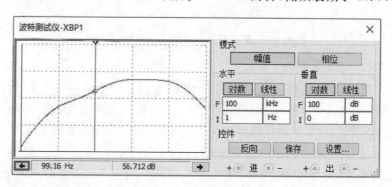

图 4.5.8　扩音器低音衰减

（4）高音提升特性测试。将电位器 R_{w1} 滑动端置于中点,电位器 R_{w2} 滑动端置于最左端(靠近输入信号),用波特测试仪测试输出端的幅频特性如图 4.5.9 所示。在高频 $f=10$ kHz 时的对数增益为 78.688 dB,相对于中频 $f=1$ kHz 而言,高频提升了 10.987 dB。

（5）高音衰减特性测试。将电位器 R_{w1} 滑动端置于中点,电位器 R_{w2} 滑动端置于最右端(靠近输出信号),用波特测试仪测试输出端的幅频特性如图 4.5.10 所示。在高频 $f=10$ kHz 时的对数增益为 52.674 dB,相对于中频 $f=1$ kHz 而言,高频衰减了 15.027 dB。

5）扩音器音量调节测试

电位器 R_{w1}、R_{w2} 滑动端置于中点,调节电位器 R_{w3} 滑动端的位置,测量输出功率,当 R_{w3} 滑动端位于 0％位置时,输出功率最大为 9.019 W,如图 4.5.5 所示,当 R_{w3} 滑动端位于 100％位置时,输出功率最小为 196.705 nW,如图 4.5.11 所示。连续调节电位器 R_{w3},输出功率逐渐改变,可以实现音量调节。

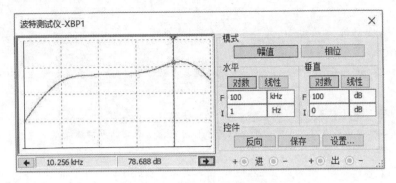

图 4.5.9　扩音器高音提升

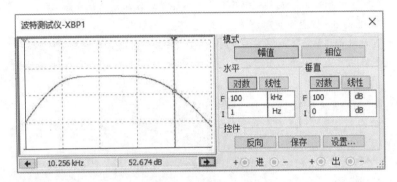

图 4.5.10　扩音器高音衰减

图 4.5.11　扩音器最小输出功率

3. 仿真结果分析

从仿真结果可以看出，所设计的扩音器最大不失真输出功率大于 8W，通过电位器 R_{W1}、R_{W2} 可以实现音调的调控：R_{W1} 为低音音调控制，实现低音的提升和衰减；R_{W2} 为高音音调控制，实现高音的提升和衰减。通过电位器 R_{W3} 可以实现音量的调节控制。当高、低音调控制电位器 R_{W1}、R_{W2} 处于中间位置时，音调既不提升也不衰减，频带宽度范围为 14.865 Hz～12.664 kHz。

 本章小结

（1）前置放大器置于信号源与放大级之间，主要是针对微弱信号而设计，要求低噪声，宽频带，同时具有较好的阻抗匹配。

（2）运算电路的输入、输出信号均为模拟量，运算电路中集成运放工作在线性区，因此，结构上都引入了深度负反馈。

（3）比例、求和、积分、微分等各种运算电路的运算关系都是利用理想运放工作在线性区时"虚短"和"虚断"的特点分析出来。

（4）由于放大器件含有极间电容，放大电路中也接有电抗性元件，所以放大电路的放大倍数是关于频率的函数，放大电路的放大倍数与频率的关系称为放大电路的频率响应或频率特性。通常用波特图来描述其频率特性。

（5）功率放大电路通常作为放大电路的输出级，用以驱动执行机构产生相应动作，要求具有较高的输出功率和转化效率，并且尽量减小输出波形的非线性失真。

（6）为了得到尽可能高的输出功率，功率放大电路通常工作在大信号状态，因此，功率放大电路采用图解法分析，不能采用微变等效电路法。

（7）OTL 互补对称功率放大电路省去了输出变压器，但输出端需要一个大电容，采用一路直流电源。OCL 互补对称功率放大电路不仅省去了输出变压器，还省去了大电容，但需要采用正、负两路直流电源。

（8）OTL 和 OCL 互补对称功率放大电路均可以工作在乙类和甲乙类状态，只是工作在乙类状态时，输出波形存在交越失真。静态时在两基极间提供一定的偏压，可减小交越失真，即工作在甲乙类状态。

（9）音调控制器主要是控制和调节音响放大器的幅频特性使声音更好听。音调控制器只对低音频和高音频的增益进行提升和衰减，中音频的增益保持不变。

（10）集成功率放大器具有温度稳定性好、电源利用率高、功耗低、失真小、便于使用等特点。

习题 4

【填空题】

4.1　为了得到较高的输出功率，功率放大电路通常在_____信号下工作，采用_____法分析。

4.2　相对于乙类功率放大电路而言，甲乙类功率放大电路的主要优点是克服了_____失真。

4.3　功率放大电路通常作为集成运放的_____级，提供足够的输出功率给负载。

4.4　功率放大电路提供给负载的功率是由_____提供的，在功率转换过程中，应具有较高的_____。

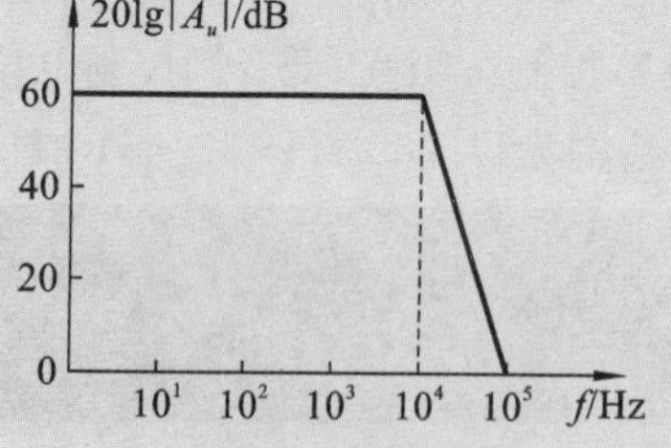

图题 4.8

4.5　理想运放工作在线性区的两个特点是_____和_____。

4.6　在模拟运算电路中，集成运算放大器工作在_____区。

4.7　当信号频率等于放大电路的上限频率或下限频率时，其放大倍数的对数增益比中频段下降_____dB。

4.8　某放大电路的幅频特性如图题 4.8 所示，该电路采用_____耦合方式，由_____级放大电路构成。

4.9　在 OCL 乙类功放中,若其最大输出功率为 1 W,则电路中功放管(单管)的集电极最大功耗约为_____。

4.10　根据图题 4.10 所示的波特图,中频段的电压放大倍数为_____,下限频率为_____,上限频率为_____,通频带约为_____。

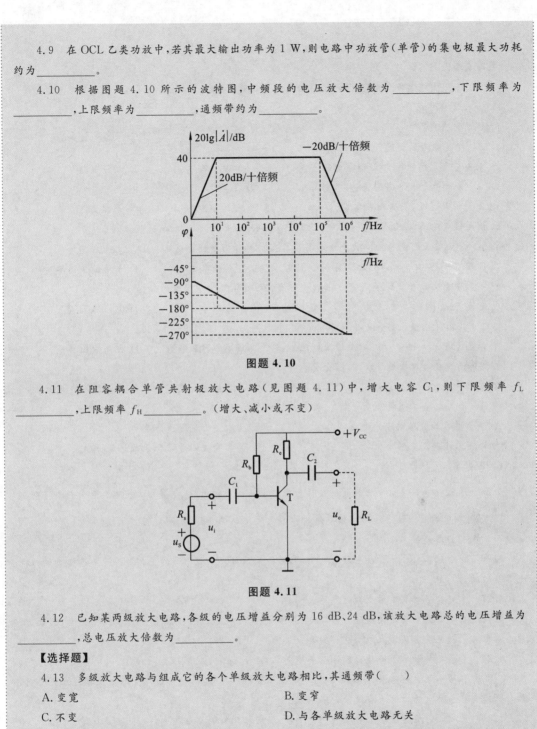

图题 4.10

4.11　在阻容耦合单管共射极放大电路(见图题 4.11)中,增大电容 C_1,则下限频率 f_L_____,上限频率 f_H_____。(增大、减小或不变)

图题 4.11

4.12　已知某两级放大电路,各级的电压增益分别为 16 dB、24 dB,该放大电路总的电压增益为_____,总电压放大倍数为_____。

【选择题】

4.13　多级放大电路与组成它的各个单级放大电路相比,其通频带(　　)

A.变宽　　　　　　　　　　　　　　B.变窄

C.不变　　　　　　　　　　　　　　D.与各单级放大电路无关

4.14　各级放大电路放大倍数的波特图是(　　)

A.各级波特图的叠加　　　　　　　　B.各级波特图的乘积

C.各级波特图中通频带最窄者　　　　D.各级波特图中通频带最宽者

4.15　下面哪一项不属于功率放大电路的特点?(　　)

A.向负载提供足够的输出功率　　　　B.具有较高效率

C.尽量减小输出波形的非线性失真　　D.具有较高的电压增益

4.16 工作在线性区的运算放大器应置于( )状态。

A. 深度负反馈　　　　B. 开环　　　　　　　C. 闭环　　　　　　　D. 正反馈

4.17 在互补对称功率放大电路中,引起交越失真的原因是( )。

A. 输入信号过大　　　　　　　　　　　B. 晶体管值 β 太大

C. 电源电压太高　　　　　　　　　　　D. 晶体管输入特性曲线的非线性

4.18 能将矩形波变成三角波的电路是( ).

A. 比例运算电路　　B. 微分电路　　　　C. 加法电路　　　　D. 积分电路

4.19 多级放大电路的级数越多,则其( )

A. 放大倍数越大,而通频带越窄　　　　B. 放大倍数越大,而通频带越宽

C. 放大倍数越小,而通频带越宽　　　　D. 放大倍数越小,而通频带越窄

4.20 甲乙类互补对称功率放大电路与乙类互补对称功率放大电路相比,主要优点是( )。

A. 输出功率小　　B. 效率高　　　　C. 交越失真小　　　D. 电路结构简单

4.21 当输入信号频率为 f_L 或 f_H 时,放大倍数的幅值约为中频时的( )倍。

A. 0.7　　　　　　B. 0.5　　　　　　C. 0.9　　　　　　D. 0.1

4.22 互补输出级采用射极输出方式是为了( )。

A. 提高电压放大倍数　B. 增大输入电阻　　C. 提高带负载能力　D. 提高输出功率

4.23 运算放大器要进行调零,是由于( )。

A. 温度的变化　　B. 存在输入失调电压　C. 存在偏置电流　D. 存在输入失调电流

4.24 放大电路在低频信号作用时,放大倍数减小的原因是( )。

A. 耦合电容和旁路电容的存在　　　　　B. 晶体管的非线性特性

C. 静态工作点设置不合理　　　　　　　D. 晶体管极间电容和分布电容的存在

【判断题】

4.25 通常将中频段的电压放大倍数称为中频电压放大倍数 A_{um},并规定当电压放大倍数下降到 $0.707A_{um}$ 时相应的低频频率和高频频率分别称为放大电路的下限频率 f_L 和上限频率 f_H,两者之间的频率范围称为通频带 BW。　　　　　　　　　　　　　　　　　　　　　　( )

4.26 对于阻容耦合单管共射放大电路,高频段电压放大倍数下降的主要原因是由三极管的极间电容引起的。　　　　　　　　　　　　　　　　　　　　　　　　　　　　　　　　( )

4.27 积分电路具有波形变换的作用。　　　　　　　　　　　　　　　　　　　　( )

4.28 功率放大电路是大信号作用,由于晶体管的非线性特性,很容易产生非线性失真,因此,实用电路中常引入交流负反馈来减小这种失真。　　　　　　　　　　　　　　　　　　( )

4.29 乙类互补对称功率放大器存在交越失真,应使其工作在甲乙类。　　　　　　( )

4.30 在功率放大电路中,最大输出功率是在正弦输入信号下,输出波形没有明显非线性失真时,最大输出电压与最大输出电流有效值的乘积。　　　　　　　　　　　　　　　　　　( )

4.31 反相比例运算电路中引入一个负反馈,而同相比例运算电路中引入一个正反馈。( )

4.32 比例、积分、微分等信号运算电路中,集成运放工作在线性区;而有源滤波器等信号处理电路中,集成运放工作在非线性区。　　　　　　　　　　　　　　　　　　　　　　( )

4.33 功率放大电路通常作为集成运放电路的输出级,用来驱动执行机构,应提供足够的输出功率给负载。　　　　　　　　　　　　　　　　　　　　　　　　　　　　　　　　( )

4.34 多级放大电路总的对数增益等于其各级对数增益之和,总的相位移也等于其各级相位移之和。　　　　　　　　　　　　　　　　　　　　　　　　　　　　　　　　　　( )

4.35 一个放大电路的中频增益为 50 dB。当信号频率恰好为上限频率或下限频率时,实际的电压增益为 53 dB。 （　　）

4.36 放大电路含有电抗性元件,所以放大电路输入不同频率的正弦波信号时,放大电路的放大倍数将有所不同,是关于频率的函数,这种函数关系称为放大电路的频率响应。 （　　）

【分析题】

4.37 已知某单管放大电路共射极放大电路的电压放大倍数表达式为

$$\dot{A}_{us} \approx \frac{-100}{\left(1 - j\frac{20}{f}\right)\left(1 + j\frac{f}{5 \times 10^5}\right)}$$

(1) 该放大电路的中频电压放大倍数等于多少,下限频率和上限频率分别为多少?

(2) 画出该放大电路的波特图。

4.38 已知某多级放大电路的幅频特性如图题 4.38 所示。求:

(1) 电路的耦合方式?

(2) 电路上限频率、下限频率以及中频电压放大倍数。

(3) 写出该电路的频率特性表达式。

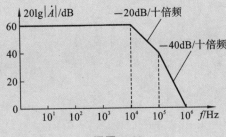

图题 4.38

4.39 功率放大电路如图题 4.39 所示,$V_{CC} = 12$ V,$R_L = 4$ Ω,输入信号足够大。

(1) 忽略饱和管压降,求最大输出功率和效率。

(2) 饱和管压降 $|U_{CES}| = 2$ V,求最大输出功率和效率。

(3) 如果输入电压 $U_i = 5$ V(有效值),射极跟随器的增益约为 1,求此时负载上的输出功率。

4.40 在图题 4.40 所示电路中,$R_L = 8$ Ω,饱和管压降 $|U_{CES}| = 1$ V,求:

(1) 电路的最大输出功率和效率。

(2) 关于功率管的选择,求集电极最大允许电流 I_{CM}、集电极最大允许反向电压 $U_{BR(CEO)}$ 和集电极最大允许耗散功率 P_{CM}。

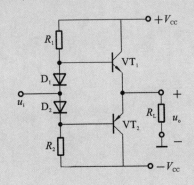

图题 4.39

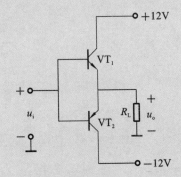

图题 4.40

4.41 功率放大电路如图题 4.41 所示，$V_{CC}=12\ V$，$R_L=8\ \Omega$，$|U_{CES}|=1\ V$，输入信号足够大。

(1) 求最大输出功率和效率。

(2) 关于功率管的选择，求集电极最大允许电流 I_{CM}、集电极最大允许反向电压 $U_{BR(CEO)}$ 和集电极最大允许耗散功率 P_{CM}。

(3) 为了得到最大输出功率，输入电压的有效值应该为多大？

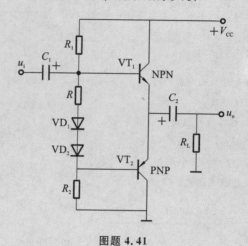

图题 4.41

4.42 求出如图题 4.42 所示电路的输入输出关系，其中 $R_1=R_2=R_5=2\ k\Omega$，$R_3=1\ k\Omega$，$R_4=1.2\ k\Omega$，$R_6=3\ k\Omega$。

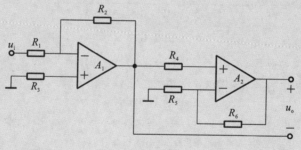

图题 4.42

4.43 分析图题 4.43 所示电路，写出输出电压的表达式。

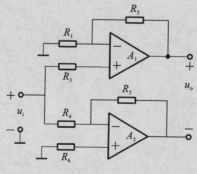

图题 4.43

4.44 设计一个比例运算电路，要求输入电阻 $R_i=10\ k\Omega$，比例系数为 -10。

4.45 分析图题 4.45 中电路的输入输出关系,并根据给定的输入波形,绘制出电路的输出波形。其中 $R=10\text{ k}\Omega$,$C=0.01\ \mu\text{F}$,电容两端初始电压为 0。

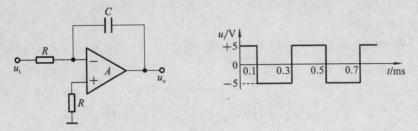

图题 4.45

4.46 理想运放组成的电路如图题 4.46 所示,$R_1=R_2=R_4=R_6=R_7=R_8=R_9=5\text{ k}\Omega$,$R_3=R_5=25\text{ k}\Omega$,$R_{10}=10\text{ k}\Omega$,$C=1\ \mu\text{F}$ 已知输入电压 $u_{i1}=-0.3\text{ V}$,$u_{i2}=-0.2\text{ V}$,$u_{i3}=0.5\text{ V}$。

(1) A_1、A_2、A_3、A_4 分别为什么运算电路,并求出 u_{o1}、u_{o2} 和 u_{o3} 的值;

(2) 设电容的初始电压值为零,求使 $u_o=-10\text{ V}$ 所需的时间 $t=$?

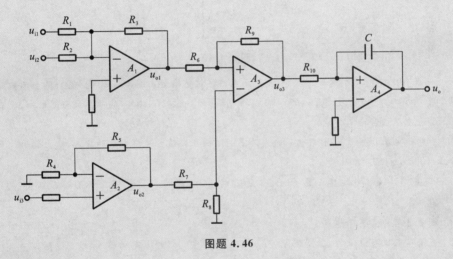

图题 4.46

【仿真题】

4.47 在 Multisim 中构建 RC 低通电路,$R=1\text{ k}\Omega$,$C=100\text{ pF}$。

(1) 测试电路的幅频和相频特性。

(2) 测试电路的通带电压放大倍数和上限截止频率。

(3) 改变电容 C 的大小为原来的 2 倍,对幅频和相频特性的影响。

4.48 在 Multisim 中构建 RC 高通电路,$R=5\text{ k}\Omega$,$C=10\ \mu\text{F}$。

(1) 测试电路的幅频和相频特性。

(2) 测试电路的通带电压放大倍数和下限截止频率。

(3) 改变电容 C 的大小为原来的两倍,对幅频和相频特性的影响。

4.49 在 Multisim 中构建如图题 4.49 所示电路,三极管选用 2N3904,$R_{b1}=10\text{ k}\Omega$,$R_{b2}=33\text{ k}\Omega$,$R_c=3.3\text{ k}\Omega$,$R_e=1.3\text{ k}\Omega$,$C_1=C_2=10\ \mu\text{F}$,$C_e=50\ \mu\text{F}$,$V_{cc}=12\text{ V}$。

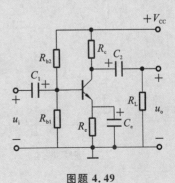

图题 4.49

(1) 测试分析电路的幅频特性和相频特性。

(2) 求出中频电压放大倍数、上限频率和下限频率。

4.50 在 Multisim 中构建如图题 4.50 所示 OTL 乙类互补对称电路。

(1) 测量电路的静态工作点。

(2) 当输入电压有效值为 3 V,频率为 1 kHz 的正弦波。观察电路的输入、输出波形。并求此时电路的输出功率。

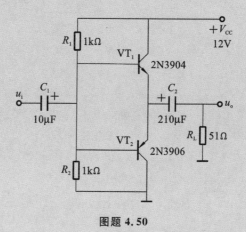

图题 4.50

4.51 在 Multisim 中构建如图题 4.51 所示电路。该电路是在图题 4.50 基础上,两个三极管的基极之间加了两个二极管和一个电阻,$R=100\ \Omega$,VD_1 和 VD_2 选择 IN4009,其他参数与图题 4.50 相同。

(1) 测量电路的静态工作点。

(2) 当输入电压 $U_i=3$ V(有效值),频率为 1 kHz 的正弦波。观察电路的输入、输出波形。测试电路的输出功率。

4.52 在 Multisim 中构建如图题 4.52 所示电路,三极管 VT_1 选用 2N3904,三极管 VT_2 选用 2N3906,$R_L=25\ \Omega$。

(1) 测量电路的静态工作点。

(2) 当输入电压有效值为 5 V,频率为 1 kHz 的正弦波。观察电路的输入、输出波形。

(3) 测试电路的最大输出功率和效率。

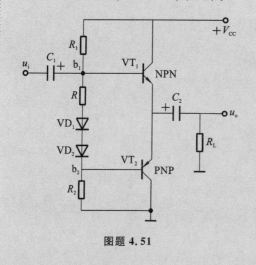

图题 4.51

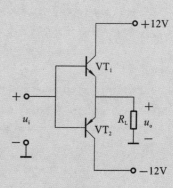

图题 4.52

4.53　在 Multisim 中构建反相比例运算电路,要求比例系数为 3。

(1)测量运算电路在不同的直流输入电压时对应的输出电压值。

(2)给运算电路加上正弦输入电压,测量输入、输出电压的波形。

4.54　在 Multisim 中构建同相比例运算电路,要求比例系数为 4。

(1)测量运算电路在不同的直流输入电压时对应的输出电压值。

(2)给运算电路加上正弦输入电压,测量输入、输出电压的波形。

4.55　图题 4.42 所示的电路中,当 $u_i = 1\ \text{V}$ 时,测试两集成运放各自的输出电压和总输出电压。并与计算结果相比较。

4.56　在 Multisim 中构建反相求和运算电路,要求 $u_o = -u_{i1} - 2u_{i2}$。

(1)测量运算电路在不同的直流输入电压时对应的输出电压值。

(2)给运算电路 u_{i1} 加上正弦波,u_{i1} 加上矩形波,测量输出电压的波形。

4.57　在 Multisim 中构建减法运算电路,要求 $u_o = 3(u_{i2} - u_{i1})$。测量运算电路在不同的直流输入电压时对应的输出电压值。

4.58　如图题 4.45 所示的积分电路,根据给定的矩形波,测试其输入、输出波形。

项目5

波形发生电路的
设计与实践

项目内容与目标

在电子线路的设计中,经常需要用到正弦波、三角波等各种信号,这就需要波形发生器。前面学过的放大器的功能是输入一个小信号,输出一个大信号,而波形发生器是外部没有激励源输入,输出端仍有交流信号输出的一种电路。按照输出波形的不同,波形发生器有正弦波发生器和非正弦波发生器。正弦波发生器根据选频网络的不同有 RC 振荡器和 LC 振荡器。非正弦波发生器有方波、三角波、锯齿波等波形发生器。

本项目的目标为掌握正弦波振荡电路及非正弦波发生器电路的工作原理及输出波形的特点,通过电路仿真加深对电路的理解,设计出所需的波形发生器。

任务 5.1 正弦波振荡电路的分析与实践

任务目标

掌握 RC 正弦波振荡器及 LC 正弦波振荡器的电路原理。通过仿真电路,观察电路的参数与输出波形的关系,加深理解两种正弦波振荡器的原理、起振条件及主要参数。

任务引导

电路中经常会用到正弦波信号,正弦波振荡器由放大电路与反馈网络组成。放大电路中引入反馈后,当反馈满足一定条件时,输入端没有激励源输入,输出端仍然有信号产生,即发生自激振荡现象,利用这种现象可以产生正弦波。

正弦波振荡电路中放大网络是以选频网络作为负载,根据选频网络的不同,正弦波振荡器主要有 RC 正弦波振荡器和 LC 正弦波振荡器。选频网络具有选频滤波的作用,振荡器输出正弦波的频率近似等于选频网络的谐振频率。

因此,正弦波振荡电路由放大电路、正反馈网络、选频网络、稳幅电路组成。

◆ 5.1.1 正弦波振荡电路基础知识

一、自激振荡的条件

正弦波振荡电路的基本构成如图 5.1.1 所示,该电路由放大电路和反馈网络两部分构成,放大电路的负载是选频网络。

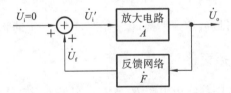

图 5.1.1 正弦波振荡电路原理框图

电路中,$\dot{U}_i$ 为电路外部输入的激励源,$\dot{U}_i'$ 为放大电路的净输入信号,$\dot{U}_f$ 为反馈信号,$\dot{F}$ 为反馈网络的反馈系数。

放大电路的增益
$$\dot{A} = \frac{\dot{U}_o}{\dot{U}_i'} = \frac{\dot{U}_o}{\dot{U}_i + \dot{U}_f} \tag{5.1.1}$$

正弦波振荡器的外部激励源 $\dot{U}_i = 0$,则
$$\dot{U}_i' = \dot{U}_i + \dot{U}_f = \dot{U}_f \tag{5.1.2}$$

根据反馈系数的表达式
$$\dot{F} = \frac{\dot{U}_f}{\dot{U}_o} \tag{5.1.3}$$

有 $\dot{A} = \dfrac{\dot{U}_o}{\dot{U}'_i} = \dfrac{\dot{U}_o}{\dot{U}_f} = \dfrac{\dot{U}_o}{\dot{F}\dot{U}_o} = \dfrac{1}{\dot{F}}$,可得

$$\dot{A}\dot{F} = 1 \tag{5.1.4}$$

式(5.1.4)就是正弦波振荡器能产生自激振荡的条件,也称为振荡器的平衡条件,该条件又分为振幅平衡条件和相位平衡条件。

振幅平衡条件:

$$|\dot{A}\dot{F}| = 1 \tag{5.1.5}$$

振幅平衡条件表明,放大电路的开环增益与反馈系数的乘积等于1,该振荡器能输出振幅不变的正弦波。

相位平衡条件:

$$\varphi_A + \varphi_F = 2n\pi \quad n = 0,1,2\cdots \tag{5.1.6}$$

相位平衡条件决定了振荡器输出信号的振荡频率,因为放大网络的负载一般是选频网络,振荡频率一般在谐振频率附近。

二、起振条件

振荡器电源接通的瞬间存在电冲击及各种噪声,包含的频谱很宽,根据选频网络的特性,只有频率在谐振频率附近才可以产生较大的电压,其他频率的信号经过选频滤波网络后输出的电压近似为零,因此只有谐振频率在负载回路上产生较大的压降,该压降通过正反馈网络产生较大反馈电压,反馈电压又经过放大、产生反馈,不断循环,使得振荡器输出频率等于谐振频率的信号。

在振荡建立的初始,输出的信号振幅较小,需要经过不断的放大、反馈循环。因此在振荡器刚工作时,振荡器的输出振幅是不断增大的,即放大器的增益不断增加,因此,振荡器的开始应该为增幅振荡,即 $|\dot{A}\dot{F}| > 1$,该条件为振荡器的起振条件。随着振幅的增加,$|\dot{A}\dot{F}|$ 的值逐渐减小,电路最后达到平衡,保持在 $|\dot{A}\dot{F}| = 1$ 的状态。

◆ 5.1.2 RC 正弦波振荡器

RC 正弦波振荡器的选频网络由电阻 R 与电容 C 构成,如果需要频率较低的正弦波信号就采用 RC 振荡器。可选用的 RC 选频网络有多种,这里介绍 RC 电桥振荡器。

一、RC 串并联网络的选频特性

RC 串并联网络如图 5.1.2 所示。反馈信号 $\dot{U}_f$ 取自放大网络的输出电压 $\dot{U}_o$,并作为振荡器的输入信号。根据电路可得,网络的反馈系数 $\dot{F}$。

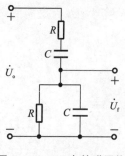

图 5.1.2 RC 串并联网络

$$\dot{F} = \frac{\dot{U}_f}{\dot{U}_o} = \frac{R \parallel \dfrac{1}{j\omega C}}{R + \dfrac{1}{j\omega C} + R \parallel \dfrac{1}{j\omega C}} = \frac{1}{3 + j\left(\omega RC - \dfrac{1}{\omega RC}\right)}$$

令 $\omega_0 = \dfrac{1}{RC}$,则

$$\dot{F} = \frac{1}{3 + j\left(\frac{\omega}{\omega_0} - \frac{\omega_0}{\omega}\right)} \tag{5.1.7}$$

$$\varphi_F = -\arctan\frac{\frac{\omega}{\omega_0} - \frac{\omega_0}{\omega}}{3} \tag{5.1.8}$$

根据式(5.1.7)、式(5.1.8),分别画出 RC 串并联网络的幅频特性和相频特性曲线如图 5.1.3 所示。由式(5.1.7)可知,当 $\omega = \omega_0 = \frac{1}{RC}$ 时,反馈系数 $\dot{F}$ 取得最大值,此时 $|\dot{F}| = \frac{1}{3}$,$\varphi_F = 0$。即,当 $\omega = \omega_0 = \frac{1}{RC}$ 时,反馈信号 $\dot{U}_f$ 的幅值最大,且 $\dot{U}_f$ 与 $\dot{U}_o$ 同相。因此该网络有选频特性。

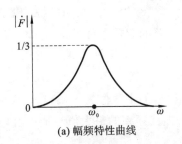

(a) 幅频特性曲线

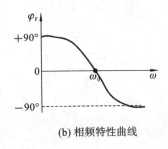

(b) 相频特性曲线

图 5.1.3 RC 串并联网络的频率特性

二、RC 桥式振荡器

1. 电路构成

RC 桥式振荡器的原理图如图 5.1.4 所示。放大电路由集成运放 A 组成,RC 串联及并联网络是放大电路的选频网络,同时是振荡器的正反馈网络,R_1 与 R_f 引入负反馈。在该电路中,RC 串联支路、RC 并联支路、R_1、R_f 四个支路构成一个电桥,所以,这个 RC 正弦波振荡器又称为 RC 电桥振荡器。

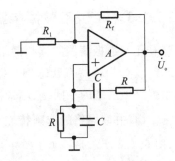

图 5.1.4 RC 桥式振荡器

2. 振荡频率及起振条件

集成运放与负反馈网络构成同相比例运算放大器,故 $\varphi_A = 0$。由前面已知,当 $\omega = \omega_0 = \frac{1}{RC}$ 时,RC 串并联网络的相移 $\varphi_F = 0$。因此,当 $\omega = \omega_0$ 时,$\varphi_A + \varphi_F = 0$,满足振荡器的相位平衡条件。当 $\omega \neq \omega_0$ 时,电路不满足相位条件,因此该电路的振荡频率

$$f_0 = \frac{1}{2\pi RC} \tag{5.1.9}$$

当 $\omega = \omega_0 = \frac{1}{RC}$ 时,$|\dot{F}| = \frac{1}{3}$,由振荡器的起振条件 $|\dot{A}\dot{F}| > 1$,则该振荡器必须满足 $|\dot{A}| > 3$。根据同相比例运算放大器的比例系数 $A = 1 + \frac{R_f}{R_1}$,当 $R_f > 2R_1$ 时,电路可以起振。

应用时,调节电阻 R 或电容 C 的值,即可调节振荡频率。改变频率不会影响反馈系数

和相角,在调节谐振频率的过程中,不会停振,也不会使输出幅度改变。一般利用波段开关换接不同容量的电容,对频率进行粗调;利用同轴电位器,对振荡频率进行细调。

3. 稳幅

为了稳定 RC 振荡器输出信号的幅度,可以将图 5.1.4 电路中的 R_1 换成正温度系数的热敏电阻。当输出电压增大时,R_1 上的压降也增大,温度升高,R_1 的阻值增加,负反馈增大,输出电压变小;反之同理。也可以将 R_f 换成负温度系数的热敏电阻,同样可以达到稳幅的效果。

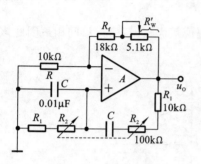

图 5.1.5 例 5.1.1 图

例 5.1.1 RC 桥式振荡电路如图 5.1.5 所示,求:(1)R_w 的取值范围;(2)振荡频率的范围。

解 (1) 由 RC 桥式振荡电路知识分析可知,电路的起振条件

$$R_f + R'_w > 2R$$
$$R'_w > 2 \text{ k}\Omega$$

所以 R_w 的下限值为 2 kΩ。

(2) 振荡频率的最大值和最小值分别为

$$f_{0\max} = \frac{1}{2\pi R_1 C} \approx 1.59 \text{ kHz}, \quad f_{0\min} = \frac{1}{2\pi (R_1 + R_2)C} \approx 145 \text{ Hz}$$

5.1.3 LC 正弦波振荡器

LC 正弦波振荡器的选频网络由电感 L 和电容 C 构成,LC 振荡器一般用于产生高频振荡信号。LC 振荡器有互感耦合振荡器、三端式振荡器等不同的类型,这里介绍三端式振荡器,根据反馈网络的不同,三端式振荡器有电感反馈式振荡器及电容反馈式振荡器两种。

一、LC 并联网络的选频特性

图 5.1.6 所示是一个 LC 并联网络,L 为电感线圈,R 是其等效损耗,通常较小,C 为电容。该电路的等效阻抗 Z 的表达式

$$Z = \frac{(R + j\omega L)\dfrac{1}{j\omega C}}{R + j\omega L + \dfrac{1}{j\omega C}} \tag{5.1.10}$$

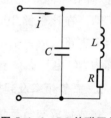

图 5.1.6 LC 并联网络

令 Z 的虚部为零,此时,LC 并联回路发生谐振,对应的频率称为该回路的谐振频率,用 ω_0 表示。

$$\omega_0 = \frac{1}{\sqrt{LC}}\sqrt{1 - \frac{1}{Q^2}} \tag{5.1.11}$$

式中:

$$Q = \frac{\omega_0 L}{R} \tag{5.1.12}$$

Q 是回路的品质因数,是 LC 回路的重要指标之一,一般 LC 谐振回路的 Q 值为几十或几百,当 $Q \gg 1$ 时

$$\omega_0 \approx \frac{1}{\sqrt{LC}} \qquad (5.1.13)$$

发生谐振的物理意义是,电容中储存的电能与电感中储存的磁能周期性地转换,并且储存的最大能量相等。发生谐振时回路的阻抗最大,为纯阻性 R_0 。

$$R_0 = \frac{L}{CR} = Q\omega_0 L = \frac{Q}{\omega_0 C} \qquad (5.1.14)$$

由式(5.1.10)画出 LC 并联网络的幅频特性和相频特性曲线如图 5.1.7 所示。

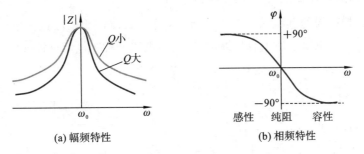

(a) 幅频特性   (b) 相频特性

图 5.1.7 LC 并联网络的频率特性曲线

由频率特性曲线,可以得出如下结论:

(1) LC 并联网络具有滤波特性,体现在:当 $\omega = \omega_0$ 时,LC 并联网络的阻抗值最大,为纯阻性,输出幅值最大;当 $\omega < \omega_0$ 时,LC 并联网络呈感性;当 $\omega > \omega_0$ 时,LC 并联网络呈容性。

(2) 谐振曲线的性质与品质因数 Q 有关,Q 越大,曲线越尖锐,选频特性越好。

二、电感三端式振荡器

三端式振荡器指 LC 网络的三个端点分别与晶体管的三个电极相连,也称为三点式振荡器。电感三端式振荡器的电路如图 5.1.8 所示,图 5.1.8(a)是实际电路,图 5.1.8(b)是交流等效电路。该电路的反馈是由电感 L_2 产生的,因此也称为电感反馈振荡器。电阻 R_1、R_2 和 R_e 在电路中起直流偏置作用,在振荡前决定了电路的静态工作点,电路振荡后,由于晶体管的非线性及电路中电流的变化,电阻起自偏压的作用,限制并稳定了信号的幅度大小。C_e 为旁路电容,C_b 为隔直电容。

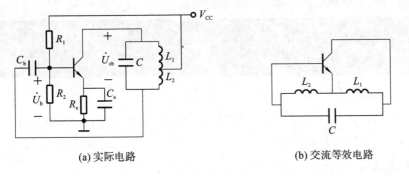

(a) 实际电路   (b) 交流等效电路

图 5.1.8 电感三端式振荡器

LC 网络中的电感 L 通常是绕在同一磁芯上,因此 L_1、L_2 间存在互感 M,因此该电路的总电感量 L 的大小

$$L = L_1 + L_2 + 2M \qquad (5.1.15)$$

在 LC 网络的选频滤波的作用下，电路输出的振荡频率近似为 LC 网络的谐振频率。

$$f_0 = \frac{1}{2\pi\sqrt{LC}} = \frac{1}{2\pi\sqrt{(L_1 + L_2 + 2M)C}} \qquad (5.1.16)$$

LC 振荡器通常用于输出高频振荡信号，电路的反馈是通过电感 L_2，电感对高次谐波分量的阻抗较大，因此该电路的输出波形较差，含有高次谐波分量。电容 C 可以换成可调电容，通过调节可调电容来调节振荡频率，频率调节方便。

三、电容三端式振荡器

电容三端式振荡器的电路如图 5.1.9 所示，图 5.1.9(a) 为实际振荡电路，图 5.1.9(b) 为交流等效电路。该电路是由电容反馈的，因此该电路又称为电容反馈式振荡器。

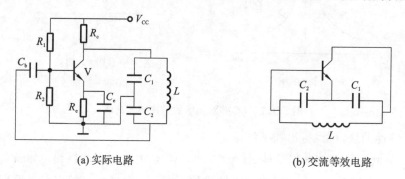

(a) 实际电路　　　　　　　　　(b) 交流等效电路

图 5.1.9　电容三端式振荡器

电路的等效电容

$$C = \frac{C_1 C_2}{C_1 + C_2} \qquad (5.1.17)$$

电路的振荡频率

$$f = \frac{1}{2\pi\sqrt{LC}} \qquad (5.1.18)$$

电路是通过 C_2 完成反馈的，电容对高次谐波分量呈现的阻抗较低，因此电容三端式振荡器的输出波形较好，可以通过调节 C_1、C_2 来改变频率，但是调节 C_1、C_2 可能会影响起振条件，所以这种电路主要用于产生固定频率的振荡信号。

任务实施

一、RC 桥式振荡器特性

在 Multisim 仿真软件中设计一个 RC 串并联振荡电路，如图 5.1.10 所示，通过仿真加深理解 RC 振荡器原理、起振条件。

1. 绘制原理图

在 Multisim 仿真软件上，按照图 5.1.10 绘制出 RC 振荡器仿真电路图，电路中各元器件的名称及存储位置如表 5.1.1 所示，按电路图修改参数。电路中的集成运放 U1A 是放大电路，R_1、C_1、R_2、C_2 串并联选频网络是一个正反馈网络，R_3、R_4、R_5 引入一个负反馈网络。

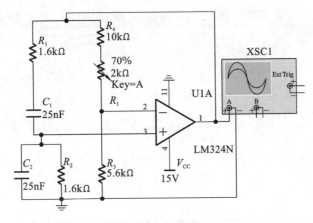

图 5.1.10　RC 串并联振荡器仿真电路

表 5.1.1　元器件的名称及存储位置

元器件名称	所 在 库	所 属 系 列
集成运放 LM324N	Analog	OPAMP
电阻	Basic	RESISTOR
可调电阻	Basic	VARIABLE_RESISTOR
电容	Basic	CAPACITOR
直流电压源 V_{cc}	Sources	POWER_SOURCES
地线 GROUND	Sources	POWER_SOURCES

2. 电路仿真

使用示波器 XSC1 观察输出端的正弦波。在运行的初始,示波器上并没有波形出现,几秒后才出现正弦波,这是因为振荡器起振需要一定的时间。调节电位器 R_5,通过示波器观察不同条件时输出结果,仿真结果如表 5.1.2 所示。当 $R_5 \leqslant 60\%$ 时,无输出信号,电路不能起振;当 $R_5 = 70\%$ 时,输出不失真的正弦波,输出波形如图 5.1.11 所示;当 $R_5 = 100\%$ 时输出的正弦波有失真。

表 5.1.2　仿真结果

R_5 调节比例	$\leqslant 60\%$	$= 70\%$	$= 100\%$
反馈电压值 $R_4 + R_5$	$\leqslant 11.2$ kΩ	$= 11.4$ kΩ	$= 12$ kΩ
输出信号	无输出	正弦波	失真的正弦波

3. 仿真结果分析

由仿真结果可知,当电路满足 $R_4 + R_5 > 2R_3$ 时,电路可以起振,即电路需要满足图 5.1.4 的起振条件 $R_f > 2R_1$ 方可起振。但是 R_5 取值过大时,会输出失真的正弦波。

观察不失真的正弦波,输出信号的周期 $T = 261.364\ \mu s$,计算出振荡频率约为 3.83 kHz,与理论计算值 $f_0 = \dfrac{1}{2\pi R_1 C_1} \approx 3.98$ kHz 相当。

二、电容反馈式振荡器特性

在 Multisim 仿真软件中仿真如图 5.1.12 所示的电容反馈式振荡器,通过电路中参数

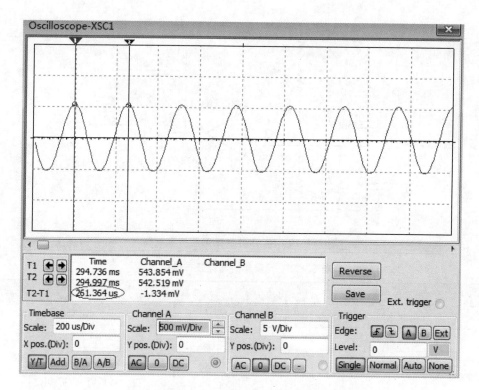

图 5.1.11 RC 桥式振荡器的输出波形

的变化与输出波形的变化加深理解振荡器工作原理及振荡的过程。

1. 绘制电路图

打开 Multisim 仿真软件,按照图 5.1.12 所示绘制出电容反馈式振荡器,电路中各元器件的名称及存储位置见表 5.1.3。

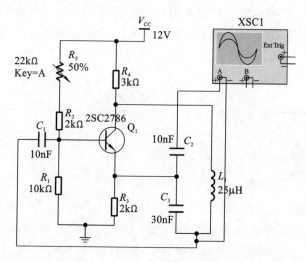

图 5.1.12 电容反馈式振荡器

表 5.1.3 元器件的名称及存储位置

元器件名称	所 在 库	所属系列
三极管 2SC2786	Transistors	BJT_NPN

续表

元器件名称	所　在　库	所属系列
电阻	Basic	RESISTOR
可调电阻	Basic	VARIABLE_RESISTOR
电感	Basic	INDUCTOR
电容	Basic	CAPACITOR
直流电压源 V_{CC}	Sources	POWER_SOURCES
地线 GROUND	Sources	POWER_SOURCES

2. 电路仿真

双击仿真电路中的示波器 XSC1，可以得到仿真结果。当 R_5 的取值小于 40％时，输出端没有信号，说明电路不能起振；当 R_5 的取值大于等于 40％时，输出端能输出正弦波，输出波形如图 5.1.13 所示。

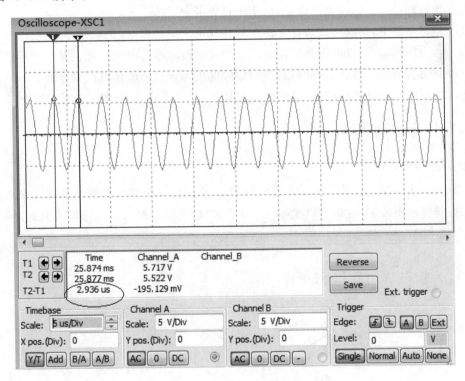

图 5.1.13　电容反馈式振荡器仿真结果

3. 仿真结果分析

由仿真过程可知，正弦波振荡器的静态工作点也要设置合理，否则无法起振。仿真电路的等效电容 $C = \dfrac{C_2 C_3}{C_2 + C_3} = \dfrac{10 \times 30}{10 + 30} = 7.5$ nF，谐振频率的理论值 $f_0 = \dfrac{1}{2\pi \sqrt{LC}} = \dfrac{1}{2\pi \sqrt{25 \times 10^{-6} \times 7.5 \times 10^{-9}}} \approx 367.8$ kHz。由仿真结果可知，仿真电路的输出信号的周期由示波器可知 $T = 2.936\ \mu s$，振荡频率约为 340.6 kHz，仿真结果与理论值近似相同。

任务 5.2 | 电压比较器的分析与实践

任务目标

掌握电压比较器的原理及输出波形。通过电路仿真,加深理解电压比较器的输出波形,并会调整输出波形的参数。

任务引导

电压比较器是将一个模拟输入电压 u_i 与一个固定参考电压 U_R 进行比较的电路,其输出只有高电平或低电平两种情况。电压比较器是一种将模拟量转变成数字量的电子器件,它可以把各种周期信号转换为矩形波,广泛用于各种报警电路。

在比较器电路中,集成运放通常工作在开环或正反馈状态,即工作在非线性区。被比较的信号可以是同相输入,也可以是反相输入。当比较器的输入电压变化到某一个值,输出电压由一种状态转为另一种状态,此时对应的输入电压称为阈值电压或门限电压,用 U_T 表示。常见的电压比较器有过零比较器、单限电压比较器、滞回比较器、双限比较器等。

◆ 5.2.1 过零比较器

一、简单过零比较器

过零电压比较器是典型的幅度比较电路,它的电路图和传输特性曲线如图 5.2.1 所示。过零是指阈值电压为零,电路中集成运放工作在非线性区,电路采用反相输入方式,所以有

$u_i > 0$ 时: $\qquad\qquad u_o = -U_{opp}$

$u_i < 0$ 时: $\qquad\qquad u_o = +U_{opp}$

式中:U_{opp} 为集成运放的最大输出电压。

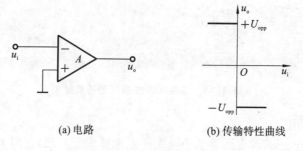

(a) 电路   (b) 传输特性曲线

图 5.2.1　过零比较器

二、稳压限幅的过零比较器

为适应负载对电压的要求,在简单过零比较器的输出端可以加上限幅电路,如图 5.2.2 (a)、(b)所示。VD_Z 是两个背靠背的稳压管,稳压值均为 U_Z,工作时,一个稳压管被反向击穿,另一个正向导通。

在图 5.2.2(a)中：

$u_i > 0$ 时，$u_o' = -U_{opp}$，上面的稳压管击穿，下面的导通，$u_o = -U_z$；

$u_i < 0$ 时，$u_o' = +U_{opp}$，下面的稳压管击穿，上面的导通，$u_o = +U_z$。

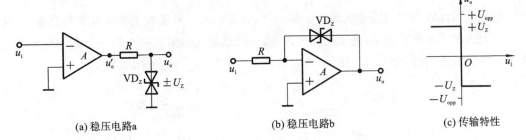

(a) 稳压电路a   (b) 稳压电路b   (c) 传输特性

图 5.2.2　稳压限幅的过零比较器

在图 5.2.2(b)中：

$u_i > 0$ 时，右边的稳压管击穿，左边的导通，$u_o = -U_z$；

$u_i < 0$ 时，左边的稳压管击穿，右边的导通，$u_o = +U_z$，

图 5.2.2(a)、(b)所示电路的传输特性如图 5.2.2(c)所示。图 5.2.2(a)中的集成运放是开环状态，工作在线性区；图 5.2.2(b)中的稳压管有一个是反向击穿的，集成运放引入一个深度负反馈，工作在线性区，使反相输入端"虚地"。

◆ 5.2.2　单限电压比较器

单限电压比较器有一个门限电平 U_T，当输入电压等于门限电平时，输出端的状态就发生跳变，单限电压比较器常用于检查电压是否达到某个值。图 5.2.3(a)是单限电压比较器其中的一种电路形式。

图中的 U_{REF} 是参考电压，输入信号 u_i 与参考电压 U_{REF} 以求和的形式加入电路的反相输入端，同相输入端接地，当 $u_- = u_+ = 0$ 时，输出端将发生跳变。

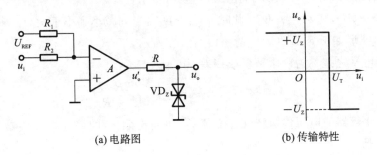

(a) 电路图   (b) 传输特性

图 5.2.3　单限电压比较器

$$u_- = \frac{R_2}{R_1 + R_2} \cdot U_{REF} + \frac{R_1}{R_1 + R_2} \cdot u_i$$

令 $u_- = 0$，解上式得门限电平

$$U_T = u_i = -\frac{R_2}{R_1} \cdot U_{REF} \tag{5.2.1}$$

单限电压比较器的传输特性如图 5.2.3(b)所示，图中所示的 $U_{REF} < 0$。过零比较器其实就是一个 $U_T = 0$ 的单限电压比较器。

单限电压比较器还可以表现为其他的电路形式:将输入电压与参考电压分别接到开环工作的集成运放的两个输入端。

◆ 5.2.3　滞回比较器

单限电压比较器的门限电压是某一固定值,如果输入信号 u_i 有干扰或者有微小变化,输出可能会出现反复翻转现象,抗干扰能力差,滞回比较器可以解决这个问题。滞回比较器又称施密特触发器,有两个不等的阈值,传输特性是"滞回"形状,电路图如图 5.2.4(a)所示。

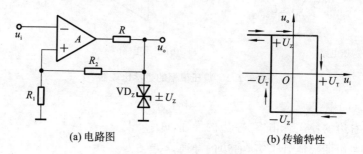

(a) 电路图　　　　　　　　(b) 传输特性

图 5.2.4　滞回比较器

由电路可知, $u_i = u_-$, $u_o = \pm U_z$,当 $u_- = u_+$ 时,电路输出状态发生翻转。

由叠加原理有

$$u_+ = \frac{R_1}{R_1 + R_2} \cdot u_o \tag{5.2.2}$$

令 $u_- = u_+$ 则可得两个门限电压的值

$$\pm U_T = \pm \frac{R_1}{R_1 + R_2} U_z \tag{5.2.3}$$

比较器有两个不同的门限电平,故传输特性呈滞回形状。

如果 $u_i < -U_T$,则 $u_o = +U_z$,此时 $u_+ = +U_T$,当 u_i 增大到大于 $+U_T$, u_o 从 $+U_z$ 跃变为 $-U_z$ 。输出波形如图 5.2.4(b)中箭头由左至右所示;

如果 $u_i > +U_T$,则 $u_o = -U_z$,此时 $u_+ = -U_T$,当 u_i 减小到小于 $-U_T$, u_o 从 $-U_z$ 跃变为 $+U_z$ 。输出波形如图 5.2.4(b)中箭头由右至左所示。

两个门限电平之差称为门限宽度或回差,用 ΔU_T 表示,

$$\Delta U_T = +U_T - (-U_{T-}) = \frac{2R_1}{R_1 + R_2} U_z \tag{5.2.4}$$

为使滞回比较器的电压传输特性左右平移,可将电阻 R_1 的接地端改接参考电压 U_{REF},如图 5.2.5(a)所示。

利用叠加定理可求得门限电平为

$$\pm U_T = \frac{R_2}{R_1 + R_2} U_{REF} \pm \frac{R_1}{R_1 + R_2} U_z \tag{5.2.5}$$

式中第一项即为曲线向左或向右移动的距离,传输特性如图 5.2.5(b)所示,该电路不会改变回差。

滞回比较器可用于产生矩形波、三角波等各种非正弦波,也可以实现波形的变换。用于控制系统时,抗干扰能力强。

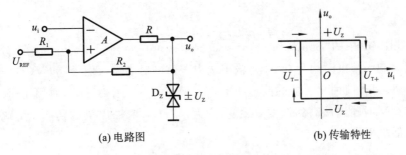

(a) 电路图　　　　　　　　　　　　(b) 传输特性

图 5.2.5　加参考电压的滞回比较器

任务实施

◆　滞回比较器传输特性

在 Multisim 仿真软件中设计如图 5.2.6 所示的滞回比较器,通过仿真观察滞回比较器的输出波形,加深理解电路的原理。

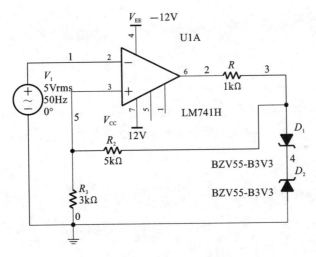

图 5.2.6　滞回比较器仿真电路

1. 绘制电路图

根据图 5.2.6 所示画出滞回比较器仿真电路。电路中各元器件的名称及存储位置见表 5.2.1,按电路图调整参数。

表 5.2.1　元器件的名称及存储位置

元器件名称	所 在 库	所 属 系 列
齐纳二极管 BZV55-B3V3	Diodes	ZENER
集成运放 LM741H	Analog	OPAMP
电阻	Basic	RESISTOR
直流电压源 V_{CC}、V_{EE}	Sources	POWER_SOURCES
交流电压源 AC_POWER	Sources	POWER_SOURCES
地线 GROUND	Sources	POWER_SOURCES

2. 电路仿真

点击 Multisim 中的"Simulate→Analyses and simulation→Transient"瞬态分析功能,设置起始时间为 0 s,结束时间为 0.05 s,输出选中 V(1)(对应输入信号)和 V(3)(对应输出信号),运行仿真,可得滞回比较器的波形如图 5.2.7 所示。显示"光标",通过光标可测量输入信号约为 1.5 V 时输出从高到低发生跳变,约为 −1.4 V 时输出从低到高发生跳变,同时可测量输出高低电平值为 ±3.7549 V。

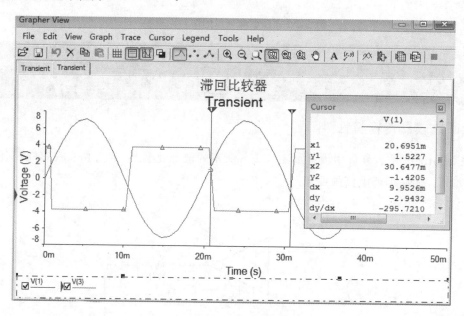

图 5.2.7　滞回比较器输入输出波形

3. 仿真结果分析

电路的门限电压理论值 $\pm U_{\mathrm{T}} = \pm \dfrac{R_1}{R_1 + R_2} U_{\mathrm{Z}} = \pm \dfrac{3}{5+3} \times 3.3 \ \mathrm{V} \approx \pm 1.24 \ \mathrm{V}$,输出电平为稳电压管稳压值 3.3 V。由仿真结果可知,门限电压和输出电平都与理论值相当。

任务 5.3　非正弦波发生电路

任务目标

利用电压比较器设计非正弦波发生电路。通过电路仿真,观察矩形波、三角波等各种非正弦波电路的输出波形,掌握非正弦波电路的原理。

任务引导

矩形波、三角波、锯齿波等非正弦波信号在脉冲和数字系统中使用较多。这些非正弦波电路都是在电压比较器的基础上加上其他电路设计而成的,本节介绍矩形波、三角波、锯齿波这三种电路的工作原理及仿真电路。

◆ 5.3.1 矩形波发生电路

一、电路组成

矩形波发生电路是由滞回比较器和 RC 充放电回路组成,电路如图 5.3.1 所示,集成运放与电阻 R_1、R_2 组成滞回比较器,电阻 R_3 与电容 C 组成充放电回路,稳压管 VD_Z 和电阻 R_4 的作用是钳位,将输出电压限定在 $\pm U_Z$。

二、工作原理

假设当 $t=0$ 时,$u_C=0$,滞回比较器输出端的电压 $u_o=+U_Z$,则 $u_+=\dfrac{R_1}{R_1+R_2}\cdot U_Z$。此时,输出电压通过电阻 R_3 向电容 C 充电,电容两端电压逐步增大。当电容两端电压增大到 $u_C=u_-=u_+$,输出端电压 u_o 向低电平跳变,即 $u_o=-U_Z$,u_+ 也跟着变化,为 $u_+=-\dfrac{R_1}{R_1+R_2}\cdot U_Z$。输出变为低电平后,电容 C 通过电阻 R_3 放电,u_C 逐渐减小,当 u_C 下降到 $u_C=u_-=u_+$ 时,输出又由低电平跳变为高电平,电容充电,如此循环。

电路中的电容重复着充电、放电的过程,输出在高、低两个电平间变化,就输出矩形波。电容电压 u_C 与输出电压 u_o 的波形如图 5.3.2 所示。

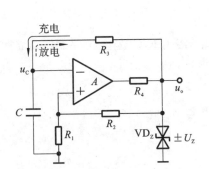

图 5.3.1 矩形波发生电路

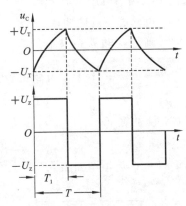

图 5.3.2 u_C 与 u_o 的输出波形

三、振荡周期

根据电容的充放电规律:$u_C(t)=\left[u_C(0)-u_C(\infty)\right]e^{-\frac{t}{\tau}}+u_C(\infty)$,在图 5.3.1 所示的电路中,$u_C(0)=+\dfrac{R_1}{R_1+R_2}U_Z$,$u_C(\infty)=-U_Z$,$\tau=R_3C$,代入可得结果。

当 $t=\dfrac{T}{2}$ 时,$u_C(t)=-\dfrac{R_1}{R_1+R_2}U_Z$,由此求得矩形波的振荡周期

$$T=2R_3C\ln\left(1+\frac{2R_1}{R_2}\right) \tag{5.3.1}$$

由上式可知,改变时间常数 R_3C 及电阻 R_1、R_2 的值,可改变振荡周期;矩形波的振幅等于稳压管的压降 U_Z。

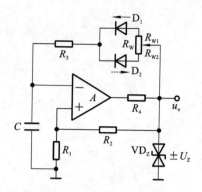

图 5.3.3　占空比可调的矩形波发生器

四、占空比可调的矩形波发生器

图 5.3.1 产生的矩形波占空比 $q = \dfrac{T_1}{T} = 50\%$ 是固定不可调的。如果要求占空比可调，可以通过改变电路中充电和放电的时间常数来实现。电路如图 5.3.3 所示，利用电位器和二极管将充、放电回路分开，使时间参数可调。根据电路可得

充电时间：$T_1 = (R_3 + R_{w1})C\ln\left(1 + \dfrac{2R_1}{R_2}\right)$

放电时间：$T_2 = (R_3 + R_{w2})C\ln\left(1 + \dfrac{2R_1}{R_2}\right)$

则输出方波的周期

$$T = T_1 + T_2 = (2R_3 + R_w)C\ln\left(1 + \dfrac{2R_1}{R_2}\right) \tag{5.3.2}$$

矩形波的占空比 $q = \dfrac{T_1}{T} = \dfrac{R_3 + R_{w1}}{2R_3 + R_w}$ ，改变电位器的位置即可调节矩形波的占空比。

 例 5.3.1
如图 5.3.4 所示电路中，已知 $R_1 = 10\ \text{k}\Omega$，$R_2 = 20\ \text{k}\Omega$，$C = 0.01\ \mu\text{F}$，集成运放的最大输出电压幅值为 $\pm 12\ \text{V}$，二极管的动态电阻忽略不计。求：

(1) 电路的振荡周期；

(2) 画出 u_o 和 u_C 的波形。

解
(1) 由电路可知，电路经由 R_1C 充电，经由 R_2C 放电，电路的振荡周期

$$T = (R_1 + R_2)C\ln(1 + 2) \approx 3.3\ \text{ms}$$

(2) 脉冲宽度

$$T_1 = R_1C\ln 3 \approx 1.1\ \text{ms}$$

u_o 和 u_C 的波形图如图 5.3.5 所示。

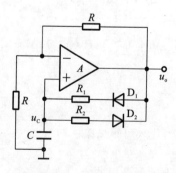

图 5.3.4　例 5.3.1 图

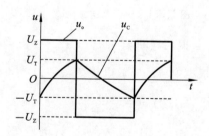

图 5.3.5　例 5.3.1 中 u_o 及 u_C 的波形图

◆ 5.3.2　三角波发生电路

一、电路构成

矩形波后面接上积分电路可以输出三角波。滞回比较器与积分电路合理地连接也可以输出三角波。电路如图 5.3.6 所示，集成运放 A_1 是滞回比较器，A_2 构成积分电路。

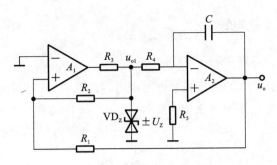

图 5.3.6　三角波发生电路

滞回比较器的输出 u_{o1} 加在积分电路的反相输入端对 u_{o1} 进行积分，积分后的输出 u_o 又接到滞回比较器的同相输入端使滞回比较器输出端 u_{o1} 的状态发生跳变，从而输出三角波。

二、工作原理

由叠加原理可知，集成运放 A_1 同相输入端的电压

$$u_{1+} = \frac{R_1}{R_1 + R_2}u_{o1} + \frac{R_2}{R_1 + R_2}u_o \qquad (5.3.3)$$

假设 $t = 0$ 时，电容 C 上的初始电压为零，滞回比较器的输出 $u_{o1} = +U_Z$，则 $u_{1+} > 0$，因 $u_{1-} = 0$，故 $u_{1+} > u_{1-}$，由积分电路可知，u_o 线性递减。

随着 u_o 的减小，u_+ 也递减，当 $u_+ = u_- = 0$ 时，滞回比较器的输出 u_{o1} 由 $+U_Z$ 跳变为 $-U_Z$，u_+ 也跳变成小于 0，根据积分电路的性质，u_o 开始线性递增，u_+ 也递增，当 $u_+ = u_- = 0$ 时，u_{o1} 与 u_+ 又发生跳变，如此不断循环，u_{o1} 输出方波，u_o 输出三角波，输出波形如图 5.3.7 所示。

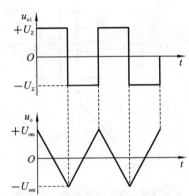

图 5.3.7　三角波发生电路波形

三、输出幅度与振荡周期

在滞回比较器的输出 $u_{o1} = -U_Z$ 区间，u_o 的输出线性递增，u_+ 也递增，当增加到 $u_+ = u_- = 0$ 时，滞回比较器的输出 u_{o1} 由 $-U_Z$ 跳变为 $+U_Z$，此时 u_o 的输出最大，即三角波的输出幅度为 U_{om}，根据式 (5.3.3)，求出 U_{om} 的值。

$$0 = \frac{R_1}{R_1 + R_2}(-U_Z) + \frac{R_2}{R_1 + R_2}U_{om}$$

解得

$$U_{om} = \frac{R_1}{R_2}U_Z \qquad (5.3.4)$$

由上式可知，调整 R_1、R_2、U_Z 的值可以调整三角波的输出幅度。

在滞回比较器输出 $u_{o1} = -U_Z$ 的区间对方波进行积分，根据积分电路的表达式可计算出三角波的振荡周期

$$-\frac{1}{R_4 C}\int_0^{\frac{T}{2}}(-U_Z)\mathrm{d}t = 2U_{om}$$

解得

$$T = \frac{4R_4 C U_{om}}{U_Z} = \frac{4R_1 R_4 C}{R_2} \qquad (5.3.5)$$

由上式可知，三角波的振荡周期与时间常数 $R_4 C$，R_1/R_2 的值有关。

◆ 5.3.3 锯齿波发生电路

一、电路构成及工作原理

在上述的三角波电路中,如果将积分电路中电容的充电、放电时间常数设置为不同即可得到锯齿波,锯齿波发生电路如图 5.3.8 所示。

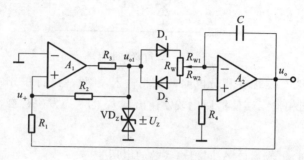

图 5.3.8　锯齿波发生电路

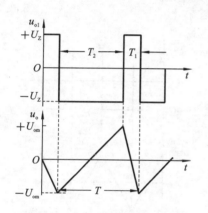

图 5.3.9　锯齿波发生电路的波形

调节 R_w 抽头的位置,并使 $R_{w1} \ll R_{w2}$,电容的充电时间常数远小于放电时间常数,即充电快,放电慢,输出端即输出锯齿波,输出波形如图 5.3.9 所示。

二、输出幅度与振荡周期

使用与三角波中类似的方法可求得锯齿波的幅度

$$U_{om} = \frac{R_1}{R_2}U_z \qquad (5.3.6)$$

电容的充电时间 $T_1 = \dfrac{2R_1 R_{w1} C}{R_2}$,放电时间 $T_2 = \dfrac{2R_1 R_{w2} C}{R_2}$,锯齿波的振荡周期

$$T = T_1 + T_2 = \frac{2R_1 R_w C}{R_2} \qquad (5.3.7)$$

任务实施

一、矩形波发生电路

在 Multisim 仿真软件中设计如图 5.3.10 所示的矩形波发生器,该电路由滞回比较器和 RC 充放电电路组成。通过仿真电路,加深理解矩形波发生器的电路原理。

1. 绘制电路图

根据图 5.3.10 所示画出矩形波仿真电路。电路中各元器件的名称及存储位置见表5.3.1。

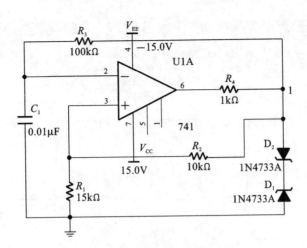

图 5.3.10 矩形波仿真电路

表 5.3.1 元器件的名称及存储位置

元器件名称	所 在 库	所属系列
齐纳二极管 1N4733A	Diodes	ZENER
集成运放 741	Analog	OPAMP
电阻	Basic	RESISTOR
电容	Basic	CAPACITOR
直流电压源 V_{CC}、V_{EE}	Sources	POWER_SOURCES
地线 GROUND	Sources	POWER_SOURCES

2. 电路仿真

在 Multisim 软件中,按照路径:Simulate→Analyses and simulation→Transient,打开软件中的瞬态分析功能,设置起始时间为 0.08 s,结束时间为 0.09 s,输出选中 V(1)(对应输出信号),运行仿真,可得矩形波发生电路的波形如图 5.3.11 所示。显示"光标",通过光标可测得周期约为 2.73 ms,幅度约为 5.58 V。

3. 仿真结果分析

在设定瞬态分析功能的参数时,如果是分析前 45 ms 左右的时候,没有输出波形,则是因为振荡器建立振荡需要一定的时间,50 ms 后能输出稳定的矩形波。根据理论计算出矩形波的周期:

$$T = 2R_3 C \ln\left(1 + \frac{2R_1}{R_2}\right)$$

$$= 2 \times 100 \times 10^3 \times 0.01 \times 10^{-6} \ln\left(1 + \frac{2 \times 15 \times 10^3}{10 \times 10^3}\right)$$

$$\approx 2.77 \text{ ms}$$

电路图输出端的 1N4733A 是 5.1 V 的稳压管,由仿真结果可以看出,仿真信号的周期和幅度都与理论值近似相等。

二、三角波发生电路

在 Multisim 仿真软件中设计如图 5.3.12 所示的三角波发生器,三角波发生器由 U1 组

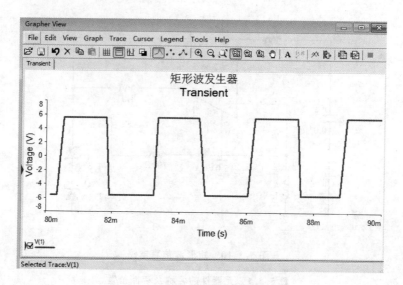

图 5.3.11 矩形波发生器输出波形

成的滞回比较器和由 U2 组成的积分电路组成。观察该发生器输出端的信号,加深理解三角波发生器的电路原理。

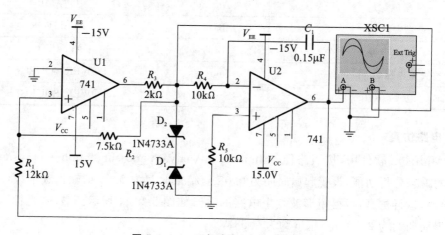

图 5.3.12 三角波发生器仿真电路

1. 绘制电路图

根据图 5.3.12 在 Multisim 软件中绘制出电路图,并设置各元器件参数。电路中各元器件的名称及存储位置见表 5.3.2。

表 5.3.2 元器件的名称及存储位置

元器件名称	所 在 库	所属系列
齐纳二极管 1N4733A	Diodes	ZENER
集成运放 741	Analog	OPAMP
电阻	Basic	RESISTOR
电容	Basic	CAPACITOR
直流电压源 V_{CC}、V_{EE}	Sources	POWER_SOURCES
地线 GROUND	Sources	POWER_SOURCES

2. 电路仿真

单击软件中的运行按钮后,双击图中的虚拟示波器(XSC1),输出的仿真结果如图 5.3.13所示。由仿真结果可以看出该三角波的峰峰值及周期的近似值 $V_{pp} = 17.64$ V, $T = 10$ ms。

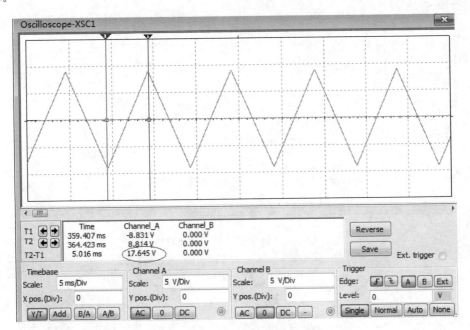

图 5.3.13 三角波发生器输出波形

3. 仿真结果分析

将滞回比较器的输出与三角波的输出进行对比,如图 5.3.14 所示,两个波形是相互牵制的,方波跳变与三角波达到峰值是在同一时刻。

根据式(5.3.3)及式(5.3.4),电路的输出幅度及周期的理论值:

$$U_{om} = \frac{R_1}{R_2}U_z = \frac{12}{7.5} \times 5.1 \text{ V} \approx 8.16 \text{ V}$$

$$T = \frac{4R_4 C U_{om}}{U_z} = \frac{4R_1 R_4 C}{R_2} = \frac{4 \times 12 \times 10 \times 10^3 \times 0.15 \times 10^{-6}}{7.5} \text{ s} = 9.6 \text{ ms}$$

对比仿真结果可知,理论值与仿真值近似相等。

三、锯齿波发生电路

在 Multisim 仿真软件中设计如图 5.3.15 所示的锯齿波发生器,电路由 U1 组成的滞回比较器和由 U2 组成的积分电路组成,与上述的三角波发生器相比,积分电路的充放电时间参数不同。通过仿真该发生器电路,加深理解锯齿波发生器的电路原理。

1. 绘制电路图

根据图 5.3.15 在 Multisim 软件中绘制出电路图,并设置各元器件参数。电路中各元器件的名称及存储位置见表 5.3.3。

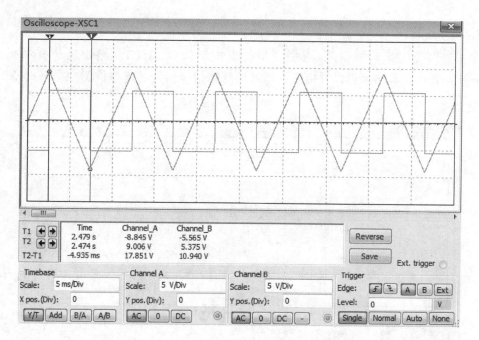

图 5.3.14　滞回比较器与三角波对比波形

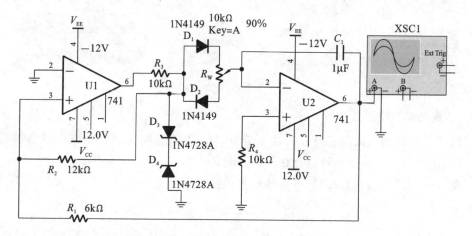

图 5.3.15　锯齿波发生器

表 5.3.3　元器件的名称及存储位置

元器件名称	所 在 库	所 属 系 列
齐纳二极管 1N4728A	Diodes	ZENER
集成运放 741	Analog	OPAMP
电阻	Basic	RESISTOR
可调电阻	Basic	VARIABLE_RESISTOR
电容	Basic	CAPACITOR
直流电压源 V_{CC}、V_{EE}	Sources	POWER_SOURCES
地线 GROUND	Sources	POWER_SOURCES

2. 电路仿真

运行仿真电路后,双击图中的虚拟示波器(XSC1),输出的仿真结果如图 5.3.16 所示。由仿真结果可以看出该锯齿波的峰值及周期的近似值 $V_p = 1.3$ V,$T = 10.4$ ms。

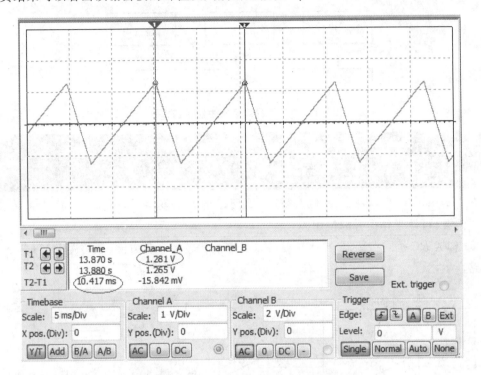

图 5.3.16 锯齿波发生器仿真结果

3. 仿真结果分析

调整 R_w 的百分比,锯齿波上升与下降的时间比例发生变化。锯齿波峰值的理论值 $U_{om} = \dfrac{R_1}{R_2}U_Z = \dfrac{6}{12} \times 3.3$ V $= 1.65$ V,$T = \dfrac{2R_1R_wC}{R_2} = \dfrac{2 \times 6 \times 10^3 \times 10^4 \times 0.1 \times 10^{-6}}{12 \times 10^3}$ s $= 10$ ms,仿真值与理论值近似相等。

任务 5.4 简易波形发生器的设计

任务目标

利用正弦波振荡电路、电压比较器等模块设计简易波形发生器。通过电路仿真,观察各种波形发生电路的输出波形,掌握波形发生器的设计。

任务引导

波形发生器是函数信号发生器的重要组成部分,一般可以输出正弦波、方波、三角波等,构成波形发生器的设计方案很多,本设计为正弦波-方波-三角波的形式。利用文氏电桥产生幅度、频率可调的正弦波,将其作为正弦波-方波转换电路的输入信号,再将输出的方波作为方波-三角波转换电路的输入信号,最后经过放大器调整幅值后输出三角波。简易波形发生器结构框图如图5.4.1所示。

图 5.4.1　简易波形发生器结构框图

 任务实施

在 Multisim 仿真软件中设计如图 5.4.2 所示的波形发生器,电路可以产生正弦波、方波与三角波,可以当作信号源使用。

U1 构成 RC 桥式振荡器,产生正弦波,U2 组成比较器产生方波,三角波由 U3 组成的积分电路产生。

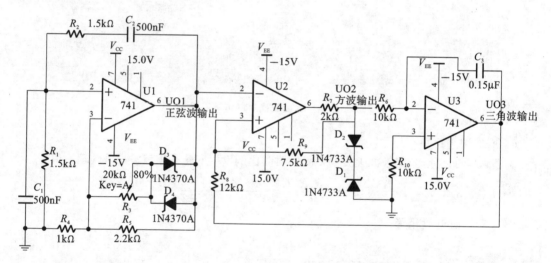

图 5.4.2　波形发生器

1. 绘制电路图

根据图 5.4.2 在 Multisim 软件中绘制出电路图,并设置各元器件参数。电路中各元器件的名称及存储位置见表 5.4.1。

表 5.4.1　元器件的名称及存储位置

元器件名称	所 在 库	所 属 系 列
齐纳二极管 1N4733A、1N4370A	Diodes	ZENER
集成运放 741	Analog	OPAMP
电阻	Basic	RESISTOR
可调电阻	Basic	VARIABLE_RESISTOR

续表

元器件名称	所 在 库	所属系列
电容	Basic	CAPACITOR
直流电压源 V_{CC}、V_{EE}	Sources	POWER_SOURCES
地线 GROUND	Sources	POWER_SOURCES

2. 电路仿真

用示波器分别观察各输出端,运行仿真电路后,输出的正弦波、方波、三角波如下所示。

当 R_3 取 100%,即 $R_3=20$ kΩ 时,此时输出正弦波的幅值最大,$U_{o1m}=14.1$ V,$T=4.73$ ms,波形如图 5.4.3 所示。当 R_3 取 10%,即 $R_3=2$ kΩ 时,振幅减小,此时输出的幅值 $U_{o1}=1.31$ V,周期不变,其波形如图 5.4.4 所示。

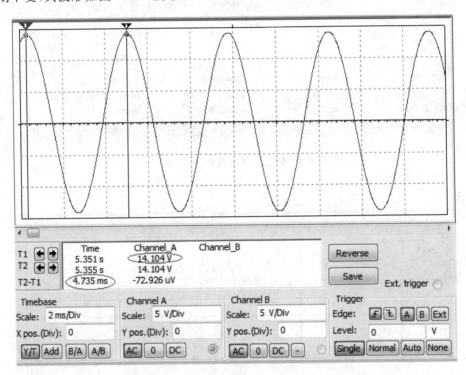

图 5.4.3　输出正弦波波形(R_3 取值 20 kΩ)

方波输出幅值的大小与输出端的稳压管有关,该电路接的是 5.5 V 的稳压管,所以方波的输出幅值为 5.5 V 不变,周期与正弦波的周期一致,输出波形如图 5.4.5 所示。

三角波是对前级的矩形波进行积分,输出波形如图 5.4.6 所示。

3. 仿真结果分析

正弦波的频率大小可以通过改变 R_1C_1、R_2C_2 的值来调整,幅值的大小可以通过改变 R_3 的值来调整。方波发生器由 U2 组成比较器组成,方波的频率由前一级正弦波决定,幅值大小取决于稳压管 D_1、D_2 的稳压值,三角波由 U3 组成的积分电路组成。

正弦波的周期 $T=2\pi R_1C_1=2\pi R_2C_2=6.28'1.5'500'10^{-6}\approx4.71$ ms,仿真值与其基本一致。该电路可以产生较理想的正弦波、方波、三角波信号,能够满足基本的波形发生器输出要求。

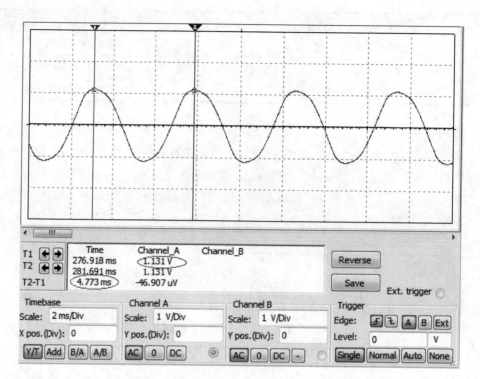

图 5.4.4　输出正弦波波形(R_3取值 2 kΩ)

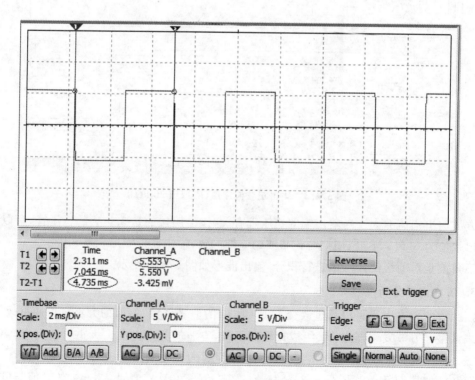

图 5.4.5　输出方波波形

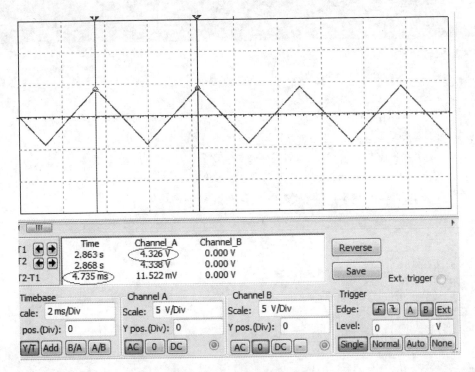

图 5.4.6　输出三角波波形

本章小结

本章主要讲述了正弦波振荡电路和非正弦波产生电路。

（1）正弦波振荡电路主要有 RC 和 LC 两大类，电路由放大电路、选频网络、正反馈网络和稳幅环节四部分组成。

（2）RC 桥式振荡器由集成运放与 RC 串并联选频网络组成，电路必须满足 $A > 3$ 方可振荡；正弦波的频率取决于 R 和 C 的值。

（3）LC 振荡器有电容三端式振荡器与电感三端式振荡器两种，输出正弦波的频率取决于选频网络的 L 和 C 的值。

（4）电压比较器是将输入电压与固定电压进行比较，输出只有高电平或低电平。利用电压比较器可以设计出非正弦波发生电路。

（5）矩形波发生电路由滞回比较器与 RC 充放电电路组成，矩形波的周期由充放电时间常数 RC 决定，振幅取决于稳压管的压降。

（6）在矩形波的后面接上积分电路可以得到三角波。改变积分电路中的充、放电时间参数，可以获得锯齿波。

习题 5

【填空题】

5.1　在 RC 桥式正弦波振荡器中，RC 串并联选频网络中的电阻都为 R，电容都为 C，则电路的振荡频率 $f_0 =$ _____。

5.2　如图题 5.2 所示的正弦波振荡器，集成运放 1、2 处的符号分别是 _____、_____。这种波形发生器的类型是 _____。要使该电路能够正常工作，R_1 与 R_2 之间要满足 _____。

5.3　LC 并联网络中，当 $f < f_0$ 时，LC 网络呈 _____ 性；当 $f > f_0$ 时，呈 _____ 性。

5.4　单限比较器与滞回比较器，_____ 的抗干扰能力强。

5.5　图题 5.5 为 RC 振荡电路的选频网络，已知 $R_1 = R_2$，则反馈系数 $F =$ _____。

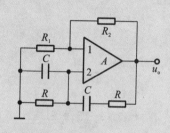

图题 5.2

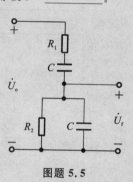

图题 5.5

5.6　正弦波振荡电路一般由 _____、选频网络、正反馈网络、稳幅环节四部分组成。

5.7　电压比较器中的运放通常主要工作在 _____ 或 _____ 状态，所以它的输出一般只有高电平和低电平两个稳定状态。

5.8　要获得 10 MHz 的正弦波信号，应选用 _____ 正弦波振荡电路。

5.9　RC 串并联网络在谐振时呈 _____ 性；在信号频率大于谐振频率时呈 _____；在信号频率小于谐振频率时呈 _____ 性。

5.10　在 RC 桥式正弦波振荡电路中，当相位平衡条件满足时，放大电路的电压放大倍数 _____ 时电路可以起振。

【选择题】

5.11　电路如图题 5.11 所示，集成运放输出电压最大幅值为 ± 14 V，当 $u_i = -1$ V 时，输出电压 u_o 为（　　）。

A. -1 V　　　　　　B. $+1$ V　　　　　　C. $+14$ V　　　　　　D. -14 V

5.12　电路如图题 5.12 所示，$U_{REF} = 2$ V，$R_1 = 10$ kΩ，$R_2 = 20$ kΩ，阈值电压 U_T 为（　　）。

A. 1 V　　　　　　B. -4 V　　　　　　C. -1 V　　　　　　D. 0 V

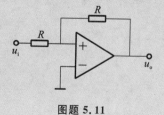

图题 5.11

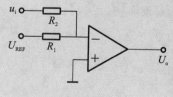

图题 5.12

5.13 电路如图题5.13所示,运算放大器的饱和电压为±12 V,晶体管 T 的 $\beta=50$,为了使灯 HL 亮,则输入电压 u_i 应满足(   )。

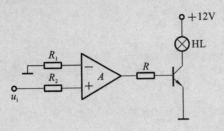

图题 5.13

A. $u_i>0$ B. $u_i=0$ C. $u_i<0$ D. 无法判断

5.14 低电平下,u_o 在 u_i 经过阈值电压 U_T 时的跃变方向决定于(   )。

A. u_i 作用于运放的哪个输入端   B. 阈值电压 U_T 的大小

C. 输出电压 u_o 的大小   D. 输入电压 u_i 的大小

5.15 振荡器之所以能获得单一频率的正弦波输出电压,是依靠了振荡器中的(   )。

A. 选频环节   B. 正反馈环节   C. 基本放大电路环节   D. 稳幅环节

5.16 RC 桥式振荡电路中 RC 串并联网络的作用是(   )。

A. 选频   B. 引入正反馈   C. 稳幅和引入正反馈   D. 选频和引入正反馈

5.17 某 LC 振荡电路的振荡频率为 100 kHz,如将 LC 选频网络中的电容增大一倍,则振荡频率约为(   )。

A. 200 kHz   B. 140 kHz   C. 70 kHz   D. 50 kHz

5.18 制作频率为 20 Hz～20 kHz 的音频信号发生电路,一般应选用(   )。

A. 石英晶体正弦波振荡电路   B. LC 正弦波振荡电路

C. RC 正弦波振荡电路   D. 以上都可以

5.19 电路如图题5.19所示,该电路的输出电压波形是(   )。

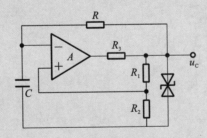

图题 5.19

A. 矩形波   B. 正弦波   C. 三角波   D. 脉冲波

【判断题】

判断下列说法是否正确,正确的打"√",错误的打"×"。

5.20 电路只要满足 $|\dot{A}\dot{F}|=1$,就一定会产生正弦波振荡。   (   )

5.21 只要电路引入了正反馈,就一定会产生正弦波振荡。   (   )

5.22 输入电压在单调变化的过程中,单限比较器和滞回比较器的输出电压均只跃变一次。

(   )

5.23 在 LC 正弦波振荡电路中,不用通用型集成运放作放大电路的原因是其上限截止频率太低。 （ ）

5.24 要使电压比较器的输出电压不是高电平就是低电平,集成运放应该是开环状态或引入正反馈。 （ ）

【分析题】

5.25 某同学连接如图题 5.25 所示的文氏电桥振荡器,但电路不振荡。

(1) 请指出图中的错误,并加以改正;

(2) 若要求振荡频率为 480 Hz,试确定 R 的阻值(用标称值)。

5.26 电路如图题 5.26 所示,稳压管的稳压值为 ± 6 V。试估算:

(1) 输出电压不失真情况下的最大值;

(2) 电路的振荡频率。

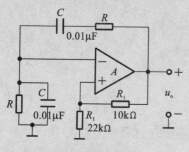

图题 5.25

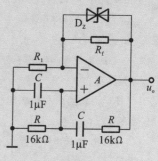

图题 5.26

5.27 分别判断图题 5.27 所示的各电路是否可能产生正弦波。

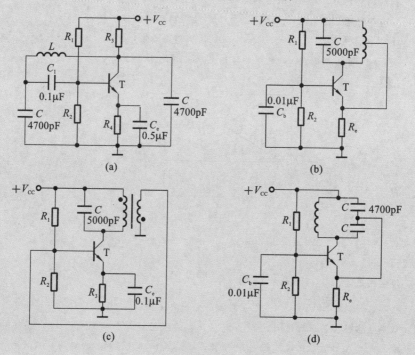

(a)　　　(b)

(c)　　　(d)

图题 5.27

5.28 试分别画出图题5.28所示各电路的电压传输特性。

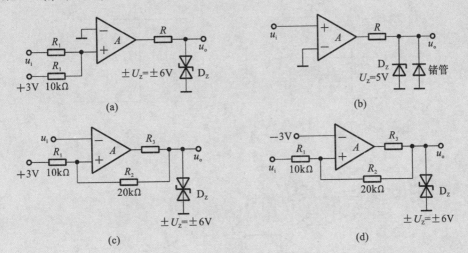

图题 **5.28**

5.29 已知三个电压比较器的电压传输特性分别如图题5.29(a)、(b)、(c)所示,它们的输入电压波形均如图题5.29(d)所示,试分别画出它们的输出波形 u_{o1}、u_{o2} 和 u_{o3}。

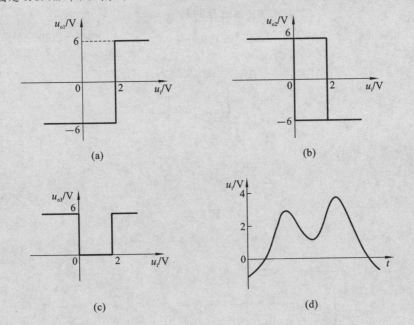

图题 **5.29**

5.30 设计两个电压比较器,它们的电压传输特性分别如图题5.30(a)、(b)所示。要求合理选择电路中各电阻的阻值,限定最大值为 50 kΩ。

5.31 图题5.31所示为光控电路的一部分,它将连续变化的光电信号转换成离散信号(不是高电平,就是低电平),电流 I 随光照的强弱而变化。

(1)集成运放 A_1 和 A_2 分别工作在什么状态? 为什么?

(2)试求出表示 u_o 与 i_i 关系的传输特性。

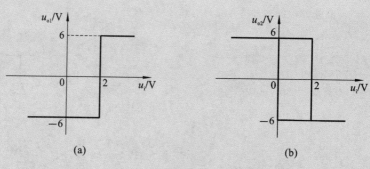

图题 **5.30**

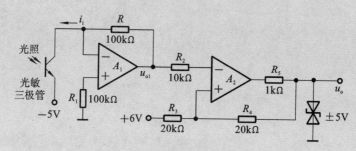

图题 **5.31**

5.32 指出图题 5.32 所示方波发生电路有哪些错误,并改正。

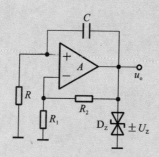

图题 **5.32**

5.33 试分析图题 5.33 所示各电路输出电压与输入电压的函数关系。

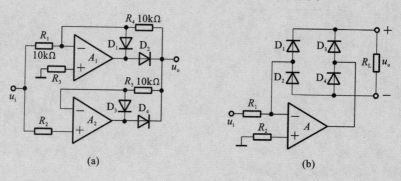

图题 **5.33**

5.34 电路如图题 5.34 所示。(1) 定性画出 u_{o1} 和 u_o 的波形;(2)估算振荡频率与 u_i 的关系式。

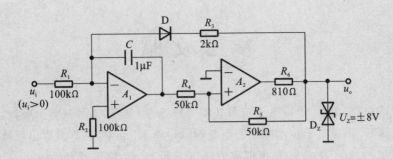

图题 5.34

5.35 已知图题 5.35 所示电路为压控振荡电路，晶体管 T 工作在开关状态，当其截止时相当于开关断开，当其导通时相当于开关闭合，管压降近似为零；$u_i > 0$。

(1) 分别求解 T 导通和截止时 u_{o1} 和 u_i 的运算关系式 $u_{o1} = f(u_i)$；

(2) 求出 u_o 和 u_{o1} 的关系曲线 $u_o = f(u_{o1})$；

(3) 定性画出 u_o 和 u_{o1} 的波形；

(4) 求解振荡频率 f 和 u_i 的关系式。

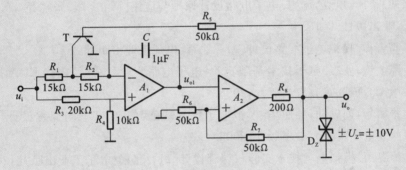

图题 5.35

5.36 在图题 5.36 所示电路中，已知 R_{W1} 的滑动端在最上端，试分别定性画出 R_{W2} 的滑动端在最上端和在最下端时 u_{o1} 和 u_{o2} 的波形。

【仿真题】

5.37 利用 Multisim 仿真软件设计并实现一个电压比较器，使其电压传输特性如图题 5.37 所示，要求所用电阻阻值在 $20 \sim 100~\text{k}\Omega$ 之间。

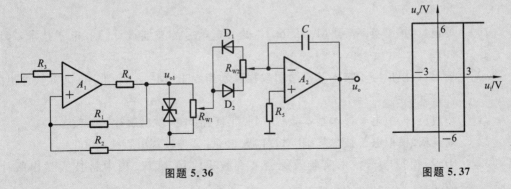

图题 5.36   图题 5.37

5.38 利用 Multisim 仿真软件设计并实现一个电路，其功能是将直流电流信号转换成频率与其幅值成正比的矩形波。仿真出各部分电路的输出波形，并分析电路工作原理。

参 考 文 献

[1] 童诗白,华成英.模拟电子技术基础[M].5 版.北京:高等教育出版社,2015.

[2] 杨素行.模拟电子技术基础简明教程[M].3 版.北京:高等教育出版社,2006.

[3] 康华光.电子技术基础-模拟部分[M].5 版.北京:高等教育出版社,2006.

[4] 张鹏,李淑萍,王燕.模拟电子技术[M].北京:高等教育出版社.2018.

[5] 胡宴如,耿苏燕.模拟电子技术[M].5 版.北京:高等教育出版社,2015.

[6] 陈大钦,王岩.电子技术基础模拟部分学习辅导与习题解答[M].6 版.北京:高等教育出版社,2014.

[7] 张林,陈大钦.模拟电子技术基础[M].北京:高等教育出版社,2014.

[8] 吴福高,张明增.Multisim 电路仿真及应用[M].北京:航空工业出版社,2015.

[9] (德)蒂泽,申克,伽姆.电子电路设计原理与应用[M].2 版.张林等,译.北京:电子工业出版社,2013.

[10] 高吉祥.模拟电子线路设计[M].北京:电子工业出版社,2007.

[11] 陈大钦,罗杰.电子技术基础实验:电子电路实验、设计及现代 EDA 技术[M].3 版.北京:高等教育出版社,2008.

[12] 张丽华,刘勤勤,吴旭华.模拟电子技术基础:仿真、实验与课程设计[M].西安:西安电子科技大学出版社,2009.

[13] 程春雨.模拟电子技术实验与课程设计[M].北京:电子工业出版社,2016.

[14] 宋燕飞.模拟电子技术项目驱动教程[M].兰州:兰州大学出版社,2010.

[15] 姜俐侠.模拟电子技术项目式教程[M].北京:机械工业出版社,2011.

[16] 詹新生,张江伟,尹慧.模拟电子技术项目化教程[M].北京:清华大学出版社,2014.

[17] 黄荻,李仲秋,鄢立.模拟电子技术应用[M].北京:电子工业出版社,2012.

[18] 梁青,候传教,熊伟.Multisim 11 电路仿真与实践[M].北京:清华大学出版社,2012.

[19] 谭道良,姚缨英.基于 Multisim 13 的心电信号滤波器设计[J].电子技术,2017(9).

[20] 杨素行.模拟电子技术基础简明教程教学指导书[M].2 版.北京:高等教育出版社,2004.

[21] 华成英.模拟电子技术基本教程[M].北京:清华大学出版社,2006.

[22] 周良权.模拟电子技术基础[M].4 版.北京:高等教育出版社,2009.

[23] 于卫.模拟电子技术实验及综合实训教程[M].武汉:华中科技大学出版社,2008.